JN269598

ヘビ大図鑑
SNAKE

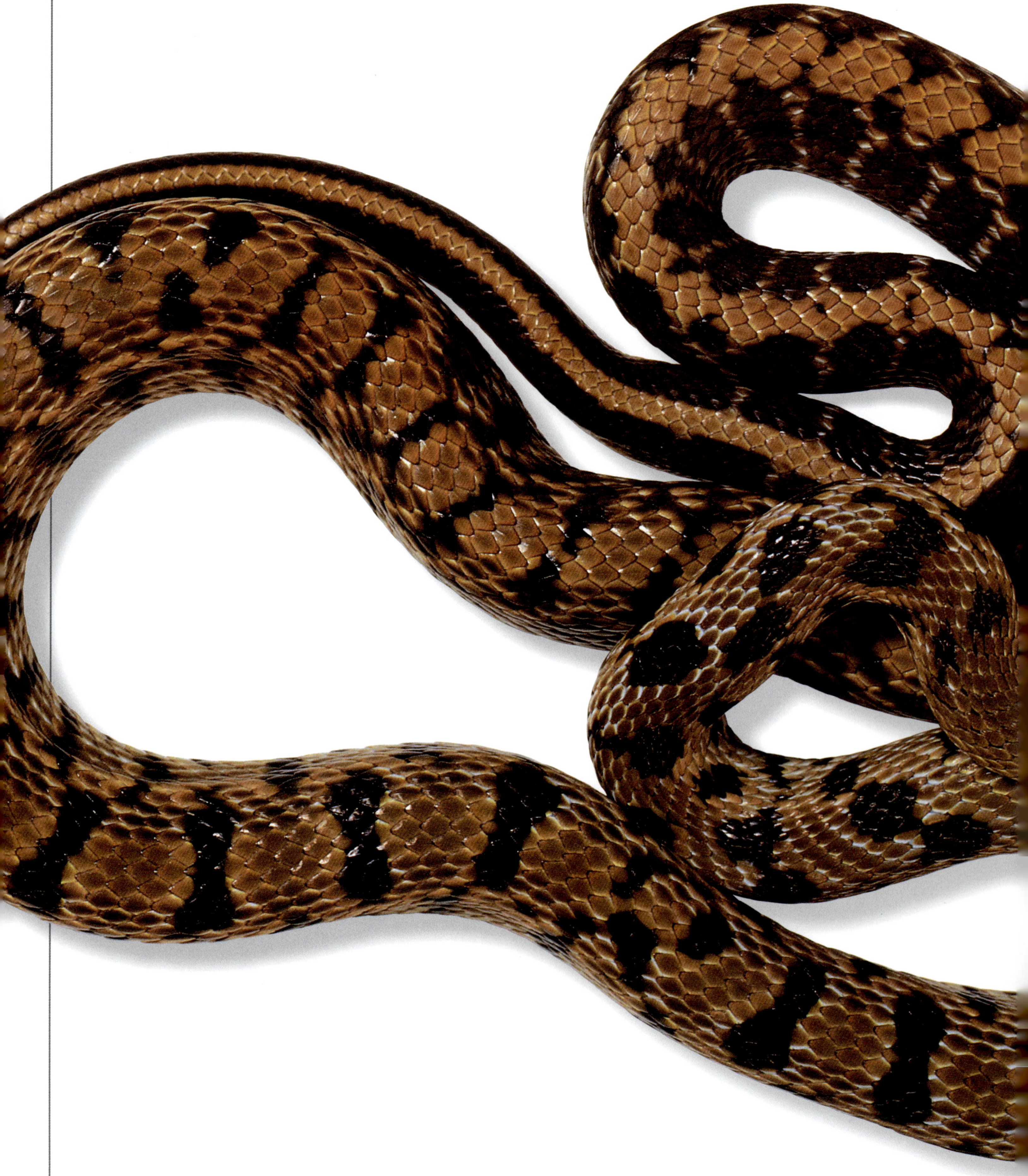

ヘビ大図鑑

クリス・マティソン 著

千石 正一 監訳

緑書房

A DORLING KINDERSLEY BOOK
www.dk.com

Original Title：SNAKE

First published in Great Britain in 1999 by
Dorling Kindersley Limited,
80 Strand
London WC2R 0RL

Copyright©1999
Dorling Kindersley Limited, London
Text copyright©1999 Chris Mattison

All rights reserved. No part of this publication may be reproduced, stored in a retrieval system, or transmitted in any form or by any means, electronic, mechanical, photocopying, recording or otherwise, without the prior permission of the copyright holder.

Japanese translation rights arranged with
Dorling Kindersley Limited, London
through Tuttle-Mori Agency Inc., Tokyo.

Japanese edition published by
Midori Shobo Co., Ltd, Tokyo, 2000

Printed in China

目次

はしがき —————————————— 6

ヘビとは

はじめに —————————————— 7
進化 ———————————————— 8
環境 ———————————————— 10
大きさと形 ————————————— 12
鱗 ————————————————— 14
構造と動き ————————————— 16
頭骨と歯 —————————————— 18
感覚器官 —————————————— 20
採餌と食性 ————————————— 22
毒ヘビ ——————————————— 24
消極的防御 ————————————— 26
積極的防御 ————————————— 28
繁殖 ———————————————— 30
保護 ———————————————— 32
ヘビの分類 ————————————— 34

スネーク・ギャラリー

はじめに —————————————— 35
メキシコパイソン —————————— 36
サンビームヘビ ——————————— 37
エメラルドツリーボア ———————— 38
ボアコンストリクター ———————— 40
ニジボア —————————————— 42
オオアナコンダ ——————————— 44

ロージィボア	46
デュメリルボア	48
カラバリア	50
カーペットニシキヘビ	52
インドニシキヘビ	54
アミメニシキヘビ	56
アカニシキヘビ	58
チルドレンニシキヘビ	60
マダラニシキヘビ	61
ミドリニシキヘビ	62
ボールニシキヘビ	64
マダラヒメボア	66
キールヒメボア	67
ヨーロッパヤマカガシ	68
アフリカタマゴヘビ	70
コーンスネーク	72
スナゴヘビ	74
サバクナメラ	76
タカサゴナメラ	78
ラフアオヘビ	80
コモンキングヘビ	82
ハイオビキングヘビ	84
グレーキングヘビ	85
シロハナキングヘビ	86
ミルクヘビ	88
ナンブミズベヘビ	90
パインヘビ	92
セイブシシバナヘビ	94
ヒョウモンナメラ	96
インディゴヘビ	98
チェッカーガーター	100
サンフランシスコガーター	102
チャイロイエヘビ	104
ホソツラナメラ	106
マングローブヘビ	108
ミドリオオガシラ	109
ブームスラング	110
アカドクフキコブラ	112
タイワンコブラ	114
モノクルコブラ	115
コレットスネーク	116
ノザンデスアダー	118
ニシグリーンマンバ	120
パフアダー	122
ハナダカクサリヘビ	124
ヨーロッパクサリヘビ	126
ガボンアダー	128
ツノスナクサリヘビ	130
シロクチアオハブ	132
カーペットノコギリ	134
ハララカ	136
カパーヘッドマムシ	138
ニシダイヤガラガラ	140
ミナミガラガラ	142
ツノガラガラ	144

ヘビ名便覧

はじめに	145
ヘビ名便覧	146
用語解説	188
索引	189

はしがき

ヘビはむかしから不思議な動物とされてきた。脚がないのにすばやく動きまわり、ほんの一咬みで獲物を瞬時に殺し、自分の顎の何倍も大きい獲物を丸飲みする。この驚くべき生きものにまつわる神話や伝説が数多く生まれたのも不思議ではない。

ヘビは恐ろしい動物であるが、同時に人を魅きつける。ワシやサメ、トラと同じ捕食動物であり、その忍びやかな行動と知性には、ひそかに感心させられることもあるが、人は中には危険な種類がいることを知っている。このことがヘビにとって不幸な結果をもたらす。なぜなら人はその恐怖心と無知ゆえに、ヘビを見たらすぐに殺してしまうことが少なくないからだ。しかし、現実に人に危害を及ぼす種類は少なく、そのうち実際に人を死に至らしめる可能性があるものはさらに少ない。

ヘビの生態については、その体形、行動、身の守り方、生息環境、食性、繁殖法など、興味深い点がたくさんある。この本ではこれらの特徴について述べ、またそれらが発達した理由を進化の側面からも説明するようにつとめた。

この本で紹介した情報の多くはまったく新しいものである。ヘビは人目につきにくく、生息地での調査が大変難しい動物なのだ。最近、生物学者たちによって、野生のヘビの新たな追跡調査法が開発され、ヘビが自然界で果たしている重要な役割が明らかになりつつある。同時に、私たちの生活から動植物が次々と姿を消していくことに心を痛める自然愛好家たちも、ヘビの美しさを認識し、評価しはじめている。

ここに提供された情報と素晴らしい写真によって、読者の皆さんがヘビについての理解を深め、その生態に興味をもってくれることを願いながら私はこの本を執筆した。本書が皆さんの疑問に対する解答となればうれしい。そして、「どのようなヘビでも生きていてこそ価値がある」ということを皆さんに理解していただけたなら、私にとってこれ以上の喜びはない。

ライノセラスアダー
ライノセラスアダーはもっとも美しいヘビのひとつで、アフリカの多雨林に生息する。積もった落ち葉の中にいるとほとんど目につかず、捕食者から隠れて獲物を待ち伏せする。

ヘビとは

長い時の流れの中で、何千という種類のヘビが進化して世界中に生息するようになった。現在はそれぞれ異なった特徴をもつ3000種以上のヘビが存在するが、体が鱗で覆われていること、何らかの役割を果たす手足がないこと、舌が長くて二股に分かれていること、まぶたが動かないことなど、すべてのヘビに共通する身体的特徴もいくつかある。

さらに、おそらくもっと重要な共通点は、すべてのヘビはその環境に適応し、十分な食物を見つける一方で、捕食者の手をのがれ、優れた性質や特徴を子孫に伝えるために繁殖しなければならないということだ。この章では、こうしたヘビの生態のさまざまな側面について説明しよう。また、ヘビがどのように分類されているかについても解説する。

形態

ヘビの形状は長い時間にわたる自然選択によってつくられたものだ。その結果、非常に大きな種類や小さな種類が生まれた。大きなヘビは人々の注目を集めるが、その種類は少ない。ほとんどのヘビは1メートルに満たない。大きさ以外にも、さまざまに体形が発達したおかげで、ヘビはいろいろな環境下で生きることができるようになった。たとえば、太いヘビや細いヘビ、体の断面が丸いヘビや平らなヘビなどがいる。

ヘビを長いチューブ状の動物に進化させた自然選択の影響によって、ヘビの内臓もその体形に合うように変化した。驚くべきことに、ヘビは基本的にはヒトがもっているのと同じ臓器をすべて備えているが、その内臓は、その体形におさまるようヒトとは違う配置になっている。細長く伸びた臓器が多く、ヒトでは対になっている臓器は、並び合うかわりに互い違いに配置されていることが多い。

行動

生存競争は、ヘビの形と外見のみならず、ヘビの行動にも強い影響を及ぼした。実際のところ、ある種の行動様式はその種の外見と関係があることが多い。したがってヘビによる餌動物の探索と捕獲、防御、繁殖にさまざまな方法があっても驚くにはあたらない。これら行動様式もまた自然選択の影響を受けるが、それだけでは説明できないこともある。たとえば、ある種が卵を産むのにほかの種がなぜ子ヘビを産むのか。動物学者にとって、このような疑問に対する答えを見つけることは、常に関心の高い問題になっている。

あるヘビの外見とその行動との関係が明確であるとは限らないし、ある行動の理由を完全に理解できるわけでもない。ヘビについての疑問の中には、ごく簡単に答えられるものもあるが、推測でしか答えられないものもある。どんなに研究を続けても、ヘビについてすべてを知ることは絶対にできないからである。

未来

悲しむべきことに、この世界におけるヘビの役割をようやく私たちが理解しはじめたこのときになって、かつてはよく見られたヘビが世界の多くの地域で姿を消しつつある。ヘビは都市開発や集約農業や汚染による生息地の破壊にすばやく対応できないので、生き残るため人間の助けを必要としている。この章では、現在ヘビが直面している数多くの脅威や、実際に行われた保護の成功例について説明している。

ヘビとは

進化

　ヘビが初めて現れたのは、1億〜1億5000万年前の白亜紀とされている。現存する3000種近くのヘビは、長い時間をかけてあるトカゲのグループから進化したと考えられる。ヘビは非常に巧みに進化と拡散を行ったので、驚くほど多様な生息環境や気候条件のもとでさまざまな種類のヘビが生き残っており、今では世界中のほぼすべての国々にすみついている。

大陸移動

地球上の陸塊の形と位置は、ヘビが進化している間にがらりと変化した。超大陸パンゲアは誕生後に2つの巨大な大陸に分かれ、さらに移動を続けて現在の地球をつくりあげた。

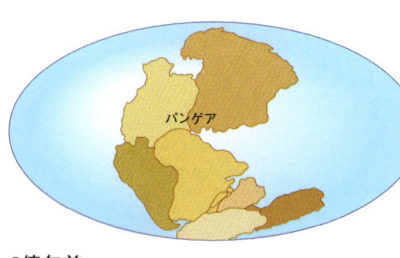

2億年前

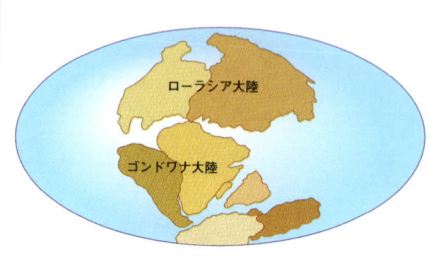

1億年前

現在

起源

　爬虫類と呼ばれるさまざまな動物のうち、ヘビはトカゲとミミズトカゲ（ミミズのような外見の地中生の爬虫類）にもっとも近いが、これらはすべて有鱗目の中の亜目に位置づけられる。

　最初のヘビは、あるトカゲのグループから生まれたと考えられている。このトカゲは、地中生活に適応してしだいに脚が退化していった。地中で脚は特に必要なく、邪魔ですらあるためだ。

　現在でも、同じ理由から脚が退化しているトカゲが数科あるが、現存する脚がないトカゲのいずれかからヘビが進化したとは考えられない。

　もっとも古いとされているヘビは、地上生のLapparentophis defrenneiという種で、現在の北アフリカにあたる地域に1億〜1億5000万年前に生息していた。

　次に古いもので化石が残っているのはウミヘビのSimoliophisで、ヨーロッパと北アフリカのかつて海底だった地域から約1億年前の化石が見つかっている。その後の化石は断続的にしか見つかっていない。

　だが、世界各地で発見された約6500万年前の化石によると、この頃までにはたくさんの種類のヘビがいたらしい。化石が残っている種の中には後に絶滅してしまったものもあるが、いくつかの化石は、現存する中では祖型的なパイプヘビ科やボア科に属するヘビに近いものだと思われる。

　現存するもっとも祖型的なホソメクラヘビ科とメクラヘビ科のヘビは、骨格があまりにももろくて小さかったためか化石が残っていない。

「あしなしとかげ」

「あしなしとかげ」には前脚がなく、後脚も痕跡しかないところは、現存するヘビの一番古い祖先の姿に似ていると考えられている。地中生のヘビにとっては脚を失うように進化した方が、地中でほとんどの時間を過ごすのに都合がよかったのだろう。

拡散

　ヘビが進化していたのと同じ時期に、地球上では、大陸塊が分かれたり、また融合したりする激しい変化が起こっていた（右上「大陸移動」参照）。

　ヘビの大部分は陸生で、大洋を超えて広がることはほとんど不可能だったため、この大陸移動がヘビの分布に大きな影響を及ぼした。古い祖型的な科のヘビは、大陸がまだつながっている間に陸づたいに拡散したが、もっと後に分化した科は、周囲の大洋が障壁となって拡散をはばまれた。

　現在のヘビの分布を見ると、それがいつ進化してどのように拡散したのか、かなりの程度知ることができる。

　たとえば北米のヘビは南米のヘビよりもヨーロッパやアジアのヘビとの共通点が多く、南米のヘビはアフリカやマダガスカルのヘビと共通点が多い。

　おそらく、古代に南にあったゴンドワ

ナ大陸が北のローラシア大陸と離れていたとき、これらのヘビは活発に拡散したのだろう。

また、最近になって分化したとされているクサリヘビ科のヘビは、世界の温暖な地域に分布するが、オーストラリアにはいない。このことは、クサリヘビ科はオーストラリアが大陸塊から離れた後で分化したことを示している。

驚くほど遠くまで移動した種もある。ニューギニアとその周辺諸島に生息するボアは、南米の西海岸からやってきた。おそらく流木に乗り、食物なしで長期間生きられる能力のおかげで生き延びて漂着したのだろう。

岸に打ち上げられた1頭の妊娠した雌から、新しいコロニーが生まれたのかもしれない。

放散

ヘビが進化してさまざまな行動様式と肉体的特徴を備えた生物になったのは、おもに生息環境の影響による。新たな環境へ拡散した場合もあれば、環境そのものが変化した場合もある。

新しい環境や環境の変化に直面したヘビは、他種との直接競争を避けるためか食物や生息地などの資源を利用するために、適応する必要があった。

長くなったり短くなったり、太くなったり細長くなったりと、体型が変化したものもいれば、新しい環境に溶け込むため色彩が変化したものもいた。

このようにして、ヘビは「放散」した。つまり何千世代もかけて新しい形に自分をつくり変えたのである。

多くの種は適応が間に合わずに絶滅してしまうが、適応できた種は繁栄し、最終的には他種を追い出してしまうこともある。

この状況は現在も活発に続いており、分布域が拡大している種もあれば、縮小している種もある。したがって、現存する種といえども常に流動的なものであって、個体数が増加している種もあれば、減少している種もある。

収斂進化

どの環境にも、そこで暮らすヘビにとって生き残るために解決しなければならないさまざまな問題がある。どのヘビも十分な食物を見つけ、捕食者からのがれ、交尾の相手を見つけ、子孫を残さなければならないのだ。それぞれの種は進化の過程を通じて、こうした問題に対する独自の解決策に到達する。ときには、遠く離れてはいるがよく似た環境に生息する別々の種が同じような問題に直面し、同じような解決策をとる場合もある。

このような2つの種は、生息地が遠く離れていても、外見と行動パターンが似ていることが多い。この現象は収斂進化と呼ばれる。

こうした進化上の興味深い現象を示す例はたくさんある。たとえば、ニューギニアのミドリニシキヘビと南米のエメラルドツリーボアは見分けがつかないほど似ている。どちらも樹上生で森林に生息するヘビであり、似通った条件に応じて白い斑点をもつ鮮やかな緑色の体に進化した。太い枝からぶら下がる様子までそっくりだ。

ミドリニシキヘビ 　　　　　エメラルドツリーボア

空所を埋める

生態的地位に空所があったために進化した種もある。オーストラリアにはクサリヘビ科がいないが、コブラ科のデスアダー属がクサリヘビのような外見と行動を備えるようになった。このヘビは太くて重い体で餌を待ち伏せする。

ヘビとは

環境

鳥類や哺乳類と異なり、ヘビは「渡り」のような長距離移動を行うことができない。そのため、ヘビは環境の影響を大きく受ける。それぞれ異なる環境のもとで、ヘビたちは生き残るためのさまざまな適応法を長い時間をかけてあみだした。ヘビに影響を与えるもっとも大きな環境要素は、気温、日照、水である。

体温調節

体内で熱を生みだすことができる哺乳類や鳥類と異なり、ヘビは外温動物である。つまり、ヘビの体温は太陽熱など体外の熱源によって決まるので、体温を調節する方法は、日光浴をするか日陰に行くしかない。大部分の種にとって、理想的な体温は約30℃である。体温が低くなるとヘビは動作が緩慢になり、身体機能が低下するか停止してしまう。体温が高くなると、熱によって消耗し、ついには死んでしまう。

ヘビの体温調節法は、その生息地によって異なる。熱帯では通常、気温が安定しているので、ヘビが日光浴をする必要はほとんどない。寒冷地では、暖かい場所を求めて頻繁に移動する必要がある。これがヘビが温暖な地域に多く、極地に近づくほど種類が少ない理由のひとつである。

極端な条件下で生きられるのは高度に特殊化したヘビだけだ。そのため、高緯度地方や高山に生息する種類は少ない。

温暖な気候に暮らす
このデュメリルボアを含む多くのヘビは、世界中の温暖で気候の変化がほとんどない地域に生息する。温暖な地域に多くのヘビが生息するのは、体温を維持しやすいからである。

こうした地域では、気温が1年を通じて0℃からあまり上がらない。そのような場所にすむヘビは、体がすぐに温まるように一様に小型で、同じ理由から黒っぽいものが多い。冬には冬眠し、大部分の

砂漠に適応する
砂漠生のヘビの多くは、命を脅かす暑さから身を守るため日中は砂の中に潜り込む。砂がくずれやすいときは、横這い運動（サイドワインディング）によって地表面を移動する（p.17参照）。

乾燥地で涼しく
乾燥地帯のヘビは多くの場合、熱を反射し、住みかである砂や土、岩に溶け込みやすい淡い色をもつことが多い。地中に掘った巣穴に隠れて、極端な気温の変化を避ける。

寒冷地で冬眠
厳しい環境の山地に生息する数少ないヘビは、最高で8カ月も冬眠することがある。冬眠していない時期も、活動するのは昼のみである。

種は子ヘビを産む。産卵するよりも子ヘビを体内におさめたままで日光浴をする方が、発育中の胚に好ましい環境を与えることができるためである（p.31参照）。

砂漠生のヘビも、極端な条件に対処するための行動様式を身につけている。活発に活動するのは年間の一部だけで、もっとも暑い季節には地中に隠れるか、夜中の短時間だけ活動する。冬になると、今度は気温が下がる夜間を避けて日中だけ活動する。砂漠生のヘビは、岩が露出した地域や、峡谷、雨裂など、水があり気温の極端な変化から身を守れる場所に生息する傾向がある。

地中生や水生のヘビは、自分で体温を調節することがほぼ不可能なため、ふつうは熱帯の森林や沼地など温暖で気温が一定している地域に生息する。

寒冷地での生存

高緯度地方のヘビは、寒い冬をしのぐために巣穴や地下の小室で冬眠する。しかし、晩秋や早春は地上に出ているときに急に気温が低下してしまうことがある。北米のガーターヘビなど、いくつかの種はこうした場合に、化学物質を生産して細胞内の凍結による損傷を防ぐ。短時間であれば、彼らは細胞内の体液が40％凍っても生き続けることができる。

エネルギーの節約

外温動物は、哺乳類のように熱を生みだすために代謝エネルギーを使う必要がないので、食物が乏しかったり、一定の季節にしか手に入らなくても生きていくことができる。ヘビは、同じ大きさの鳥類や哺乳類が必要とする食物の10％未満で生きられると推定されている。また食物が乏しいときは、状況がよくなるまで必要であれば何カ月も体の働きを停止することができる。

水分を保つ

鱗がある皮膚は、脱水を防ぐためにヘビの体に備わっているしくみのひとつだ。皮膚が水分を保つ程度は、ヘビの生息地によって異なる。乾燥した砂漠地域のヘビの皮膚は体内の水分を効率よく保持するが、湿潤な環境のヘビは、水がなければすぐに脱水状態になる。ヘビはまた窒素廃棄物を尿酸として排出することにより、失われる水分を最低限に抑えている。尿酸は白い結晶質の物質で、体外に排出する際に非常にわずかな水分しか必要としない。

ヘビの中にはとぐろを巻いて水分が蒸発する表面積を減らし、水分を保持するものもいる。ある種の砂漠のヘビは貴重な水蒸気を無駄にしないように、噴気音をたてない。そのかわりに特殊な鱗をこすり合わせたり尾部をふるわせて、ほかの動物に警告する（p.29参照）。

ウミヘビとヤスリヘビは海水中に生息し、塩分含有率の高い海生動物を食べている。このため、体内の塩分と水分のバランスが失われないよう、口内の底部にある特殊な腺でそれを防いでいる。濃縮された塩水はそこに集められ、舌を包んでいる鞘（さや）に移される。水中で舌をチョロリと出しながらこの濃縮液を外に吐き出し、体液のバランスを許容範囲内に保っている。

温帯地域で暖かく
少し寒い日もある温帯地域では、日照時間を有効に利用して体温を上げるため、太陽熱で温まった平地や岩の上で日光浴をする。

熱帯での繁栄
熱帯地域は温暖で気温の変化がほとんどなく、また湿度が高いおかげで脱水が防止できるという理想的な条件が整っているため、多くの種類のヘビが生息する。

水中での体温維持
水中では移動して体温調節をすることが難しいため、年間を通じて常に温暖な熱帯以外、水生ヘビはほとんど生息していない。

ヘビとは

大きさと形

ヘビはみな基本的に同じ姿をしており、細長くて手足がない。だが、大きさは種類によって非常に異なり、形状にもいくらか違いがある。最小のヘビは人の指よりわずかに長い程度だが、最大のヘビは人の身長の5、6倍にもなる。こうした多様性は、ヘビがそれぞれの環境と生活様式に適応する進化の過程で生じた自然選択の結果である。

ラバーボア
大きなヘビ、小さなヘビ
巨大なものからちっぽけなものまでいろいろな大きさのヘビがいるグループもある。ボアの場合、アナコンダが10メートルを超えるのに対し、ラバーボア Charina bottaeは75センチメートルにしかならない。写真はラバーボアの幼体とオオアナコンダを実寸で示している。

オオアナコンダ

大きなヘビ

もっとも大きな6種のヘビは、すべてボア科かニシキヘビ科のどちらかに属する。最大のヘビはオオアナコンダとアミメニシキヘビである。アミメニシキヘビは約10メートルに達する最長のヘビだが、太さでいえばオオアナコンダの方がはるかに太い。これら2種の大きさについての伝聞は数多くある。1907年、探検家のパーシー・フォーセット卿は、ブラジルで18.9メートルに達するアナコンダを殺したと報告した。

これよりもやや小さいのがインドニシキヘビ Python molurusとアフリカニシキヘビ Python sebaeである。どちらも6メートルかそれをわずかに上回る大きさに成長するが、生息地が狭まるにつれ、大型の標本が手に入ることは少なくなっている。これに匹敵するオーストラリア産のヘビがアメジストニシキヘビ Morelia amethistinaで、8メートル以上に成長したという確かな記録があるが、通常は3～4メートルほどである。

最大の6種のうち、もっとも小さいのがボアコンストリクターで、4メートルを超える個体があったという確かな記録が残っているが、通常は約3メートル程度にとどまる。

大きな種類のヘビが少ない理由は2つある。第1に、大きなヘビはたくさん食べる必要があるが、体が大きいと獲物を捕る方法が待ち伏せだけに限られるので、捕獲できる餌が限られてしまう。

第2に、ヘビは体外の熱源にたよって体温を上げているため、大きなヘビは体を温めるのに長時間を必要とする。その間は採餌、繁殖、自己防衛などを含め、いかなる活動も行うことができない。

いろいろな体形

ヘビの体形を見れば、その生活様式が推測できる。地中生のヘビはたいてい円筒状（A）だが、地上生のヘビは腹面が平ら（B）で、でこぼこの地面で足がかりが得られるようになっている。ネズミヘビなどの樹上生種も腹面が平らで、横断面は食パンのように脇腹の底面が角ばっており（C）、樹皮をしっかりとつかむことができる。一部の樹上生ヘビは横から押しつぶしたような形（側偏形）（D）で、体を硬い棒のように突き出して自分の体重を支えながら枝から枝へと渡ることができる。建築材料の梁がこのような形をしているのも同じ理由による。水生ヘビも側面が平ら（E）で、水中で推進力を得られるようになっている。アマガサヘビなど、三角形（F）の種類も少数いるが、その理由は明らかでない。

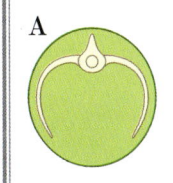

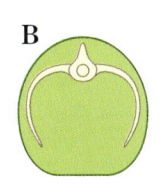

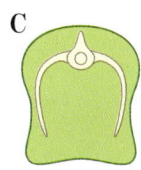

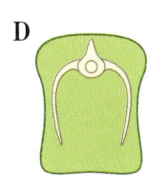

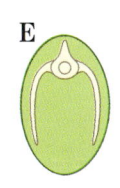

A　B　C　D　E　F

脱皮

小さなヘビでも成長を続ける。一生を通じて、すべてのヘビは定期的に皮膚の外層を脱ぎ捨てることにより大きくなる。まず吻をざらざらした面にこすりつけて皮膚をはがし、それから前進して皮を引っ張り、きれいにはがす。幼体は成体よりも早く成長するため、脱皮の頻度も高い。

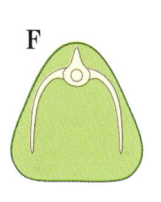

この6種の最大のヘビに加えて、キングコブラ Ophiophagus hannah、タイパン Oxyuranus scutellatus、ガボンアダーなどそれ以外の大きなヘビが、みな熱帯か熱帯付近に生息しているのは偶然ではない。極地に近づくにつれ、ヘビの平均的な大きさも種類数も低下する。

小さなヘビ

反対に、見過ごしてしまうほど小型の種類はたくさんある。もっとも祖型的な3科、すなわちホソメクラヘビ科、カワリメクラヘビ科、メクラヘビ科のヘビは、30センチメートル以上になることがほとんどない。この3科を合計すると約300種あり、すべての種のヘビの10％を超える。最小のヘビはフタスジホソメクラヘビ Leptotyphlops bilineatus で、最長のものでもわずか10.8センチメートルと記録されている。小型のヘビは食物が少なくてすみ（アリ、シロアリやその幼虫を食べるものがほとんど）、体も早く温まる。一方で、小さいためにほかの動物の餌食になりやすい。

形

ヘビはさまざまな形をしており、それぞれの種がいかに環境に応じて進化したかをよく表している。細長いヘビは樹上生か、獲物を捕らえるためにスピードにたよるものが多い。樹上生のヘビは、木の枝で体重が支えられるように軽くなければならない。ほとんどの樹上生ヘビの尾は長く、物に巻きつくのに適している。そのおかげで木からぶらさがってトカゲや鳥を捕らえることができる。またムチヘビ、レーサー、アレチヘビなど、開けた場所にいるヘビも細長い。このようなヘビは眼が大きく、遠くにいる餌動物を見つけて追う。長い尾は、ヘビが草や下生えを通過するときにバランスをとる役目を果たす。

クサリヘビやニシキヘビに多く見られる太くて短いヘビは、餌動物を追ったり木に登ったりせず獲物を待ち伏せする。重い体は頭を前に突き出して獲物に襲いかかるときに、体をしっかりと地面に固定するのに役立つ。

ミドリオオガシラ

太いヘビ、細いヘビ
ヘビの形と体重によってしばしば獲物の捕らえ方がわかる。細いヘビは餌動物に忍びよる。太くて重いヘビはカムフラージュにたよって獲物を待ち伏せする。

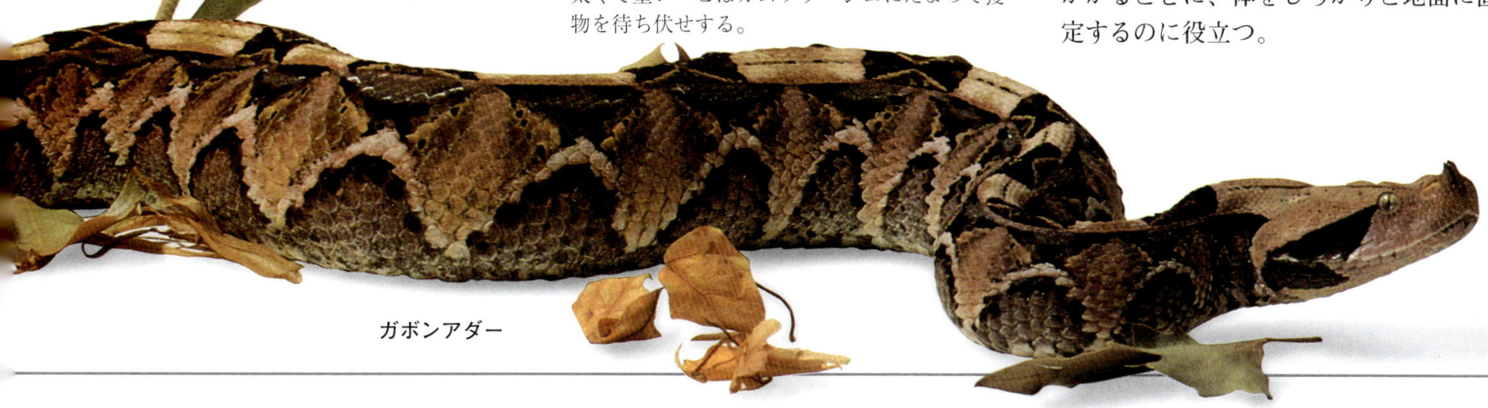

ガボンアダー

ヘビとは

鱗

　ヘビの皮膚は伸縮性のある皮膚でつながった板状の鱗でできており、中世の十字軍の兵士が身に着けた鎖帷子のように、防護力と柔軟性を併せもつ。ヘビの鱗は体の部位によって種類が異なり、それぞれの鱗が特定の目的に役立つ。ヘビの生息地と生活様式によって、さまざまな鱗がある。また鱗の色素によってつくられた色と模様は、生息地におけるカムフラージュや捕食者への警告など、ヘビにとって重要な役割を果たす。

変化した鱗

テングキノボリヘビ
　Langaha madagascariensis は、頭部の鱗がユニークな形に変化している。吻端が長く突き出しており、雄の吻がまっすぐであるのに対して、雌の吻は幅が広くて小さなトゲがたくさんついている。こうした突起の役割ははっきりしない。

雌のテングキノボリヘビ

雄のテングキノボリヘビ

鱗の機能

　ヘビの皮膚は、明確に区別される2つの部分からなっている。すなわち厚い鱗と、鱗の間の薄くて柔軟な鱗隙皮膚である。ヘビの鱗は魚類の鱗とは異なり、こすってもはがれず、成長に合わせて皮膚の外層を定期的に脱ぎ捨てる（p.13参照）。
　鱗はヘビがでこぼこの地面を移動するときに体が傷つかないよう保護する。また、寄生虫や刺す性質をもつ昆虫や小型の捕食者に攻撃されたり、餌動物から反撃されたりした場合も、ある程度体を守ってくれる。
　鱗は移動にも一役かっている。鱗の凹凸、特に腹面の後縁のでこぼこは、地面をとらえて水平方向や垂直方向に前進するのに役立っている。
　鱗は蒸発によって失われる水分を最低限に抑えるためにも役立っている。この特徴は、砂漠生の種類にとって非常に重要で、そのようなヘビの鱗は湿度が高い熱帯雨林のヘビの鱗よりも脱水を防ぐ能力で優っていることが、実験によって示されている。

鱗の配置
　ヘビは背面と側面、腹面、頭部、尾の下面のそれぞれに異なる種類の鱗をもつ。鱗はヘビの体を環境と捕食者から守るほか、移動にも役立つ。

頭部の鱗は部位によってさまざまな形がある。

腹板は顎から総排泄孔までの腹面にある。

体鱗は背面と側面を覆っている。

鱗の種類

　ヘビは体の各部に3種類以上の鱗をもち、それぞれの鱗は特有の形と機能を備えている（次ページ「鱗の特徴」参照）。

体鱗
　背面と側面にあり、通常は列をなして並んでいる。列の数で種を同定することができる。キールがある体鱗（クサリヘビ科の大部分）や、なめらかな体鱗（地中生ヘビ）がある。

腹板
　腹面にあるなめらかな鱗で、移動に役立つ。総排泄孔の前にある最後の腹板は肛板と呼ばれ、2分している場合とそうでない場合がある。完全に水生のヘビは、腹板がいちじるしく退化し、腹に沿って盛り上がった細い線があるようにしか見えない場合もある。ざらざらの地面で自分の体重を引っ張ることがないためだろう。

頭部の鱗
　多くの種において、頭部の鱗は大型で板状になっている。頭部の鱗には、吻の先端にある吻端板、眼の真下にある眼下板、口をふちどる唇板などがある。一部のヘビ（特にほとんどのボアと多くのクサリヘビ）は唇板が大きく、頭の上部が小さな鱗で覆われている。こ

ゆるんだ皮膚　　伸ばした皮膚

鱗隙皮膚
　薄い鱗の間の皮膚は、厚い鱗とは異なり伸ばすことができる。これが皮膚全体の伸縮性をもたらすため、ヘビは盾のように硬い鱗をもちながらもしなやかに動くことができる。

鱗の特徴

腹板
デュメリルボアの腹板は大部分のヘビに見られ、幅が広く短い鱗が1列に重なって並んでいる。腹板が常になめらかであるため、地面の上を移動しやすい。

なめらかな体鱗
スナゴヘビのように体鱗が三角形で重なり合っている場合、体の表面はなめらかで光沢がある。なめらかな鱗をもつヘビには、大部分のボアやニシキヘビなどがいる。

キールのある体鱗
ナンヨウボアはキールのある体鱗をもつ多くのヘビのひとつだ。キールのある体鱗では鱗の中央に沿って隆起が1本か2本走っているので、ヘビの外見はざらざらしたものになる。

顆粒状の体鱗
鱗が小さくて円錐形で、手ざわりがざらざらしている。このような体鱗をもつ種は少なく、ざらざらの体鱗を使って魚を捕まえる水生のヤスリヘビなど、ごくわずかな種に限られる。

頭部の大型の鱗
このアメリカネズミヘビでは、頭部に大型の鱗板が特有のパターンで並んでおり、ヘビを同定するために役立つ。このような頭部の鱗は、大部分のナミヘビやコブラ、クサリヘビの一部に見られる。

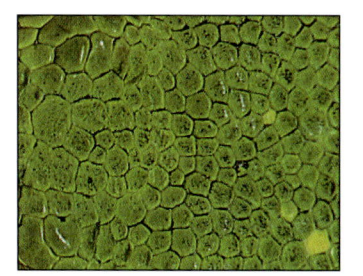

頭部の小型の鱗
ボアは、頭部がほぼ同じ形の多数の小さな鱗で覆われている種が多く、エメラルドツリーボアもその一例である。このような頭部の鱗はクサリヘビにも見られる。

1列の尾下板
尾下板は腹板に似ている。このロージィボアの尾の下面は、典型的な1列の尾下板を示している。尾下板が2つに分かれている種もある。

対になった尾下板
スナゴヘビなどは、尾下板が対になっている。対になった鱗板の間に1枚の鱗板が混じっている場合もある。

れはおそらく大型の鱗から進化し、長い時間を経て細かく分かれたのだろう。

尾下板
これはヘビの尾の下にある。腹板に似ているが、対になる場合とならない場合がある。対になった鱗の間に1枚の鱗をもつヘビもいる。

尾下板はヘビの尾の腹面にある。

鱗の色

鱗には色素を含む細胞があり、各種のヘビに特徴的な模様と色彩をつくっている。むらのない単色のヘビもいるが、環境に溶け込むのに役立つ斑紋や斑点、鞍形模様、横帯、ストライプなどの模様をもつヘビの方が多い（pp.26-27参照）。ニジボアなどは、細胞の表面構造が光を屈折させて反射するので色が虹色に移り変わる。

一生の間に、色が変化するヘビもいる。たとえば、生まれたばかりのエメラルドツリーボアは黄色か赤色だが、1年ほどすると緑色になる。少数ではあるが、色調を数分間で変化させることができる種類もいる（夜間に色が薄くなることが多い）。だが、その能力は多くのトカゲほど発達していない。

特殊化した鱗

ホーンドアダー *Bitis caudalis* の角のような突起や、水生のヒゲミズヘビ *Erpeton tentaculatum* の吻にある短い肉質の角のような、特殊な鱗をもつヘビもいる。

少数ではあるが、尾の先端が鋭くとがっていて、捕食者の体をチクリと刺せるようになっている種類もいる。反対に、ミジカオヘビの尾は斜めに切ったように短く、尾端が小さなトゲで覆われている。このような地中生ヘビは、尾で巣穴をふさぎ、追ってくる捕食者のヘビから身を守るらしい。

ガラガラヘビなどのヘビは、脱皮するときに尾の鱗がそのままの位置に残って鎖のような発音器になるので、それをふるわせて警告音を出すことができる（p.29参照）。

ヘビとは

構造と動き

ヘビの体は細長いが、その構造は人間を含むヘビ以外の脊椎動物と共通点が多い。心臓、肺、肝臓、腎臓など共通の臓器も多く、同じ器官系に依存して生命を維持している。おもな違いは、体の細さゆえの臓器の形と配置である。ヘビの骨格は何百という肋骨のせいで複雑に見えるが、トカゲやその他の爬虫類に比べると非常に単純である。

内臓系

ヘビの臓器の大部分は、肋骨に囲まれた細長い空間におさまり、呼吸、循環、消化、排泄、生殖のためのさまざまな器官系を構成している。

呼吸器系

ヘビは口と気管を通じて呼吸をする。ボアとニシキヘビ以外、すべてのヘビは機能する左肺をもたない。そのかわり、右肺が非常に大きく発達している。右肺は水生ヘビで特に大きく、その下端は水中で体の浮力をコントロールできるように変化している。

一部のヘビは、左肺がないことを気管肺によって代償している。気管肺とは右肺が拡張した部分で、肺の容積を増やし、大きな獲物を飲み込んでいる最中に呼吸するのに役立つ。また窒息を避けるために筋肉が発達した気管を備えており、これを餌の下に押し込むことで呼吸を維持する。

循環器系

ヘビの循環器系はほとんどの動物とよく似ている（むろん手足に伸びる血管系はない）が、心臓には部屋が4つではなく3つしかない点が異なっている。心室がひとつしかないが、部分的に区切られているため血流は混ざらない。

消化器系

消化過程はヘビの口からはじまる。餌を食べている最中に、口にある腺が消化液を分泌する。有毒種では、毒は餌動物を動けなくすると同時に消化も助ける（pp.22-25参照）。ヘビは食物を胃に送り込むのを助けるため、咽喉と食道の筋肉

骨格

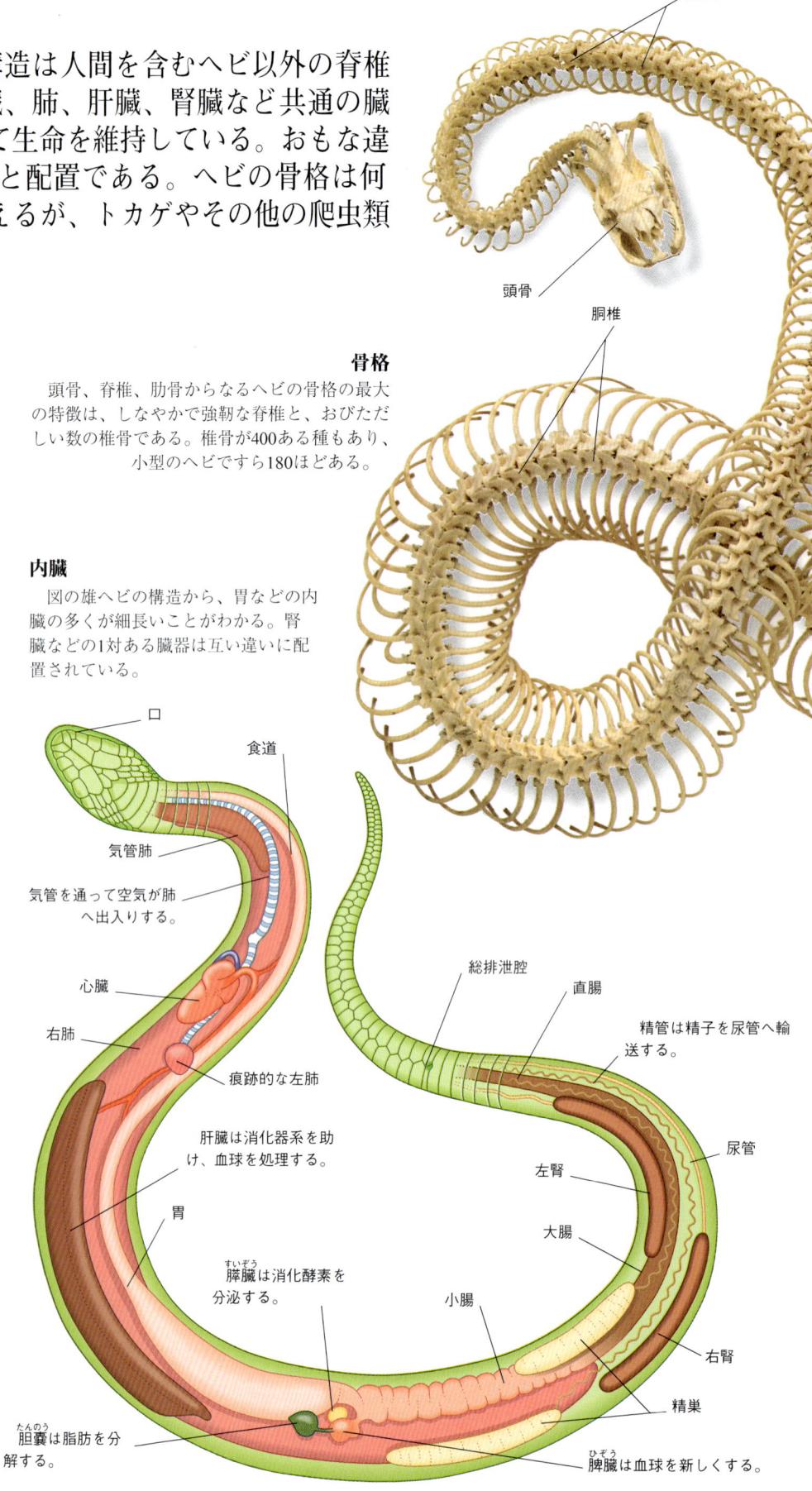

頭骨、脊椎、肋骨からなるヘビの骨格の最大の特徴は、しなやかで強靭な脊椎と、おびただしい数の椎骨である。椎骨が400ある種もあり、小型のヘビですら180ほどある。

内臓

図の雄ヘビの構造から、胃などの内臓の多くが細長いことがわかる。腎臓などの1対ある臓器は互い違いに配置されている。

脊椎（背骨）

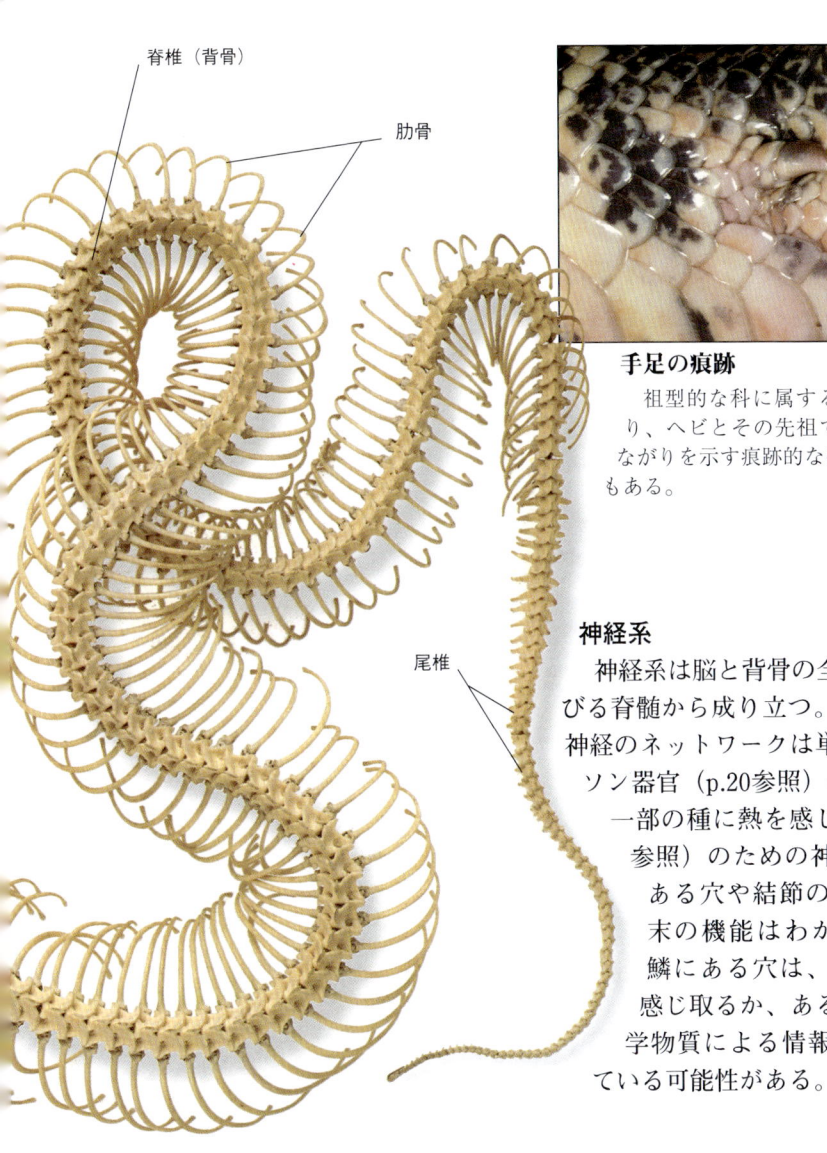

肋骨

尾椎

手足の痕跡
祖型的な科に属するヘビには腰帯があり、ヘビとその先祖であるトカゲとのつながりを示す痕跡的な後肢が見られる場合もある。

神経系
神経系は脳と背骨の全長にわたって伸びる脊髄から成り立つ。手足がないので神経のネットワークは単純だが、ヤコブソン器官（p.20参照）のための神経と、一部の種に熱を感じるピット（p.21参照）のための神経がある。鱗にある穴や結節の下にある神経端末の機能はわかっていないが、鱗にある穴は、接触、熱、光を感じ取るか、あるいは何らかの化学物質による情報伝達に用いられている可能性がある。

が発達している。胃は腸の太い部分にすぎない。大腸と小腸は体が細いため蛇行が少なく、そのためほかの動物と比較すると短い。消化されなかった食物は直腸と総排泄腔を通じて排出される。

排泄器系
ヘビには膀胱がない。腎臓で濾過された排泄物は尿酸として排出される。尿酸は白い結晶質の物質であり、水分含量が非常に少ないため、水分の保持に役立っている。

生殖器系
哺乳類や他の爬虫類と同様、ヘビは体内受精を行う（pp.30-31参照）。雄は細長い精巣と、交接器官である1対のヘミペニスをもつが、交尾の際に使われるのは片側だけである。精子は尿管を通じて精巣からヘミペニスへ輸送される。雌はふつう互い違いの位置に1対の卵巣をもつが、左の卵巣がない種もある。

体内構造

骨格
骨格は、手足がないため頭骨（pp.18-19参照）、脊椎（背骨）、肋骨だけで構成されているが、一部のヘビには痕跡的な腰帯もある。おびただしい数の椎骨によってつくられた脊椎は非常にしなやかで、筋肉の圧力に耐えるため非常に強い。頚椎と胴椎にはひとつひとつに1対の肋骨がついているが、尾椎には肋骨がない。肋骨は腹部で結合していないので、ヘビが大きな獲物を飲み込むときは容易に広がる。

筋肉
骨格に生命を吹き込んでいるのが各椎骨と肋骨についているたくさんの筋肉だ。しなやかな脊椎とこれらの筋肉が協調することで、ヘビの特徴である縫うような動きが生みだされる。

移動

ヘビは複雑な筋肉系によって効率的に移動することができる。ヘビが移動する地形に応じて、4種類の代表的な移動法がある。ほとんどの海生ヘビは、櫂のような偏平の尾をもち、泳ぎに役立てている。

直進運動
体の長軸に沿った筋肉を収縮させて、波をつくるようにして直進する。大きな腹板の後縁で地面をしっかりつかむ。

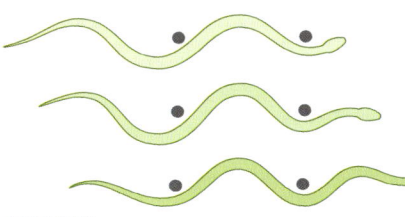

蛇行運動
もっともよく見られる移動法で、体の側面を岩や地面のでこぼこに押しつけて前進する。

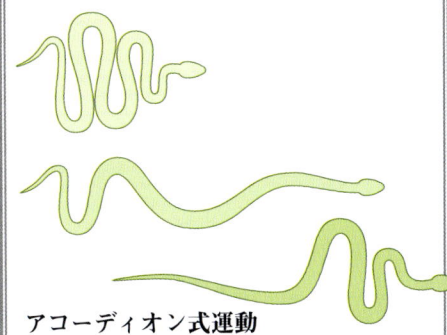

アコーディオン式運動
狭い場所では、筋肉を交互に畳んで前進する。まず、後ろ半分を畳んで前の半分を伸ばし、次に前を畳んで後ろを引き寄せる。

横這い運動（サイドワインディング）
くずれやすい砂地やつるつるした地面では、横向きに移動するときに体の一部を完全に持ち上げ、下向きの圧力を生みだしてすべるのを防ぐ。

頭骨と歯

頭骨は、ヘビの科、属、種の間の関係を理解するうえで重要な鍵となる。さまざまな種は進化につれて食性を変化させたが、それに伴って頭骨を形成する骨の形と相対的位置が変化した。顎の構造と歯の配列がもっとも大きく影響を受けた。分化が進んだヘビは大きな餌動物を丸ごと飲み込むとき、顎を広げるばかりでなく一時的に位置を変えることもできる。

大きな獲物を飲み込むヘビ
多くのヘビは、いくつかの顎の骨をそれぞれ別個に動かすことができるので、口を非常に大きく開くことができる。このため、自分の頭よりかなり幅の広い獲物を飲み込むことができる。

頭骨

大部分の肉食動物は獲物を咬み砕いたり、引きちぎったり、押さえつけて食べることができるが、ヘビには手足がないので餌を丸ごと飲み込まなくてはならない。

もっとも祖型的なヘビの顎は限られた動きしかできない。そうしたヘビはおもにアリとシロアリを食べており、口を大きく開ける必要がないのだ。分化の進んだヘビは、より大きな餌を食べるので、顎を大きく開く機能が欠かせない。このため、こうしたヘビは進化して関節の結合がゆるい頭骨をもつようになった。

多くの動物の骨は丈夫でしっかりとつながっている。だが分化が進んだヘビの骨はきゃしゃで、顎を開くときに骨と骨の間隔を広げることができる。

このような構造のため上顎骨と下顎骨を、ほかの骨に関わりなく前後方や側方へ動かすことが可能となった。

2つの下顎骨は顎先で結合していないので互いの間隔を広げたり、片方だけを前に突き出したりすることができ、顎の柔軟性をさらに高めている。そのためヘビは獲物に歯を引っかけてそのままのどの奥へ引き入れることができる。

歯

ヘビはその食性により、ほとんど歯がないかたくさんの歯があるかのどちらかである。

歯は下顎、上顎の外側(上顎骨)、および上顎の内側(口蓋骨)に沿って並んでいる。口蓋骨はずっと後方で翼状骨と

頭骨の進化

口が大きく開くように進化した結果、頭骨のほかの部分にも変化が生じた。小さくなった骨もあれば、大きくなったり長くなったりした骨もある。図の5つの科のヘビの頭蓋骨は、もっとも祖型的な科からもっとも分化の進んだ科の順に並んでいるので、いろいろな骨の形がどのように変化してきたかがわかる。

顎骨がもっとも大きく変化した。祖型的なホソメクラヘビの上顎骨は小さいが、ニシキヘビやナミヘビでは長くなり、その後、コブラやクサリヘビでは再び短くなった。

複合骨は長くなったが、歯が生えている下顎骨(歯骨)は短くなった。

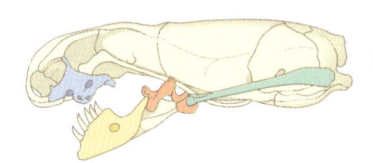

硬い頭骨
ホソメクラヘビなどの祖型的なヘビの頭骨は硬くて重く、顎骨は非常に短い。

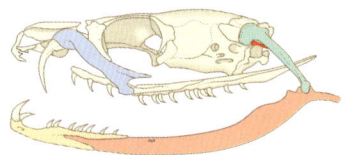

長くなった顎
ニシキヘビは長い顎をもつ。上顎骨ははなればなれに伸ばすことができるが、下顎はまだかなり硬い。

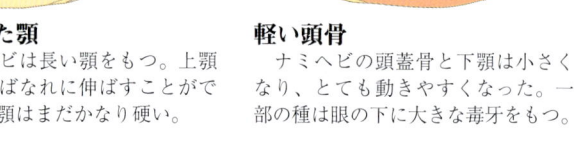

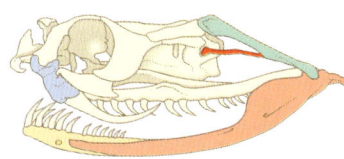

軽い頭骨
ナミヘビの頭蓋骨と下顎は小さくなり、とても動きやすくなった。一部の種は眼の下に大きな毒牙をもつ。

固定した前牙
マンバなどのコブラ科の毒牙は、固定された短い管状の前牙で、毒牙のすぐ後ろには歯がない。

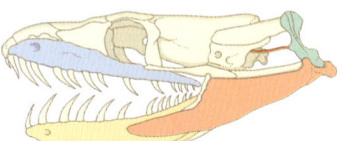

折り畳み式の前牙
毒牙は非常に長く、必要なとき以外は、毒牙が生えている上顎骨を反転させて畳んでおくことができる。

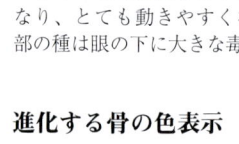

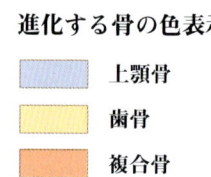

進化する骨の色表示
- 上顎骨
- 歯骨
- 複合骨
- 方形骨
- 柱耳骨

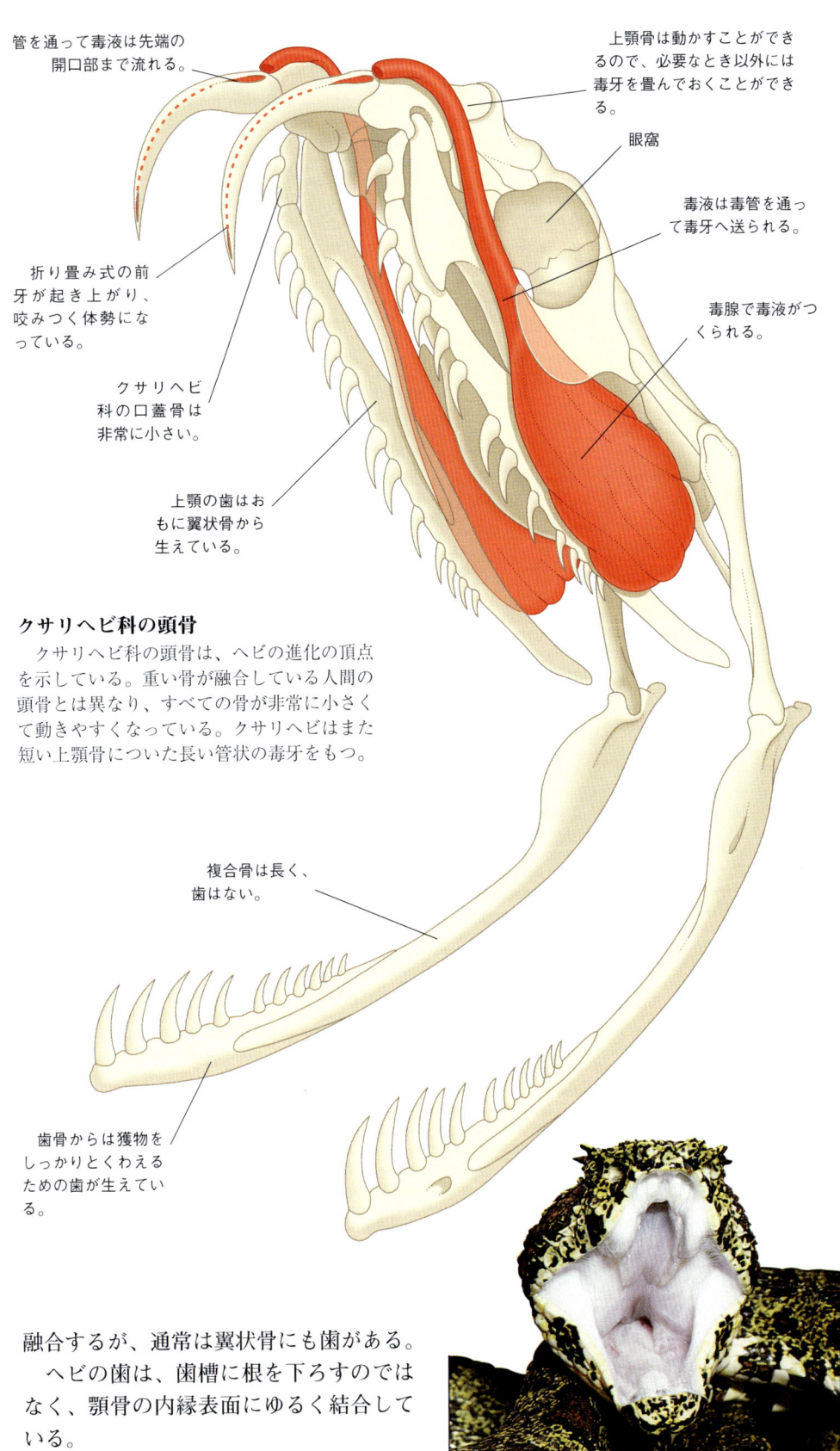

クサリヘビ科の頭骨

クサリヘビ科の頭骨は、ヘビの進化の頂点を示している。重い骨が融合している人間の頭骨とは異なり、すべての骨が非常に小さくて動きやすくなっている。クサリヘビはまた短い上顎骨についた長い管状の毒牙をもつ。

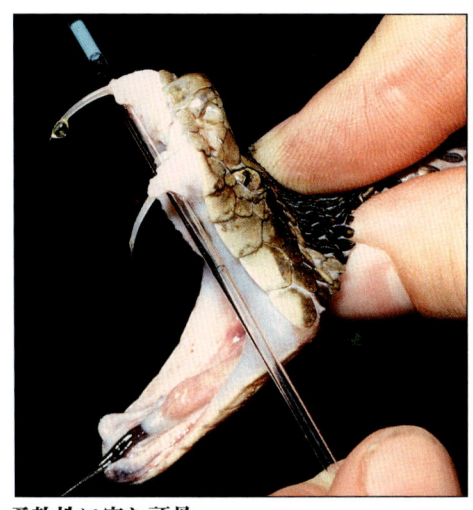

- 管を通って毒液は先端の開口部まで流れる。
- 上顎骨は動かすことができるので、必要なとき以外には毒牙を畳んでおくことができる。
- 折り畳み式の前牙が起き上がり、咬みつく体勢になっている。
- 眼窩
- 毒液は毒管を通って毒牙へ送られる。
- クサリヘビ科の口蓋骨は非常に小さい。
- 毒腺で毒液がつくられる。
- 上顎の歯はおもに翼状骨から生えている。
- 複合骨は長く、歯はない。
- 歯骨からは獲物をしっかりとくわえるための歯が生えている。

柔軟性に富む頭骨
分化が進んだ科のヘビの頭骨がいかに柔軟かを示したところ。ふだんは毒牙をおさめている肉質の鞘が引き込まれ、一方の毒牙に毒液が1滴見える。舌と気管が口の底部にある。

折り畳んだ毒牙
クサリヘビは、長い毒牙で毒液を餌動物に深く注入する。餌動物は遠くまで逃げるまもなく死んでしまう。毒牙は上顎骨という短い骨についており、この骨は約90°回転するので、使わないときは毒牙を畳んでおくことができる。

融合するが、通常は翼状骨にも歯がある。
　ヘビの歯は、歯槽に根を下ろすのではなく、顎骨の内縁表面にゆるく結合している。
　歯は抜けやすいが一生を通じて常に生えかわり、新しい歯が古い歯の根もとから生えてくる。毒牙も同様に抜けるが、新しい毒牙がすぐに生える。抜けた歯が獲物に刺さったまま飲み込まれることもある。

毒牙

ヘビには毒液を注入するための大きな毒牙など、特殊な歯をもつものもいる。毒牙をもつヘビは、後牙類と前牙類という2つのグループに分けられる。このグループ内でもたくさんのバリエーションがある（pp.24-25参照）。

後牙類

ナミヘビ科の約3分の1は後牙類である。口の奥に1対か、場合によっては2対の毒牙をもつ。一部のヘビでは、大きな毒牙に溝があり、毒液が先端まで流れやすくなっている。
　後牙が口内のかなり前の方にあり、わずかではあるが、一咬みで毒液を注入することができる種もいる。後牙類で人間にとって有害なヘビはほんのわずかにすぎない。

前牙類

口の前方に毒牙をもつヘビで、モールバイパー、コブラ、マンバ、アマガサヘビなどがこの類である。コブラとクサリヘビの毒牙は中空で先端付近が開口しており、毒液を餌動物の体内深くに注入することができる。クサリヘビ科は、毒牙を使っていないときに口内に折り畳んでおくことができる点において、コブラ科とは大きく異なる（左上「クサリヘビ科の頭骨」参照）。

感覚器官

ヘビは進化途上で長い地下生活を送っていたため、感覚器官がほかのほとんどの動物と異なる進化を遂げた。ヘビには視力が弱い種類が多く、特に地中生の種類はほとんど盲目のものも多く見られる。それを補うため視覚以外の感覚を高度に発達させたり、ほかの動物には見られない環境を探査するしくみを発達させた種もある。

円形の瞳孔（ラフアオヘビ）

垂直な瞳孔（ボアコンストリクター）

水平な瞳孔（ハナナガムチヘビ）

瞳孔の形

ヘビの瞳孔の形を見れば、採餌活動の時間帯がわかることが多い。一般に、円形の瞳孔をもつヘビは昼行性、垂直な瞳孔をもつヘビは夜行性である。水平な瞳孔はツタムチヘビとバードスネークだけに見られる。これらのヘビは両眼視が発達しており、枝の間の距離を正確に判断することができる。

視覚

多くの地中生ヘビの眼は、明暗の判別しかできないレベルまで退化している。もっとも祖型的な科であるホソメクラヘビ科、カワリメクラヘビ科、メクラヘビ科のほぼ全種、さらにその他の科の地中生のヘビはこうした眼をもっている。

地中生でないヘビの眼は、瞳孔の形が円形、垂直、水平の3種類のいずれかである。ほとんどのヘビは円形の瞳孔をもつ。小さな円形の瞳孔をもつヘビは、隠れてすむ性質の夜行性のヘビであることが多い。

大きな円形の瞳孔をもつヘビは通常、昼行性で視力がよいが、静止している物体をはっきりと見るのが苦手である。獲物を狩るときには、よく見えるように頭と首を地面から持ち上げたりする。ミズベヘビ、ガーターヘビ、ムチヘビと、北米・ヨーロッパ・アジアのレーサーの眼は、すべて大きな円形の瞳孔である。

垂直な瞳孔は、クサリヘビ科や、熱帯のナミヘビ科などの夜行性の種に見られる。これらの種は光が少ない環境に適応している。明るい光の下では、網膜を保護するために瞳孔が収縮して細長くなる。

水平な瞳孔をもつヘビはほんの少数で、アジアにいるツタムチヘビ属*Ahaetulla*の8種と、アフリカにいるバードスネーク属*Thelotornis*の2種にすぎない。

これらのヘビは、瞳孔の形と、眼の大きさと位置のおかげで両眼視ができる（頭の側面に眼がついているヘビにはできない）。

そのため、距離を非常に正確に判断することができる。このことは枝の間を体を使って渡ったり、葉や小枝にいる餌動物を捕らえるために体を伸ばす必要があるヘビにとって重要である。

嗅覚

ほかの脊椎動物と同様、ヘビの鼻孔は脳の嗅覚野につながっている。またヘビの口蓋にはヤコブソン器官と呼ばれる、二股に分かれた舌の先端を挿入するための1対のくぼみがある。

ヘビは空気中のにおい分子をとらえるためにすばやく舌を伸ばしてふるわせ、次にヤコブソン器官の中に引っ込めて、におい分子を分析した情報を脳へ送る。ヘビが干渉されたときや新しい環境を探索するときに、舌を繰り返し出すのにはこうした理由がある。

においの分析

舌で集められたにおい分子はヤコブソン器官に運ばれる。この器官は鼻孔がつながっているのと同じ脳の部位につながっており、鼻孔からの情報にさらに情報を追加して、ヘビの嗅覚を高める。

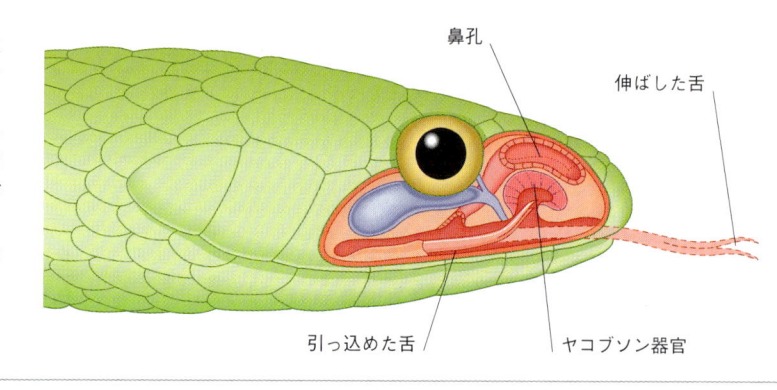

鼻孔／伸ばした舌／引っ込めた舌／ヤコブソン器官

聴覚

ヘビには外耳がないが、耳の内部構造の痕跡は「柱耳骨」という小さな骨として今も存在する。この骨が内耳に振動を伝える。振動を探知するためには、下顎が地面に接していなければならない。振動は顎骨、柱耳骨、方形骨を経て内耳に伝えられる。ヘビは敵の足音や獲物が走る音以外に、空気を介して伝わる低周波音もほぼ確実に聞くことができる。

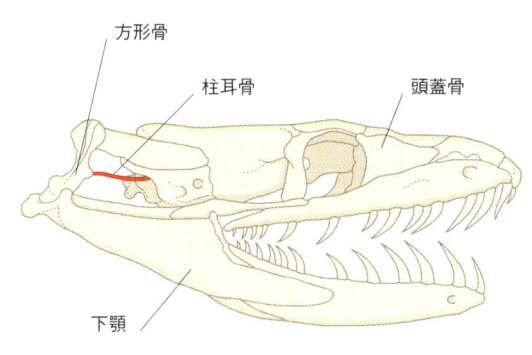

聴覚系
頭骨の小さな骨からなるしくみによって、ヘビは下顎骨がとらえる振動を「聞く」ことができる。下顎骨は柱耳骨につながり、柱耳骨は振動を方形骨に伝える。

温度を感じる

ある種のヘビはピットと呼ばれる独特の感覚器官をもっている。ピットをもつのは、ボア科、ニシキヘビ科、マムシ亜科の3科である。ボアのピットは顎をふちどる鱗の間に並んでいるのに対して、ニシキヘビのピットは鱗の中にある。マムシ亜科は眼と鼻孔の間に1対のピットをもつ。このため、マムシ亜科の一部は南米の一部地域でクアトロ・ナトリセス（鼻の穴が4つあるという意味）と呼ばれている。いずれの種でも、ピットはそれぞれが脳とつながっている熱受容器を数多く備えた1層の細胞で覆われている。これらの細胞によって、ヘビは餌となる小さな内温動物が発する熱によるわずかな温度の上昇を感じ取ることができる（外温動物であるトカゲでさえ、暖かい日光を浴びると周囲の環境より体温が上昇してわずかな熱を発する）。ピットにより、ヘビは0.2℃という小さな温度変化を感知することができる。ピットは前方を向いているので、頭の左右いずれかの側で受け取った温度の情報を分析して、餌動物の位置と距離を割り出すことができる。つまり、まったくの暗闇でもヘビは正確に獲物を襲うことができるのだ。実験では、目隠しをしたガラガラヘビの攻撃の98%が餌動物を正確に捕まえたが、ピットを覆った場合の成功率は27%まで低下した。

マムシ亜科のピット
アカダイヤガラガラ *Crotalus ruber* は、マムシ亜科のすべてのヘビと同様に、眼のすぐ下に1対のピットをもつ。ピットは立体的に機能し、標的の方向と距離を正確に察知する。

ボア科のピット
ボア科のピットは口をふちどる鱗の間にある。マムシ亜科のピットほどの能力はなく、構造が異なるので、それぞれの科のピットが別々に進化したことはほぼ間違いない。

ピット
ガーデンツリーボア *Corallus hortulanus* のピットは口をふちどる鱗の間にある。

その他の感覚

ヘビの鱗には、肉眼でやっと見えるほどの大きさの結節や穴があることが多い。この結節は非常によく見られ、すべての種にあるようだが、まばらであったり局在していることが多い。結節の正確な機能は明らかではないが、結節のすぐ下には常に神経端末が集まっていることから、何らかの感覚器官として機能している可能性が非常に高い。結節はヘビが動きまわるときに基底（底質）と接触する体の部位に多いので、触覚と関連しているのかもしれない。

鱗の穴は、すべてのヘビにあるわけではない。ふつうは頭部にもっとも多く見られるが、各体鱗の先端にも2つ1組で見られる。このような穴はおそらく光を感じるためのもので、ヘビが岩の下に隠れたり巣穴に入ったりするときに、体の一部がまだ外に出ているかどうかを知るためのものかもしれない。

この鱗の穴が化学物質による情報伝達に関与しているという可能性もある。化学物質による情報伝達は、ヘビではほとんど知られていないが、各個体が同種のヘビ（おそらく他種のヘビも）の存在をにおいによって感じることができる可能性は高そうだ。この機能は、ヘビが交尾の相手を見つけたり、集団冬眠地へたどり着くために役立つことだろう。

採餌と食性

ヘビはすべて肉食だが餌動物は種によって非常にさまざまであり、アリからアンテロープまで、生きているか死んだばかりであればほとんどの動物を食べる。ヘビは手足こそないが、忍びよる技術、臭覚、スピードのいずれをとっても優れたハンターである。ヘビはみな獲物を丸飲みする。小動物や力の弱い動物は生きたまま飲み込むが、大きな獲物は絞めたり毒液を注入したりして、先に殺してから食べる。

餌動物の種類

スペシャリストのヘビは、ナメクジやカタツムリといった特定の動物を食べる。たった1種の動物しか食べないヘビもいる。それ以外のヘビはゼネラリストで、飲み込めるものならだいたい何でも食べる。たとえばキングヘビは、カエルやヒキガエル、トカゲ、小型の鳥類、哺乳類のほか、ヘビでも食べる。

クサリヘビ科の一部（たとえば「魚食い」という意味の *Agkistrodon piscivorus* を学名とするヌママムシ）など、水生や半水生のヘビの多くは淡水魚を食べる。ウミヘビには珊瑚礁に生息して魚卵だけを食べるヘビが3種類いるが、これらは、進化の過程で毒に関係する器官を失った。

カエル、ヒキガエル、サンショウウオを食べるヘビも多い。シシバナヘビは、すきの形をした吻によって、夏の渇水をのがれるため土中の穴にこもったヒキガエルを掘り出す。夜間に採餌したり交尾の相手を求めて鳴いているカエルを狙うヘビもいる。中米に生息するキタネコメヘビ *Leptodeira septentrionalis* は、葉に産みつけられたカエルの卵を食べる。皮肉なことに、カエルが葉に卵を産みつけるのは、卵を狙う魚から守るためである。

ヘビを食べるヘビ
ほとんどのヘビは爬虫類を襲って食べるが、それには飲み込みやすい形のヘビも含まれる。トカゲとヘビだけをもっぱら食べる種類もいれば、コモンキングヘビのようにカエル、鳥類、哺乳類などのさまざまな餌動物のひとつとしてトカゲやヘビを食べる種類もいる。

生きたままの獲物を飲み込む
カエル、ヒキガエル、魚類などの無防備な動物ばかりを食べるヨーロッパヤマカガシのようなヘビは、ほとんど何の問題もなく獲物を押さえ込むことができる。先に殺しておく必要はなく、生きたまま飲み込むことができるが、獲物を頭から飲み込めるように、口の中で獲物の向きを変える程度のことはする。

待ち伏せするヘビ

積極的に食物を探さず、獲物の方からやってくるのを待つヘビがいる。このようなヘビは、特にクサリヘビ科や、大型のボア科とニシキヘビ科の一部など、いくつかの科に見られる。待ち伏せをするヘビの多くは攻撃するときに体をしっかりと固定するため、体がずんぐりして重い。また餌動物に気づかれないように、カムフラージュ能力を発達させている。一部の種はピット（顔にある器官で熱を感知する）で餌動物の存在を感知するため（p.21参照）、暗い夜でも正確に攻撃することができるが、待ち伏せが成功するまでには長時間待たなければならないことが多い。獲物を捕らえるまで、同じ場所に何晩も続けて出かけることもよくある。

ヘビは獲物をしとめる可能性を高めるため、餌動物（小型哺乳類が多い）が通りそうな場所で待ち伏せする。おそらくそうした場所をにおいで見つけることができるのだろう。

尾の先端を使って獲物を近くまでおびき寄せるヘビもいる。先端はミミズやイモ虫に似せるため、ほかの部分と色が異なることがよくある。ヘビはたいていの場合、体を砂や植物の茂みに隠して横たわり、おとりの尾を自分の頭の近くにもってくる。餌動物が現れると尾をふるわせておびき寄せ、餌動物が

採　と食性

大きな獲物を食べる
トムソンガゼルはアフリカニシキヘビ *Python sebae* にとって大きな獲物で、捕まえれば数週間あるいは数カ月何も食べずにすむ。これほど大きな獲物の場合、ときには手に負えなくなり、やむなく手放さなければならないこともある。

よく見ようと近づいたときに襲いかかる。

追跡するヘビ

自分で食物を探すヘビもいる。夜行性の種は、岩の割れ目や茂みの中で眠っているトカゲを探したりする。また、齧歯類の巣穴、木のうろなどの隠れ場所を調べる種類もある。カタツムリやナメクジを食べるヘビは、それらに特有の粘液の跡をたどって獲物の居場所を突き止める。においを手がかりに獲物を探すヘビも多い。

眼が大きいヘビは昼行性で、視力によって餌動物を探すものが多い。体形はたいてい細長く、周囲を見渡すために頭を地面から持ち上げることがよくある。餌となる動物を見たり感じたりすると、そっと忍び寄り、それから急にすばやく突進する。このようなヘビは、しばしば原産国ではムチヘビやレーサーと呼ばれるが、実際には違う属のヘビであることも多い。

獲物を絞め殺す
アフリカニシキヘビのような絞め殺すタイプのヘビは、獲物に体を巻きつけ、獲物が息を吐くたびにきつく絞め上げていく。獲物は圧死というよりはむしろ、窒息死する。絞め上げることで血が獲物の体の各部へ流れにくくなることも獲物の死を早める。

絞め殺すヘビ

カエルなどの小さな餌動物なら生きたまま飲み込むこともできるが、もっと大きな獲物はもがいたり反撃したりすることもあるので、飲み込む前に殺しておかなければならない。毒で獲物を殺すヘビもいれば（pp.24-25参照）、絞め殺すヘビ（コンストリクター）もいる。

獲物を絞め殺すタイプのヘビはいくつかの科に見られるが、特にボア科、ニシキヘビ科、ナミヘビ科の一部、ことにネズミヘビとその仲間に多い。このタイプは獲物に体を巻きつけ、獲物の呼吸が止まるまで絞め上げる。

絞め殺した獲物を飲み込む
すべての絞め殺すタイプのヘビと同様、ボアコンストリクターは獲物が死んだことを確かめてから飲み込みはじめる。獲物がもがくのをやめると巻きつけていた体をゆるめ、獲物の頭を探し、飲み込みやすいように締めつける力を弱める。そして巻きをゆるめた自分の体から獲物を引っぱり出しながら飲み込む。

卵を食べる

殻が柔らかいトカゲやヘビの卵を食べるヘビは多く、また数は少ないが、さまざまな餌のひとつとして鳥類の卵を食べるヘビもいる。タマゴヘビ属は鳥類の卵ばかりを食べるので、硬い殻を処理するための独特の特徴を発達させた。

タマゴヘビ属には6種あり、どれも機能する歯をもたないかわりに頚椎の下側に歯のようなトゲがあり、それを使って卵殻の上部をノコギリのように引き切る。これで殻を飲み込んで貴重な胃のスペースを失うことなく、卵の中身だけを飲み込むことができる。

卵を飲み込む
タマゴヘビが、やや下方を向いて口を大きく開き、少なくとも頭と体の直径の2倍はある卵を飲み込みはじめる。

殻を割る
ヘビののどの中で、卵は下に向かって突き出ている骨でできたトゲに押しつけられる。トゲは前後に動き、卵の上部をノコギリのように引き切る。

中身を飲み込む
殻が割れはじめると、すぐにのどの筋肉が波状運動をして中身を絞り出し、胃に流し込む。

残骸を吐きだす
空になった殻を口に戻し、粘膜によってくっついた塊として吐き出す。

毒ヘビ

悪 名高い毒ヘビは、ヘビ全体から見ればほんの少数にすぎない。人間にとって危険とされるのは約250種であり、全種の1割にも満たない。さらに、咬まれると死に至る可能性があるヘビは50種ほどにすぎない。毒ヘビは4つの科に見られる。モールバイパー科、コブラ科、クサリヘビ科のヘビはすべて毒ヘビで、さらにナミヘビ科の約3分の1が唾液腺が変化した器官である種の毒をつくる。

毒液の産生

　毒液をつくる能力は、本来は獲物を動けなくする手段として発達したが、身を守る手段としても利用されている。毒液は唾液腺が変化した器官でつくられ、本来は食物の消化を助けるためのタンパク質と酵素が混ざりあったものである。この消化液が強力であるほど毒液も強力なので、毒ヘビと無毒ヘビの区別ははっきりしない。毒ヘビに分類されるヘビは、一般に獲物の体に深く毒液を注入するために特殊化した歯をもつが、このような特殊な歯がなくて毒液をつくるヘビもいる。

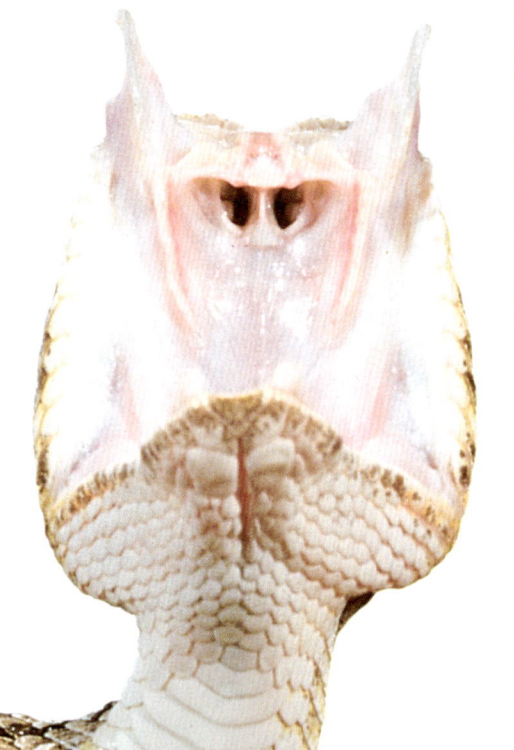

前牙で咬みつく
クサリヘビ科は長い曲がった毒牙で毒液を注入し、獲物を口の中に引き入れる。毒牙は可動式のフックのように、片方で咬んだらもう片方で、と交互に使う。

咬みつく体勢
クサリヘビ科のヘビは、口を開けると同時に長い前牙を立て、敵や獲物に咬みついて毒液を深く注入する体勢をとる。

毒性

　毒の強さは種によってさまざまだが、もっとも強いのはすばやく動く獲物を食べるヘビの毒である。たとえば、一部の海生コブラの毒は世界最強のもののひとつだが、これは餌である珊瑚礁にすむ魚は毒が急速に作用しないと逃げてしまうからである。ある種のヘビは、特定の餌動物に適応した特殊な毒をもつ。たとえば、トカゲには効くが大きさが同じ鳥類には効かないといった毒もある。

　陸生ヘビではフィアススネーク *Oxyuranus microlepidotus*、ブラックマンバ *Dendroaspis polylepis*、

横からの攻撃

モールバイパーの中には、狭くてふつうの攻撃ができないトンネルの中で獲物を探す種類もいる。そのようなヘビは特殊化した前牙をもち、口を開かずに毒牙を横へ向けてむき出すことができる。頭を獲物の横にすべり込ませておき、すばやく横か後ろ向きに動いて獲物を刺す。

モールバイパー

キングコブラ Ophiophagus hannah の毒がもっとも強いとされるが、こうしたヘビは個体数が少なく、追いつめられない限りあまり攻撃的ではないため、年間死者数は少ない。これに対してノコギリヘビの毒はもっと弱いが、犠牲者は年間10万人に及ぶ。

毒の効果はすべて同じわけではない。コブラの毒は神経系に作用し（神経毒）、クサリヘビ科の毒は血球に作用する（血液毒）という特徴がある。神経毒の方が早く効き、獲物を麻痺させる。血液毒の作用はもっと遅く、獲物は出血や凝血によって死に至る。ウミヘビと、オーストラリアの陸生コブラの一部は、筋肉に作用する筋肉毒をもつ。

ひとつの種のヘビが2種類以上の毒をもっている場合もある。たとえば、ガラガラヘビ属のモハベガラガラ Crotalus scutulatus の個体群には、神経毒をおもにもつ群と、血液毒をおもにもつ群とがある。

トカゲを食べる
例外もかなりあるが、多くの後牙類のヘビはトカゲを好んで獲物にする。後牙類は、毒が効き目を現すまでの間、獲物を放さずにくわえている。トカゲは口の奥に送り込みやすく、逃げようともがいてヘビに大きなダメージを与えるおそれも少ない。

獲物を襲う方法

毒ヘビが獲物を襲う方法は種によってさまざまだ。クサリヘビ科のヘビは通常S字形に引き絞った体の前部を、急にまっすぐに伸ばして襲いかかる。同時に顎を大きく開いて毒牙を降り下ろすので、毒牙は前方を向く。コブラ科のヘビは、小さな動作で突然すばやく襲いかかる。中には横から攻撃できるヘビもいる（左「横からの攻撃」参照）。

毒液の注入

ほとんどの毒ヘビは大きな毒牙をもつ。毒牙には毒液を獲物にすばやく効果的に注入するための管状構造や溝がある。毒牙はヘビの口の前方か奥の方にある（p.19参照）。

後牙類のヘビが毒液を注入するためには、獲物を深くくわえる必要がある。そのため、後牙類のヘビは獲物を口の奥まで送り入れてから、強く咬んで深い傷を負わせ、そこから毒を注入する。獲物がもがくときは、獲物が死ぬまで、もぐもぐと何度も咬む。このようにして獲物を殺すため、後牙類のヘビが人間にとって脅威となることはあまりない。しかし少数だが、バードスネークやブームスランなど、死者が出た例が知られている種類もある。後牙類のナミヘビ科は、デュベルノワ腺という唾液腺が変化した器官で毒液をつくる。

前牙類のヘビは、狩りの方法に非常によく適応している。獲物に咬みつくと、獲物がもがいてけがをさせられるといけないので、すぐに放す。獲物は遠くへ行けずにまもなく死んでしまうので、ヘビは獲物が残したにおいの痕跡をたどって居場所を突き止めることができる。

殺した獲物を飲み込む
ヨーロッパクサリヘビは、獲物を飲み込む前に毒で殺しておく。ほとんどのヘビ（毒の有無にかかわらず）と同様に、舌で頭の位置を探りあて、頭から飲み込む。そうすればトカゲなど獲物の手足が後向きに折り畳まれるので、獲物を簡単にのどにすべり込ませることができる。

即効性の毒
世界最長の毒ヘビ、キングコブラは非常に強力な毒をつくり、もっぱらほかのヘビを食べる（学名の Ophiophagus は「ヘビ食い」という意味）。
獲物が胃に入る頃には、すでに毒によって消化過程がはじまっている。

消極的防御

ヘビは恐ろしい捕食者であることに間違いないが、ヘビを食べる動物もたくさんいる。ヘビを食べる動物は、猛禽類から肉食性の哺乳類までさまざまで、そこには一部のヘビも含まれる。ヘビには捕食者に積極的に立ち向かう種類もある（pp.28-29参照）が、ほとんどが身を守る第1の方針として直接対決を避け、消極的な作戦にたよることを選ぶ。消極的な防御には、隠れる、カムフラージュ（周囲に身を溶け込ませる）、擬態（無毒ヘビが毒ヘビのような外見をとって、捕食者に警告する）などがある。

ヘビを食べる動物

ヘビ、特に小型のヘビには、たくさんの敵がいる。タカ、ワシ、サイチョウ、コウノトリ、ミチバシリ、ヘビクイワシなどの肉食の鳥類がたくさんのヘビを食べる一方、カラス科などのもっと小型の雑食性の鳥類も、機会があればヘビを捕食する。その他の捕食者としては、マングース、アライグマ、ハリネズミ、スカンク、キツネなどの小型哺乳類などがある。また、大型のトカゲ、カエル、ヒキガエル、昆虫、さらにはクモ類もヘビを食べる。

しかし多くの地域では、ヘビをもっともよく捕食するのはほかならぬヘビである。体形が細長いので飲み込みやすく、お互いの体内にぴったりおさまるからだ。また、ヘビ同士なら狭い場所を追跡することができる。捕食者に対して積極的に自己防衛するヘビもいれば、さまざまな消極的防御だけにたよるヘビもいる。

カムフラージュ

ヘビの体形は、カムフラージュ効果を維持するうえで重要だ。ヘビは長く伸びた状態から固くとぐろを巻いた状態まで、容易にいろいろな形をとることができるので、捕食者はヘビのイメージをとらえにくい。このため、ヘビは動かない限り見つからずにすむ場合が多い。

ほとんどのヘビの色は、岩や植物など、そのヘビが生息する基底（底質）に調和している。ひとつの種が広い地域に分布し、さまざまな環境で生息している場合には、その色彩もさまざまに変化している可能性が高い。このため、同一種のヘビでも個体群によって色が異なることがよくある。

しかし、色だけにたよってカムフラージュをする種類は少ない。たとえば、模様のない茶色1色のヘビが枯れ葉の上にいても、あまりカムフラージュ効果は得られないだろう。ほとんどすべてのヘビが濃淡色の斑点や斑紋模様をもち、体の輪郭を見えにくくしている。ある種のものはいろいろな色の見事な幾何学模様の体が単色を背景にすると目立つが、好んで生息する環境では見つかりにくい。捕食者はヘビの居場所をヘビの眼によって見抜く場合も多いので、カムフラージュを備えたヘビには、眼のありかを隠すために眼を貫く模様の線があることが多い。

カムフラージュ
熱帯アフリカの森林床の葉積層でじっと横たわるガボンアダーの姿はほとんど目につかない。まだらになった光と影の下だといっそう見えにくい。

警告色

派手な色で身を守るといった、カムフラージュとは正反対の戦略をとる種類もある。こうした種は派手な色で捕食者に自分が毒ヘビであることを警告し、争いを避けて毒を節約する。もっともよく見られる色合いは、赤、黒、白（または黄）で、ふつうはリング状になっている。このタイプのヘビは、一般にサンゴヘビと呼ばれ、すべてコブラ科に属する。

無毒の「偽サンゴヘビ」は、サンゴヘ

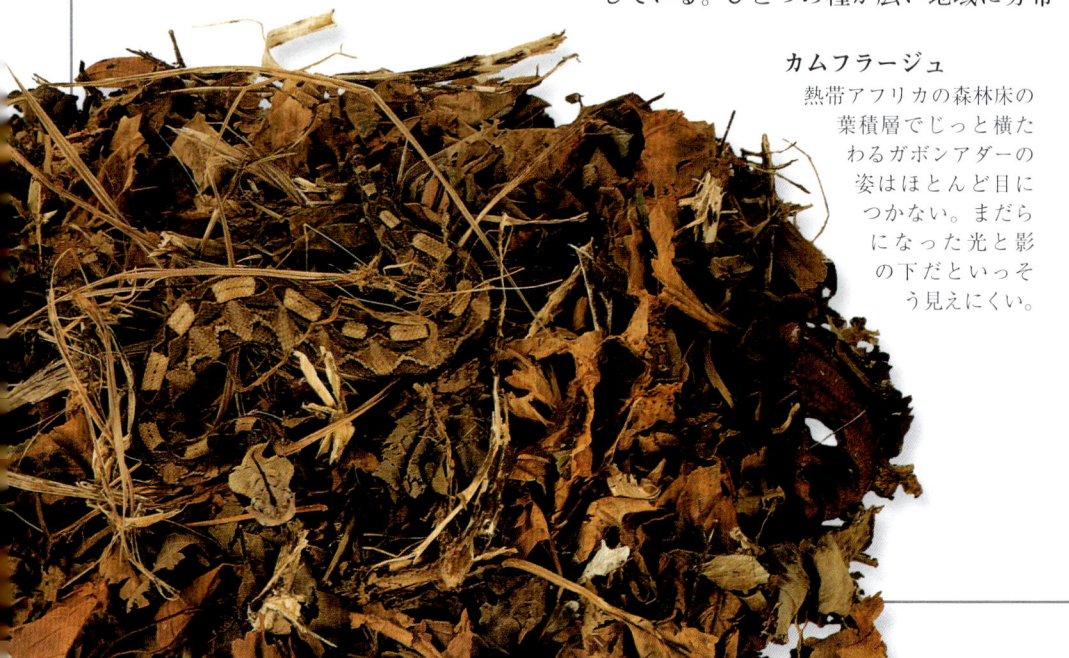

消極的防御

ミルクヘビ

毒ヘビを擬態

赤、黒、白の横帯をもつ無毒のミルクヘビは、類縁関係にない猛毒のサンゴヘビにそっくりの外見で捕食者から身を守っている。このような擬態をするヘビはほかにもおり、たとえばアダーボアは名前が示すとおりアダー（マムシ）に似ている。

サンゴヘビ

ビと同じ体色をまとって身を守る。このようなヘビには、キングヘビ属 Lampropeltis のヤマキングヘビなどがある。

警告色はサンゴヘビと偽サンゴヘビだけに限られない。たとえば、腹面が派手な色をしており、驚いたときにそれを見せるヘビは世界中に多く見られる。

多型性

同じ個体群に、生息する基底（底質）に関係なく、2つ以上の色や模様があることを、多型性があるという。これは、捕食者がつくり上げた餌動物のイメージに基づく防御戦略である。複数ある型のうち、捕食者がもつイメージに一致するのはひとつだけなので、ほかの型は見のがされ、生存率が上がる。個体数が多い型がたくさん捕食され、相対的に個体数が少ない型になった場合は、捕食者の注意は別の型へと切り替わる。

多型性には、ヨーロッパのヒョウモンヘビに見られるストライプ型と斑紋型や、ヤマキングヘビの一部の個体群に見られる横帯型とストライプ型などの組合せがある。驚くほどさまざまな色型を示すヘビもいる。たとえば、ガーデンツリーボア Corallus hortulanus には、斑紋のある灰色からオレンジ色まで、さまざまな色のものがいる。

多型性

ガーデンツリーボアのような多型性の種では、同じ個体群内に2つ以上の色や模様が見られる。写真のマツゲハブのように、一腹の子ヘビの中に複数の色型が見られる場合さえある。捕食者はひとつの型しか認識しない傾向にあるので、相手を混乱させるための防御手段となっている。

隠れる

ヘビは狭い場所に潜り込むことにかけては達人で、岩や倒木の下のすきま、ヘビやほかの動物が掘った穴、岩の割れ目、人間がすむ地域では壁の穴などに入り込む。

ツノスナクサリヘビなどの砂漠生のヘビは、真昼の灼熱の太陽からのがれ、捕食者や餌動物から身を隠すために砂に潜ることがよくある。体をくねらせたりゆすったり、砂をすくいあげて背中にかけたりして下へ潜っていく。

砂に潜ろうとするヘビ

背中に砂をパッパとかける

まもなく、頭のてっぺんしか見えなくなる

ヘビとは

積極的防御

身を隠したりカムフラージュするといった消極的防御で捕食者を防げない場合は、積極的に身を守らなければならない。作戦は死んだふりから、尾で反撃するふりをして大切な頭から注意をそらすという方法まで、ヘビの種類によってさまざまだ。体をふくらませたり、噴気音をたてたり、攻撃するふりをするなど、捕食者を威嚇するために猛烈な脅しをかけるヘビも多い。また特殊な防御法をもつヘビもいる。たとえば、ガラガラヘビは尾をふるわせて警告音を発する。アフリカとアジアに生息する「毒吹きコブラ」は、毒液を遠くまで飛ばすことができる。

死んだふり
威嚇しても捕食者を撃退できなかった場合、シシバナヘビは死んだふりをする。仰向けになって死の苦しみをまねて身をくねらせ、最後には舌をたらして完全に動かなくなる。

球化と尾の自切

頭をとぐろの中に隠す球化行動という方法で危険から身を守るヘビは、ボールニシキヘビや、西インド諸島に生息するドワーフボア科の一部などたくさんいる。また頭を隠すだけでなく、尾をとぐろの上に振りかざして捕食者の注意をそらすことで、頭にダメージを受けて生命に危険が及ぶリスクを減らすヘビもいる。このようなヘビの尾は丸く、頭部と似た模様があったりする。たとえば、カラバリアには眼に似た模様をもつものがいる。

捕食者からのがれるため、トカゲのように尾の一部を自分から切り落とすことができるヘビもいる。南米に生息するサンゴタマキヘビ *Pliocercus elapoides* や、ミヤビソメワケヘビ *Scaphiodontophis venustissimus* には、尾椎を横切る自切面があり、尾が切れやすくなっている。アフリカに生息するアレチヘビ属 *Psammophis* やユウダモドキ属 *Natriciteres* の一部のヘビは捕まえられるとすばやく体を回転させるので、尾に自切面がなくても簡単に切れる。

頭か尾か?
アカオパイプヘビ *Cylindrophis ruffus* などのヘビは、体のもっとも弱い部分である頭を隠すことで身を守る。また、丸い尾を頭のように動かし、ときには攻撃するふりまでして尾の方に注意を引きつける。

死んだふり

防御法のひとつとして、死んだふり(擬死)をするヘビも少数ながら存在する。たとえば、ヨーロッパヤマカガシ、シシバナヘビ、アフリカに生息するリンカルス *Hemachatus haemachatus* などは、コロリと仰向けにひっくり返り、口をパックリ開けて舌をダラリと出す。同時に悪臭を放つ液体も分泌し、腐っていると思わせることでいっそうの効果を出す。しかし、この作戦には危険もある。すでに死んでいる餌を食べない捕食者も多いが、死肉を食べることに抵抗のない捕食者もいるからだ。だからヘビが死んだふりをするのは、それが最後の手段であるときに限られるのかもしれない。

威嚇

捕食者を威嚇しようとするヘビは、無毒ヘビも含めてたくさんいる。体をふく

球化行動
写真のボールニシキヘビは、危険が去ったかどうか確かめようと頭を出している。このヘビは、とぐろの真ん中で頭を守るという作戦にたよることが多い。ボールニシキヘビという名前はここからついた。

威嚇の姿勢
捕食者を撃退するために体をふくらませるヘビは多いが、キングコブラ *Ophiophagus hannah* もそのひとつだ。キングコブラは頭を後ろに引き、くびを平らにして独特のフードをつくる。フードを広げたときに大きな眼のように見える模様をもつコブラもいるが、それにも敵を威嚇する効果がある。

威嚇作戦
アミメニシキヘビなどのヘビは、噴気音をたてたり、恐ろしく見えるように体をふくらませたり、今にも攻撃するかのように口を大きく開けたりと、あらゆる威嚇法を使う。

警告のガラガラ音
危険にさらされたニシダイヤガラガラは、毒液で攻撃せず、ガラガラ音を最初の撃退法として使う。尾を持ち上げて先端を急速にふるわせ、ジャーッ、ジャーッという音をたてる。

警告信号

干渉されると噴気音を発するヘビも多いが、尾で音を出すガラガラヘビのように、変わった警告音を発するヘビもいる。ガラガラヘビの発音器は古い鱗の分節でできており、ヘビが尾をふるわせるとガサガサと音をたてる。

分節は、尾端の鱗の残骸（表皮）でできている。この鱗は砂時計のように中央付近が細くなっているので、ヘビが脱皮するたびに表皮が尾の先端でゆるく引っかかり、ひとつずつ分節が増えていく。成体には10以上もの分節をもつものもいるが、古い分節はもろくなり、ときどきこわれて脱落してしまうので、6～7個がふつうである。

アフリカと中東に生息する砂漠生のクサリヘビも警告音をたてる。スナクサリヘビとノコギリヘビは、横腹にノコギリ状の鱗をもち、紙やすりのようにこすり合わせて警告音をたてる。音を出すときには独特の馬蹄形のとぐろを巻き、こすり合わせる部分を逆方向に動かす。

毒液の噴射

アフリカとアジアに生息する「毒吹きコブラ」の仲間は、身を守るために毒液を飛ばすことができる。これらのヘビの毒牙の毒管は、末端近くで急にねじれている。毒牙の前側の開口部が非常に小さいので、圧力を強くかけると、毒液は1メートル以上も飛ぶ。毒液を噴射するときは、遠くまで飛ぶように体の前部を持ち上げる。獲物を捕るときは、「毒吹きコブラ」もほかの前牙類と同じように獲物を咬んで毒液を注入する（p.25参照）。

らませて強そうに見せるほか、同時に気管から空気を噴射して噴気音をたてるヘビも多い。アフリカに生息するバードスネークやブームスラングは、のどをふくらませ派手な模様や鱗のすきまの色を見せつける。またパロットヘビは口を大きく開き、カムフラージュされた体鱗とはまったく異なる派手な色の口内を見せる。

威嚇に続いて攻撃するふりをする場合がある。敵に飛びかかるが本当に接触することはない。これが失敗すると、初めて本物の攻撃を開始する。無毒ヘビであっても、深く突き刺さる長い曲がった牙をもつことが多く、敵に苦痛を与えることができる。これで、非常にしつこい捕食者以外はたいてい撃退できる。

毒液の噴射
「毒吹きコブラ」は、危険とみなした動物の眼などの粘膜を狙って毒液を噴射する。毒液がかかるとすぐに痛みを感じるが、人間が死ぬことはない。

繁殖

ほとんどのヘビは単独で生活するため、適当な交尾の相手と出会うことがあまりない。ヘビは、子孫を残す可能性を高めるため、交尾した後の受精を遅らせるという非常に変わった能力をもつ。雌は子ヘビの成長にとってよい環境条件が整うまで精子を貯蔵し、子ヘビが生き残る可能性を高める。多くの種は卵生だが、母ヘビの体内で子ヘビが生まれる胎生の種もある。

ヘミペニス
雄はヘミペニスという1対の性器をもつ。1回の交尾では片方しか使わないが、次の交尾では反対側を使うこともある。

求愛行動

同じ相手と何度か交尾する種もあるが、ほとんどの種では交尾が終わるとすぐに雄は去り、ほかの雌を探す。雌もほかの雄と交尾するので、結果として複数の雄の子を同時に産むこともある。

繁殖期のヘビは、さまざまな方法で交尾の相手を見つける。巣穴で数百頭が集団冬眠する種がいるが、そうしたヘビの多くは早春に冬眠から目覚めるとすぐに交尾し、その後分散する。マンバ、大部分のクサリヘビ、北方に生息するガラガラヘビなどの種は、雌と交尾する権利を得るために雄同士がたたかう。雄同士のたたかいでは、たたかう2頭が上半身をからみ合わせ、相手を地面に押し倒そうとする。その動きがあまりに優雅なので、かつては求愛のダンスだと思われていた。最後には1頭の雄（たいていもっとも体が大きい雄）がほかの雄を追い払い、雌と交尾することができる。雌は、そばでとぐろを巻いてじっと待っていることが多い。

集団冬眠しない熱帯のヘビは、交尾の相手を見つけるために偶然の出会いにたよると考えられている。おそらく、においなどの化学物質を手がかりにするのだろう。

交尾ボール
北方に生息するガーターヘビの個体群、特にワキアカガーター *Thamnophis sirtalis parietalis* の一部は、巨大な交尾ボールをつくり、おびただしい数の雄が数少ない雌との交尾を試みる。

からみ合った交尾
交尾するときは、まず並んで横たわり、それから雄が雌の背中に沿って這いながら、舌を雌の上に這わせたり、体をピクピクさせたりする。雄を受け入れるときは、雌も体をピクピクさせてから、交尾できるように尾を持ち上げる。接合は数分から数時間にわたって続く。

受精

受精は、交尾後すぐに行われるか、または雌の卵管に精子が貯蔵される。一部の種は、気候条件のせいで非常に活動期間が短いので、ある年に交尾だけをして、翌年に子を産む。たとえば、ソリハナガラガラ *Crotalus willardi* は夏に交尾するが、卵子は翌年の春まで発育を開始しない。そのため、そうしたヘビは1年おき以下の頻度でしか繁殖しない。水生で動きの緩慢なヤスリヘビ属 *Acrochordus* のヘビは、おそらくもっとも繁殖の頻度が低く、出産から次の出産までの間隔が10年以上ある。夏と冬、雨季と乾季などの季節

変化がはっきりしている地域に生息するヘビは、食物が豊富な条件のよい時期に確実に子ヘビを産むが、熱帯に生息する種はほぼ一年中たえず繁殖するものが多い。

卵生のヘビ

ほとんどのヘビは卵生だ。卵の発育は天候に左右される。卵は温暖な環境でもっともよく発育するので、卵生種はふつう熱帯・亜熱帯に生息する。

ヘビは卵の発育にとって安定した条件がある場所に卵を産む。卵の発育には最長で3カ月かかる。卵を砂や砂質の土に埋めたり、岩の下に産卵巣をつくったりする種もある。枯れた植物や、朽木も好まれる。掘りやすくて断熱性に優れ、それ自体が熱を発生するうえに、湿度も保つからだ。卵殻は柔らかくて水を通し、胚が発育するにつれて水や酸素を吸収できるようになっているため、卵は湿潤な環境を必要とする。

1回の産卵数は、種や母ヘビの大きさによってさまざまで、1個から、大型のニシキヘビの100個まである。そのようなニシキヘビには、インドニシキヘビ *Python molurus*、アフリカニシキヘビ *Python sebae*、アミメニシキヘビなどがある。

胎生ヘビ

胎生ヘビは、発育中の子ヘビを体内に宿す。哺乳類のように胎盤を通して子に栄養を与えるわけではなく、卵を産まずに卵管に保持している状態である。子ヘビは殻ではなく薄い膜の中で発育し、誕生する頃にそれを破って出る。

雌は日光浴をして体温を上げることで、生まれる前の子ヘビの発育を早め、外の気温に依存せずに繁殖することがで

抱卵
ヘビは卵を産むと、その後は興味を示さないのがふつうだが、ニシキヘビは孵卵期間中、卵に巻きついて温度を調節する。コブラなどは卵のそばを離れずに守る。

出産
胎生のヘビは、たいてい岩の下などの隠れた場所で、暖かい日に出産する。開けた場所で出産することもあるが、人目にふれることはほとんどない。

単為生殖をするヘビ

種を残すために交尾する必要がないヘビもいる。インド・東南アジア原産で現在は南アフリカやオーストラリアなどの温暖な地域に広く生息するブラーミニメクラヘビは、ヘビで唯一の単為生殖（処女生殖）をする種だ。このヘビは、成熟すると交尾しないですぐに受精卵を産みはじめる。やがて孵化する子ヘビは、みな母ヘビのクローン（複製）の雌である。一般に、単為生殖をする種はしばらくの間はとても繁栄するが、長期的に見ると、多様性がないため環境の変化に適応できない。

ブラーミニメクラヘビ

きる。胎生種が多いクサリヘビ科が、ほかのヘビにとっては寒すぎる山地や高緯度で繁栄しているのは偶然ではない。ウミヘビの多くを含む水生ヘビは、ほとんど岸に上がることがないので胎生である。同様に、樹上生ヘビは地上では無防備なものが多いので、地上に下りる必要性が生じないように胎生のヘビが多い。

もっとも多産な胎生ヘビは、パフアダーとフェルドランスのクサリヘビ科2種と、コモンガーター、アオミズベヘビ *Nerodia cyclopion*、アフリカに生息するモグラヘビ *Pseudapis cana* のナミヘビ科3種で、これらはみな100頭を超える子ヘビを産んだ記録がある。最高記録はパフアダーの157頭である。

孵化
このネズミヘビのように、子ヘビは卵の中での発育が完了すると、その時期だけ吻に生えている「卵歯」で殻を破って出てくる。数日の間、卵の近くにいることもあるが、子ヘビは自立して生活できる能力を備えており、毒ヘビの子は毒液をつくることもできる。

殻を破る　　空気を味わう　　卵から出はじめる　　卵から去る

保護

ヘビはほとんど人目につかず生活しているため、数が少なくなっても気づかれないままになりやすい。しかし、緊急に保護対策を講じなければ近い将来に絶滅する可能性が高い種が何百もある。最大の危険は人間によるものであり、生息環境の破壊がそのおもな原因となっている。また、ヘビは単に怖いからと殺されたり、交通事故や皮革産業の犠牲ともなっている。

ヘビ革製品
ヘビ革は昔から貴重なものとされ、ブーツ、靴、ベルト、ハンドバッグ、財布などの製品に加工されてきた。皮革産業で1年間に殺されるヘビは100万頭を超え、特にニシキヘビや極東のヘビが数多く犠牲となっている。

ヘビを襲う脅威

ヘビの生息地は、ほかの動物の生息地と同じように、人間の活動によって破壊されている。もっとも重大な被害を受けているのは、伐採による開墾や焼き畑農業が行われている中南米と東南アジアの多雨林である。これに加えて、人間のさまざまな活動が引き起こした土壌侵食や気候の変化が事態を悪化させている。

そのような地域のヘビにはすでに絶滅した種も多い。原因のひとつに、ヘビは生息地が脅かされても哺乳類や鳥類ほど簡単に逃げられないことがある。人間がその存在を知る以前に絶滅してしまった種もある。

ネコ、イヌ、マングース、ドブネズミなどの移入された捕食者に殺されてしまうヘビもいる。そのような捕食者は、人間が故意に放したり、偶然逃げてしまったりしたものだ。たとえば、インド洋のラウンド島では、ツメナシボア科Bolyeriidaeの2種が、移入された捕食者に脅かされている。ドブネズミとネコがヘビを捕食する一方で、ヤギが生息地を侵食している。2種のうちの、ボリエリアボアは1975年以降、姿を見られた例がなく、おそらく絶滅したと思われる。もう一方のカサレアボア *Casarea dussumieri* は、厳しい保護政策によって絶滅の危機をやっとまぬがれた。

ヘビの衰退の原因となっている人間の活動はほかにもある。工業や商業の発達によりヘビの餌動物がいなくなってしまうこともある。また、ヘビを見つけると、毒ヘビであろうとなかろうとすぐに殺してしまう国も多く、交通事故で死ぬヘビも何千といる。さらに、おもに皮革産業のために故意に殺されることもある。数はもっと少ないが、ペット産業のためや、動物園用、研究用に捕獲されるヘビもいる。北米には、ガラガラヘビを「ガラガラヘビ狩り」という娯楽として殺す地域さえある。

森林伐採
木材貿易、鉱業、農業、牧牛のため、広大な面積の熱帯林が伐採されてきた。かけがえのない木々が切り倒され、ヘビをはじめたくさんの動物種の生息地が破壊されている。

保護政策

ヘビが生き残るためには、緊急に保護される必要がある。すでに手遅れの種も多いが、絶滅の危機に瀕する動物の保護に対する関心の高まりが、ようやくヘビの保護にまで広がってきている。

研究調査

まず、ヘビに関するわたしたちの知識不足を補うために、研究調査の資金を増やすことが非常に重要である。ヘビの中には、わずかな数の標本しか知られていないため、適切な保護を行うことが難しい種もある。

保護区

ヘビのための保護区ができるのはまだずっと先の話だが、現在でもほかの絶滅危惧種の生息地にすむヘビはそのおかげで保護されている。このため、国立公園や自然保護区は種の保存に大きな意味をもっている。

捕獲繁殖

絶滅寸前の種を早急に救おうとする場合、捕獲繁殖計画が、熱心なアマチュアを含む保護活動家にとって唯一の方法になることがある。たとえば、アメリカとヨーロッパの多数の動物園が協力して、マダガスカルの絶滅危惧種のボア3種を繁殖させている。また、チャネル諸島のジャージー動物園では、別の3種の絶滅危惧種のコロニーを飼育している。捕獲繁殖の目的は、ヘビを自然界にもどすことだが、生息地の破壊が原因で希少種となってしまった場合には、先に効果的な環境保護政策を講じる必要がある。

ラウンド島では、人間が持ち込んだヤギとウサギが植物を食い荒らしていたが、1970年代と80年代に島から一掃された。その後、樹木や下生えが再生し、ツメナシボア科のヘビのおもな餌であるトカゲの食物が増えた。その結果、ラウンド島はこの100年間でもっともヘビが生活しやすい場所となっている。

教育

最善の保護手段は教育であり、多くの国々では人々が野生生物の価値を理解するようになってきている。ヘビは大きな注目を集めているわけではないが、ファッション産業による動物製品使用への反対運動や、以前は人が訪れることの少なかった地域へのエコツアーの展開など、野生生物の保護を意識した取り組みによってヘビも恩恵を受けている。

立法

現在、世界には何らかの法的保護を受けているヘビがたくさんある。希少なヘビ（またはその製品）の収集、売買、輸出を制限・規制する法律もあり、また少数ではあるが、野生のヘビを人間の干渉から守る法律もある。

ミロスクサリヘビを救え

ミロスクサリヘビ *Macrovipera schweizeri* は、ギリシャの3つの小島に生息し、石膏の採掘の影響で絶滅の危機に瀕している。生息地の一部に対する保護運動もあるが、個体数が急速に減少しているため、捕獲繁殖計画が開始された。保護活動家たちは、小型無線送信機を使ってミロスクサリヘビをはじめとする野生のヘビを調査している。送信機はヘビの体に埋め込まれ、移動先の追跡や、体温などのデータ収集に使われている。

採掘場で車にひかれたミロスクサリヘビ

調査用の送信機を取りつけているところ

絶滅の危機
アンティグアヤブヘビ *Alsophis antigua* は、世界でもっとも希少なヘビの一種で、同名のアンティグア島だけに生息する。1985年には、60〜80頭の成体しかいなかった。人間が持ち込んだネズミが卵や幼齢のヘビを食べてしまい、減少した。

保護目的の捕獲
アンティグアヤブヘビは、保護活動家によって捕獲され、チャネル諸島のジャージー野生生物保護財団へ送られた。送られたヘビで捕獲繁殖のためのコロニーがつくられる一方、アンティグア島のドブネズミが根絶された。

飼育下繁殖
ジャージー動物園に到着してからは、動物園の一角にある非公開の繁殖ケージで飼育されている。ここで生まれた子ヘビたちは、いずれ自然界にもどされる。絶滅に瀕する種を救う取り組みでは、飼育下繁殖が貴重な対策となっている。

ヘビの分類

さまざまな生物間の関係を確定し、その関係を反映させて整理する学問を分類学という。ヘビは爬虫綱Reptilia、すなわち爬虫類に属する。爬虫類は、カメ目Testudines、ワニ目Crocodylia、ムカシトカゲ目Rhynchocephalia、有鱗目Squamataの4つの目に分けられる。有鱗目は、ヘビ亜目Serpentes、トカゲ亜目Sauria、ミミズトカゲ亜目Amphisbaeniaの3つの亜目に分けられる。

シロクチアオハブ
毒牙の位置と頭部の鱗板が小さく多数に分かれていることから、このヘビはクサリヘビ科Viperidaeに分類されるものであり、ピットがあることからマムシ亜科Crotalinaeに分類されることがわかる。しかし、いつもこのように簡単にヘビを外見的特徴に基づいて分類できるわけではない。

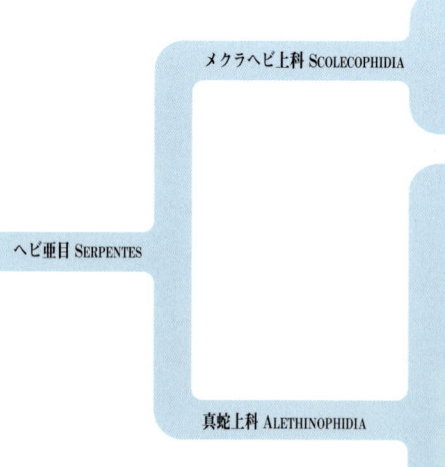

— 科

ヘビ亜目は2つの大きなグループ、すなわちメクラヘビ上科Scolecophidiaと真蛇上科Alethinophidiaに分けられる。さらに、上科はそれぞれ科に分けられるが、科の合計数は分類法によりさまざまである。以下に述べる伝統的な分類法では、18科を認めている。科はさらに属という類縁関係にあるヘビ群に分けられ、そして属はさまざまな種に分けられる。

しかし、新たな発見があったり、新しい技術が科同士や種同士の関係に新たな洞察をもたらしているため、ヘビの分類は常に変動している。現在、爬虫類学者の間で意見が分かれているおもな点は次の4つである。

第1は、ボアとニシキヘビは同じ科なのか、別々の科なのかという点だ。この本では別々の科としている。

第2は、ウミヘビはコブラと同じ科に属するのか、独立の科とすべきかという点だ。この本では、両者を同じ科にまとめた。

第3は、モールバイパーの位置づけである。長年にわたり、モールバイパーはコブラ科や、クサリヘビ科や、ナミヘビ科に分類されてきた。現在は、独立の科とするのがふつうなので、この本もこの方針にしたがっている。

独立の科としても、正確にどの種がモールバイパー科として分類されるべきかという論争がある。

最後の第4は、東南アジアに生息する2種からなるミミズパイプヘビ属Anomochilusを、それ以外のパイプヘビ属Cylindrophisと合体させてひとつの科とすべきか（従来の見解）、別々に分類すべきかという点だ。右の系統樹では、両者を別々の科としている。

系統樹
図は、ヘビ亜目が2つの上科に分かれ、さらに18の科に分かれることを示す。科名は分化した順に上から下へ並んでいる。真蛇類はもっとも分化が進んだヘビである。

- ヘビ亜目 SERPENTES
  - メクラヘビ上科 SCOLECOPHIDIA
    - ホソメクラヘビ科 LEPTOTYPHLOPIDAE
    - カワリメクラヘビ科 ANOMALEPIDAE
    - メクラヘビ科 TYPHLOPIDAE
  - 真蛇上科 ALETHINOPHIDIA
    - ミミズパイプヘビ科 ANOMOCHILIDAE
    - サンゴパイプヘビ科 ANILIIDAE
    - パイプヘビ科 CYLINDROPHEIDAE
    - ミジカオヘビ科 UROPELTIDAE
    - メキシコパイソン科 LOXOCEMIDAE
    - サンビームヘビ科 XENOPELTIDAE
    - ボア科 BOIDAE
    - ニシキヘビ科 PYTHONIDAE
    - ドワーフボア科 TROPIDOPHIIDAE
    - ツメナシボア科 BOLYERIIDAE
    - 新蛇類 CAENOPHIDIA
      - ヤスリヘビ科 ACROCHORDIDAE
      - ナミヘビ科 COLUBRIDAE
      - モールバイパー科 ATRACTASPIDIDAE
      - コブラ科 ELAPIDAE
      - クサリヘビ科 VIPERIDAE

スネークギャラリー

ス ネークギャラリーでは、ヘビの大きさ、形、色、模様のすばらしい多様性を反映する61種を紹介している。ユニークな特徴をもつために選んだ種類もある。世界のおもな地域を代表するヘビを選んだつもりである。

種類は従来の分類にしたがって配置し、もっとも祖型的な科を最初に、もっとも分化が進んだ科を最後にした。非常に希少な種や、目撃例が少なく写真があまりない種もあるため、掲載されていない科もある。

それぞれのヘビは、そのもっとも興味深い特徴とともに紹介されている。イラストの説明や注解、コラムでは、ヘビの行動や身体的特徴、カムフラージュ、特殊な移動法などの重要な点を解説している。興味をそそる事実や、ほとんど知られていない事実を知ることができる。

ギャラリーの構成
各見開きページでは1〜2種類のヘビを紹介している。情報は次のようにまとめられている。

種名
解説する種の和名。

おもな特徴
その種を見分けるうえでもっとも役に立つヒント。

足跡
ヘビの相対的な大きさを表す。足跡の大きさは30センチメートル。

成体の平均全長
濃いグレーのヘビは、その種の成体が達する標準的な全長を表す。

最大記録
巨大種6種のうち4種を掲載。薄いグレーのヘビは最大記録の大きさを表す。

写真
そのヘビを見分けるために役立つ特殊な性質や習性を示す。

データボックス
その種に関する主なデータ。学名、科名、自然生息地、詳細な繁殖法、食性、分布を掲載。

世界地図
その種のおよその地理的分布を赤で示す。

コラム
コラムでは、保護問題や、類似の特徴をもつほかの種類など、そのヘビに関連する話題を提供する。

35

メキシコパイソン科

メキシコパイソン

メキシコパイソンは謎めいたヘビである。唯一メキシコパイソン科に属し、ほかのヘビとの関連性はよく分かっていない。たとえば、メキシコパイソンにはニシキヘビと共通する特徴がいくつかあるが、ニシキヘビはアメリカ大陸には分布していない。地中生で、ひっそりと生活しているため、調査が難しい。ただし、イグアナの卵を食べているところを目撃されたことがある。

データ
- 種：メキシコパイソン *Loxocemus bicolor*
- 科：メキシコパイソン科
- 生息場所：熱帯林。多湿な土地から乾燥地まで生息する。
- 繁殖：卵生。一腹卵数は少ない。
- 採食：齧歯類、トカゲ、トカゲの卵。
- 分布：メキシコ南部、コスタリカ、ホンジュラス。

おもな特徴

胴体は太く、筋肉が非常に発達している。体鱗は光沢があって細かく、ほとんどが暗灰色で、白い斑点がある。幅の狭い頭部、とがった吻、小さな眼はどれも地中生活に適応した結果によるもので、柔らかな土に穴を掘るために役立っている。

成体の平均全長

0 cm　　50 cm　　1 m　　1.5 m

頭部の鱗
ほとんどの祖型的なヘビとは異なり、頭頂部の鱗が大きい。平たい頭部は、地中生活への適応の結果である。

小さな眼
眼は小さい。嗅覚をたよりに獲物を追うらしい。

メキシコパイソン
成体の胴体には白い鱗による不規則な斑点がある。この斑点はヘビの成長につれて現れ、そのかわりに、孵化したばかりの幼体に特有の頭部の色が薄い部分は消えていく。

体色変化したメキシコパイソン
写真の個体は、脱皮後に頭部の小さな斑点を除いて灰色の色素をすっかり失ってしまった珍しい例である。

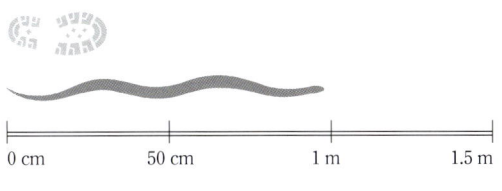

サンビームヘビ

　アジアに分布するサンビームヘビは、遠縁ではあるがメキシコパイソン（前ページ）によく似ているヘビである。サンビームヘビが属する科も小さく、ほかには中国産のよく似たヘビ1種を含むだけである。メキシコパイソンと同様に、サンビームヘビも生活のほとんどを地中で過ごし、齧歯類やヘビも含む地中生の脊椎動物を餌とする。

データ

- 種：サンビームヘビ *Xenopeltis unicolor*
- 科：サンビームヘビ科
- 生息場所：森林の開拓地、農場、庭園、自然公園
- 繁殖：卵生。最高10個の卵を産む。
- 採食：ほとんどどんなものでも食べるが、カエル、爬虫類、小型哺乳類を特に好む。
- 分布：中国南部、東南アジア。

おもな特徴

最大の特徴は、鮮やかに輝く虹色の鱗である。これほど鮮やかな輝きをもつヘビはほかにいない。太くたくましい体をもち、頭部は細く、くびとの境目はわかりにくい。

サンビームヘビ
名前の由来は輝く鱗から。Iridescent Earth Snake（虹色の地中ヘビ）と呼ばれることもある。学名 *Xenopeltis* は「奇妙な鱗」という意味である。

虹色の輝き
虹色の輝きは、鱗1枚1枚の表面下にある暗色の色素胞がつくりだしている。

細いくび
頭部の幅は狭く、細いくびとの境目がほとんどわからない。

くさび形の頭部
くさび型の頭部を生かして柔らかな土に潜り込む。眼は小さい。

頭部の鱗
虹色の大きな鱗が頭頂全体を覆っている。

成体の平均全長
0 cm　50 cm　1 m　1.5 m

エメラルドツリーボア

鱗 やかな緑色をしたこのへビは、樹木の密生する南アメリカの多雨林にすんでいる。日中は横に伸びた太い枝に巻きついてひっそりと過ごし、夜になると枝から垂れ下がる通りかかる獲物を待ち伏せする。一般に鳥やコウモリ、樹上生の小型哺乳類を食べる。けっして地表に下りることはなく、幼体の出産さえ林冠で行う。エメラルドツリーボアが生き残るためには、開発の手がまったく入っていない森林が不可欠である。

おもな特徴

鮮やかな緑色の体色と背面の白い模様のおかげで、同じ南アメリカにすむほかのヘビとは見誤りようもないが、その一方で、東南アジア〜オーストラリア北端に生息するミドリニシキヘビ（p.62参照）とは酷似している。違う点は、頭頂部の鱗の大きさとピットの位置である。エメラルドツリーボアは頭頂の鱗が大きく、ピットが唇板と鱗の境目にあるが、ミドリニシキヘビのピットは鱗そのものにある。

固定装置
尾は枝にしっかりと巻きつくことで、枝にぶら下がるための固定装置の役目を果たす。

幅の広い頭部
大半のボアと同様に、頭部は幅が広く細かい。たくましい顎の筋肉のおかげで、鱗はしっかりと締めつけた餌動物の体に湾曲した長い歯を深く突き刺すことができる。

ピット
深くてよく目立つピット。夜行性のハンターにとって最大の武器で、ピットのおかげで正確に獲物を捕捉することができる。

エメラルドツリーボアの体型
鮮やかな緑色と細い体型は樹上で暮らす習性を反映している。白い横縞は体の輪郭を分断し、枝に巻きついて休むときのカムフラージュに役立っている。

エメラルドツリーボア

幼体の体色
生まれたばかりのエメラルドツリーボアの体色はふつう赤レンガ色だが、黄褐色や黄色の場合もある。鱗の色は成長とともに少しずつ変化し、一般に全長が1メートルに達する頃までには緑色となる。

データ
- 種：エメラルドツリーボア *Corallus caninus*
- 科：ボア科
- 生息場所：多雨林
- 繁殖：胎生。最高20頭の幼体を産む。
- 捕食：鳥類、小型哺乳類。
- 分布：南アメリカ。

成体の平均全長

標準的な体色
成体の体色は緑色。ただし、濃淡はわずかに異なる。

待ち伏せの姿勢
獲物を狙うときには、枝に巻きついたままゆるいS字型の姿勢で垂れ下がる。この姿勢から頭をすばやく伸ばすことができる。

白い斑点
特徴的な白い模様は、大きさや鮮明度に個体差がある。

ガーデンツリーボア
エメラルドツリーボアにもっとも近縁のくちびるはガーデンツリーボアである。この種は南アメリカと西インド諸島の一部に分布している。エメラルドツリーボアと比べて短くほっそりしており、さまざまな体色のものがあるが、鮮やかな緑色のものはいない。体が軽いため、細い小枝にも離なく這いのぼり、好物とするトカゲが眠っているところを襲う。

トカゲを探す幼体

ボア科

ボアコンストリクター

おそらくもっとも有名なヘビのひとつに数えられる、ボアコンストリクターは、恐るべき捕食者として知られている。中央アメリカと南アメリカのジャングルに生息し、さまざまな環境や生活様式に広く適応している。3メートル以上に成長した成体ともなると、ほとんど敵はいない。

おもな特徴

頭部は太くたくましい胴体に比べて小さい。分布域が広いため、体色や斑紋は千差万別で、銀色、灰色、黄褐色の地に暗赤色や茶色の大きな斑点や鞍形斑紋がある。体色の黒い型や、灰色がかった淡いピンク色の型もいる。

さまざまな生息環境
ボアコンストリクターは一般に多雨林に生息しているが、メキシコでは乾燥した環境に、アルゼンチン北部では草原地帯に分布している。樹上・地表どちらでも生活するが、体が大きくなるにつれて地上で暮らす傾向が強くなる。

細い頭部
細い頭部は数多くの細かい鱗で覆われ、吻端が直角に落ち込んでいる。斑紋は体型を強調し、かつ輪郭を分断している。

絶滅の危機

ボアコンストリクターは広い範囲に分布しているが、絶滅の危機に瀕する個体群もある。ホンジュラス北岸沖の群島に生息する小規模な集団もそのひとつで、ペット取引きのための採取や、生息環境の破壊により、個体数がいちじるしく減少している。いくつかの島からはすでに姿を消してしまった可能性もある。

ホッグ島産のボアコンストリクター

太い胴体
胴体は太く、筋肉が発達しており、木にのぼるときに枝にしっかりと巻きついたり、餌動物を締めつけたりするのに適している。

データ

- 種：ボアコンストリクター *Boa constrictor*
- 科：ボア科
- 生息場所：半乾燥地域の低木林から多雨林までさまざま。
- 繁殖：胎生。最高50頭の幼体を産む。
- 採食：鳥類、小型哺乳類。
- 分布：中央・南アメリカ。

ボアコンストリクター

巨大なサイズとたくましい胴体をもつボアコンストリクターにとって、さまざまな温血動物を餌とするのはたやすいことだ。気候や季節によって、夜行性となったり昼行性となったりする。

獲物を飲み込む

餌動物が死ぬと、すぐに飲み込みはじめる。顎を徐々に広げて、巻きついた体の中から獲物をゆっくりと引っ張り上げ、のどへ押し込む。

尾の色

尾の鞍形斑紋は暗赤色が多いが、色の鮮やかさは個体群の分布する地域ごとに異なる。

伸びる鱗

くびとのどの皮膚は伸縮性に富んでいるため、体に比べて大きな餌動物を飲み込むことができる。

成体の平均全長　　**最大記録**

0 cm　　1 m　　2 m　　3 m　　4 m　　5 m

ボア科

ニジボア

ニジボアにはいくつかの型、亜種があり、大きさや体色が少しずつ異なっているが、いずれも見事な虹色の皮膚をもつ。地表でも樹上でも活動し、さまざまな生息環境で暮らしている。

大きな眼
視覚にたよって獲物を追うことがあるため、眼はやや大きい。

ブラジルニジボア
ブラジルニジボアはもっともカラフルな型で、体色はオレンジ色や深みのある赤色、背には黒いリング模様、体側面には眼状斑が並ぶ。

おもな特徴

体形は型により変異があるが、一般にほっそりとしている。頭部は幅が狭く、中央と両眼の上に暗色の縞が入っている場合が多い。上顎に沿って浅いピットが並ぶ。幼体の体色はどの亜種でも成体より鮮やかである。

きらめく鱗
体を動かすと、なめらかな虹色の鱗がきらめいてさまざまな色を見せる。

パラグアイニジボア
パラグアイニジボア Epicrates cenchria crassusはがっちりした胴体をもつ。背には太いリング模様があり、細い頭部には真っ黒な縞が走っている。

幼体の誕生
ニジボアは胎生である。胎児は薄い膜に包まれて育ち、出産直前あるいは直後に膜を破って出てくる。

アルゼンチンニジボア
アルゼンチンニジボア Epicrates cenchria alvareziは、その外見から明らかな亜種に分類される。ほかの型に比べて鱗の輝きが鈍く、暗色の地に白みがかったリング形や半リング形の複雑な模様をもつ。

黒みを帯びている眼状紋
側面の眼状紋は、幼体の方がはっきりとしているが、黒みを帯びている色であることに変わりはない。

成体の平均全長
0 cm　　　1 m　　　2 m　　　3 m

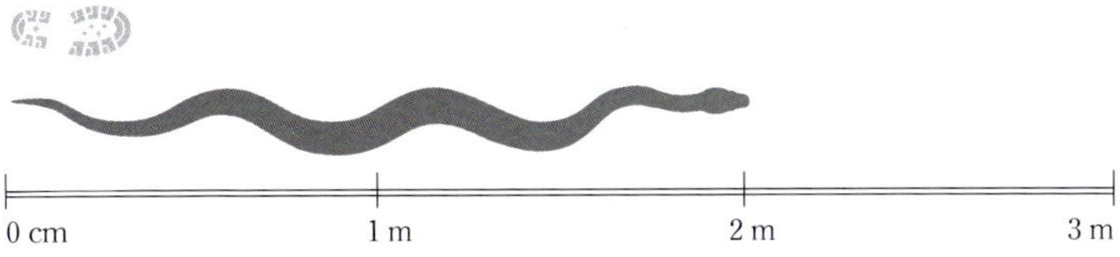

データ
- 種：ニジボア Epicrates cenchria
- 科：ボア科
- 生息場所：多雨林、草原。
- 繁殖：胎生。最高25頭の幼体を産む。
- 採食：鳥類、小型哺乳類。
- 分布：南アメリカ北部・中央部。

ボア科

オオアナコンダ

南 アメリカ原産のこの巨大なヘビは、体重と胴回りに関していえば、世界最大のヘビに成長する。非常に重くなるため、体重を支えるために体の一部を水の中に入れて生活する必要があり、餌動物も待ち伏せで捕まえるしかない。今世紀初頭の探検家が全長18メートルにも達するアナコンダを発見したという話は大げさだが、それでもアナコンダの成体には見る人が圧倒させられるものがある。人間を除けば敵はほとんど存在せず、寿命は20年を超えることもある。

おもな特徴

胴体はどっしりとしており、体色はオリーブグリーンまたは茶色。体中に円形、楕円形の黒い斑点が数多く散らばっている。世界中のどこを探しても、似たヘビはほとんど存在しないので、オオアナコンダは、その大きさ、体色、生息場所の特徴から容易に識別できる。

水中でのカムフラージュ
まだら模様は、浅瀬の植物に潜んでいるときのカムフラージュとなる。

高い位置にある眼
オオアナコンダの眼は上向きについている。このため、眼から上をほとんど出さずに水中に身を隠すことができる。

オオアナコンダ
しなやかで柔軟に動く体は、沼地や浅瀬を移動したり、餌動物を締めつけるのに都合がよい。逆に陸上では、体の重さゆえに、特に成長して全長と胴回りが増えると動きが鈍くなる。

大きな頭部
大きな頭部が太くたくましいくびにつながっている。両眼から顎角にかけて暗色のストライプが流れる。高齢の個体は体全体が黒ずんでくるため、このストライプは目立たなくなる。

成体の平均全長　　　　　　　　　　　　　　　　　最大記録

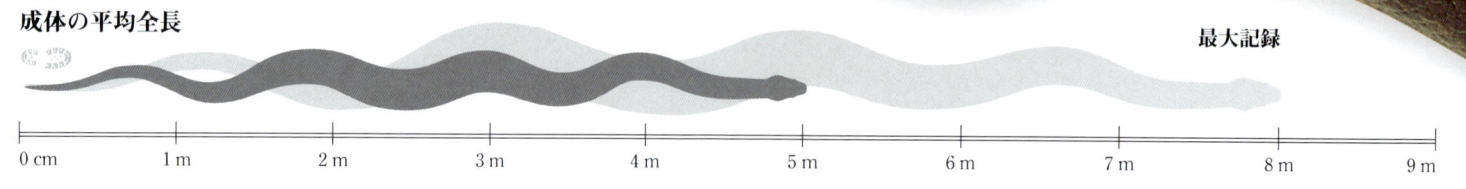

0 cm　1 m　2 m　3 m　4 m　5 m　6 m　7 m　8 m　9 m

オオアナコンダ

恐るべき捕食者
オオアナコンダの餌は哺乳類や鳥類だけではない。淡水生のカメ、さらにはアリゲーター科のワニ、カイマンまで食べてしまう。ワニのような手強い敵との格闘には数時間を要する場合もあるが、負けることはほとんどない。アナコンダが人間の子供を食べたとする信憑性の高い報告も数例ある。

強力な胴体
巻きつく力は強力で、ひとたび捕まえた獲物をのがすことはほとんどない。

データ

- 種：オオアナコンダ *Eunectes murinus*
- 科：ボア科
- 生息場所：沼地、冠水した森林。
- 繁殖：胎生。最高40頭の幼体を産む。
- 採食：魚類、爬虫類、鳥類、哺乳類などほとんどなんでも食べる。
- 分布：南アメリカ、おもにアマゾン川流域・トリニダード島。

キイロアナコンダ

キイロアナコンダ *Eunectes notaeus* はオオアナコンダよりもずっと小さい。成長してもたったの2〜3メートルくらいだ。体色はオオアナコンダよりも鮮やかで、黄色や黄土色の地にくっきりとした黒い斑点がある。行動や習性はオオアナコンダとよく似ている。たとえば、どちらも水辺に生息し、胎生である。若齢のキイロアナコンダは魚を餌とすることが多い。

浅瀬に潜む幼体

ボア科

ロージィボア

魅力的なロージィボアは、北アメリカ南西部の砂漠にひっそりと暮らしている。岩場に生息することが多く、日中は岩の割れ目や穴に潜み、夜になると姿を現して齧歯類などの小型哺乳類を探す。身のこなしは緩慢でゆっくりとしているが、咬みつく動作はすばやい。ほかのボアと同じく、強い力で獲物を締めつけて殺す。人間に危害を及ぼすことはけっしてないので、よくペットとして飼育される。

おもな特徴

胴体は太く、頭部は小さく尾は短い。鱗は小さく、なめらかで光沢がある。胴は円筒形で、明るい地色に3本の太いストライプが入る。縦縞の色は型により異なる。

メキシコロージィボア
クリーム色の体色に暗褐色や黒色のストライプがあるメキシコロージィボア C.trivirgata trivirgata は、ロージィボアの亜種としてはもっともはっきりした模様をもっている。バハ・カリフォルニア半島南部とソノラ州、アリゾナ州南部のごく一部にかけて分布する。

細長い頭部
頭部は細長く、数多くの細かい鱗で覆われている。眼は小さく、夜行性のハンターに特有の縦長の瞳孔がある。ロージィボアにはピットがない。

コースタルロージィボア
コースタルロージィボア C.trivirgata roseofusca のストライプは縁がぎざぎざになっている。これは特に高齢の個体でよく目立つ。カリフォルニア州南部と、隣接するバハ・カリフォルニア半島の一部の沿岸地帯に生息する。

"saslowi"
写真の C. trivirgata "saslowi" は、一般に縁がまっすぐでくっきりしたオレンジ色のストライプをもち、眼の虹彩はオレンジ色である。バハ・カリフォルニア半島中央部に分布する。

太いくび
くびは太くてたくましく、頭部との境目はかろうじて区別できる。

ロージィボア

データ

- 種：ロージィボア
  Charina trivirgata
- 科：ボア科
- 生息場所：砂漠、岩が露出した地域。
- 繁殖：胎生、最高8頭の幼体を産む。
- 採食：小型哺乳類。
- 分布：北アメリカ。

"myriolepis"

この*C.trivirgata* "myriolepis"は、クリーム色の地にオレンジ色に近い茶色のストライプがある。ストライプの縁はぎざぎざで、"saslowi"のようにはっきりしているわけではない。アリゾナ州北部および隣接する州の砂漠に分布する。

さまざまな体色

この写真の型をはじめ、この種には「バラ色」の体色をもつ型はほとんど存在しないので、ロージィボア（バラ色のボア）という名は実態にそぐわない。オレンジ色やピンク色がかった色合いの個体はほんの少数である。

成体の平均全長

0 cm　　50 cm　　1 m　　1.5 m

ボア科

デュメリルボア

マダガスカル南部と南西部の林床の葉積層に生息するデュメリルボアの個体数は、生息環境破壊とペット取引きのための採集により急速に減少している。動物園では現在、飼育繁殖計画に基づいた大規模な繁殖が行われている。この計画が成功した場合、生息地であるマダガスカルの森林破壊を食い止めた後に、飼育繁殖したデュメリルボアを野生に帰すことになっている。

データ
- 種：デュメリルボア *Boa dumerili*
- 科：ボア科
- 生息場所：乾燥した森林。
- 繁殖：胎生、最高15頭の幼体を産む。
- 採食：鳥類、哺乳類。
- 分布：マダガスカル。

おもな特徴

胴体はずんぐりしている。生まれた直後の斑紋にはピンクがかった赤みがさしているが、これはまもなく消える。成体にはさまざまな色調の茶色や黄褐色の複雑な模様がある。口のまわりの鱗に特徴的な真っ黒な斑点がある。

頭部の鱗
頭頂部の鱗は細かく、数が多い。

顎溝
ヘビの下顎にははっきりとした溝があるが、これを顎溝という。この部位の皮膚は特に伸縮性があるため、下顎を大きく開いて獲物を飲み込むことができる。

デュメリルボア
ほとんどのボアと同じく、餌動物を締めつけるために筋肉が発達したたくましい胴体をもち、尾は短い。そうした体形のために動きは鈍いが、餌動物に咬みつく動きはすばやい。獲物は待ち伏せて捕らえることが多い。体色、細かい鱗、どっしりとした胴体はボアコンストリクターとよく似ている。

舌を出すすきま
ヘビは舌隙という上顎にあるすきまから舌を出す。このため口を開かなくとも舌を使える。

成体の平均全長

0 cm 1 m 2 m 3 m

変化する体色
幼体の鱗には赤、ピンク、オレンジ色の赤みがあるが、成体になると消えてしまう。

森林伐採

デュメリルボアのほかにも、マダガスカル固有の数多くの爬虫類、両生類、哺乳類、そして植物が生息環境の破壊により絶滅の危機に瀕している。森林伐採が現在のペースで進めば、いずれの種も深刻な絶滅の危機にさらされる。マダガスカルの森林はごくわずかしか残っていない。農地を拓くために木を切り倒せば、生物を育む森林を失うだけではない。土壌侵食を招き、川が沈泥で埋もれてしまう。

ウシの放牧のため開拓された土地、マダガスカル

個性的な斑紋
斑紋は変異が大きく、同じ斑紋をもつ個体は2頭と存在しない。体の中心に沿って鞍形斑紋が見事な楕円を描くものもあるし、左右の形が違うものもある。

円筒形の胴
胴体はほぼ円筒形で、太くがっしりとしている。

カムフラージュ
茶色、黄褐色、オレンジ、オリーブグリーンからなる斑紋は、林床を覆う落ち葉や堆積物に溶け込んでしまう。

ボア科

カラバリア

地 下のトンネルでひっそりと生活しているため、カラバリアの詳しい生態、性質などについてはほとんどわかっていない。熱帯林に生息し、おそらくは巣穴にこもっているげっ歯類を常食としている。人間には無害で、けっして咬みつこうとしない。カラバリアという名前は、このへびが分布する西アフリカの地域の旧名（カラバル）からついた。

おもな特徴

一見したところ、カラバリアには頭が2つあるように見える。頭部も尾も丸い形をしており、尾は短い。胴体はほぼ完全な円筒形で、鱗はなめらかである。これらはいずれも地中生のへびの特徴だが、こうした特徴をカラバリアほど見事に備えているへびはいないので、見分けるのはたやすい。

敵をあざむく尾
尾が頭部の擬態をしているのは明らかである。形も色も頭と同じで、「顎」の下に白い鱗があるところまでそっくりだ。多くの個体が尾に傷をもっているが、これは捕食者が頭と間違えて攻撃した痕である。

カラバリア
丸い吻端、太いくび、円筒形の胴体、短い尾。これらはいずれも地面に穴を掘る生活に適応した結果できた特徴で、巣穴にこもったり土を押し分けて潜りこむのに役に立つ。

重い胴体
重い這い体をもつ多くのへびとは異なり、腹板を使って這い進むことはない。体の一部をトンネルの壁に押しつけ、それを支えにほかの部分を押し出したり引き寄せたりして前進する。

丸い頭部
丸い頭部を左右に動かして楔のように使い、掘った土をトンネルの壁に押し固めながら前進する。

カラバリア

まだらの体色
この個体には赤やオレンジ色の斑点が多いが、模様をもたない個体もいる。赤みを帯びた鱗が体全体に不規則に散らばっている。

防御姿勢
脅威を感じると頭をとぐろの中に隠し、尾を持ち上げる。尾で攻撃するふりまでして、敵の攻撃を急所の頭部からそらす。

データ

- 種：カラバリア *Charina reinhardtii*
- 科：ボア科
- 生息場所：森林。
- 繁殖：卵生。中型の卵を1〜4個産む。
- 採食：小型哺乳類。
- 分布：西アフリカ。

成体の平均全長

ニシキヘビ科

カーペットニシキヘビ

ほっそりとして優美なこのカーペットニシキヘビには、オーストラリアからニューギニアにかけての広い分布域中に多くの色彩型が存在する。生息環境はさまざまで、おもに夜行性だが、気候によっては昼間活動する場合もある。人家の周辺にすんでいることも多く、ネズミなどの有害な小動物を食べて人間に益をもたらしてくれている。

おもな特徴

ほとんどの型では、灰色、茶色、赤茶色の地に、明るい色や暗い色の複雑な帯状斑紋や網目模様がある。いずれの型も頭部は三角形で、数多くの細かい鱗で覆われ、くびとはっきり区別できる。唇板にはよく目立つピットが並んでいる。眼は大きめで、瞳孔は縦長である。

三角形の頭部
独特な形の頭部がこの種の特徴である。

巧妙なカムフラージュ
複雑な斑紋は捕食者から体の輪郭を隠してくれる。

データ
- 種：カーペットニシキヘビ *Morelia spilota*
- 科：ニシキヘビ科
- 生息場所：砂漠から熱帯多雨林まで さまざま。
- 繁殖：卵生。20個ないしそれ以上の卵を産む。
- 捕食：爬虫類、鳥類、小型哺乳類。
- 分布：オーストラリア、ニューギニア。

成体の平均全長 0cm – 1m – 2m – 3m

52

カーペットニシキヘビ

ジャングルカーペットニシキヘビ

ジャングルカーペットニシキヘビは黒と黄色の見事な体色をもつ。しかしこの斑紋の多彩色のおかげで、生息地であるクイーンズランドの多雨林では、枝に巻きついていたり、木洩れ日の下でじっとしているこのヘビを見つけるのは容易ではない。カーペットニシキヘビのいくつかある亜種のひとつで、半樹上性。

強力な胴体
胴体の強靱な筋肉によって獲物の心臓と肺の機能を止める。獲物はすぐに意識を失い、死んでしまう。

エキゾチックな斑紋
東洋のじゅうたん（カーペット）を思わせる淡い地色に、明色と暗色の帯模様のためにこの名前がついた。

狩りの方法
カーペットニシキヘビは、熱を感じ取るピットを武器に、獲物となる齧歯類などの温血動物の位置を探りあてる。正確な位置を見極めた瞬間、すばやく飛びかかって何重にも巻きつき、呼吸ができなくなるまで獲物の体を締めつける。獲物を完全に絞め殺してから食べ始める。

ナイリクニシキヘビ

ナイリクニシキヘビ *Morelia bredli* はカーペットニシキヘビと近縁関係にある。ただし、体は少し小さい。英語ではDesert Carpet Pythonとも呼ばれ、1981年までは同じ種と考えられていた。頭頂部の鱗が小さい（したがって数も多い）点が、カーペットパイソンと大きく異なる。オーストラリア中央部の砂漠地帯に分布し、岩が露出した場所や高木、低木の近くに生息している。赤茶色の体色は、生息場所の大地や岩の色そのものだ。その他の点ではカーペットニシキヘビとよく似ている。

断崖の岩棚にいる成体。岩にカムフラージュしている

ニシキヘビ科

インドニシキヘビ

村落のそばでふつうに見られ、都市周辺にさえ姿を現すインドニシキヘビは、ネズミなど有害な小動物を食べて人間に益をもたらしている。しかしニワトリなどの家畜も食べてしまい、人間からは必ずしも歓迎されているわけではない。ニシキヘビはどの種もとぐろを巻いて抱卵するが、このヘビはさらに自らの体温を上げることができる。体温の調節の仕方は、まだ完全にわかってはいない。

おもな特徴

インドニシキヘビは、その体の大きさ（3メートルほどに成長するが、さらに大きくなることもある）は別としても、赤褐色と黄褐色のくっきりとした体色、なめらかな鱗、頭頂部の大きな鱗、ピットの存在などの特徴によって識別できる。生息地以外の場所で見た場合は、アフリカニシキヘビとの区別が難しいかもしれない。アフリカニシキヘビとは大きさや体色は似ているが、斑紋が異なっている。

アルビノ型

遺伝的な異常によって、体色をくっきりさせる暗色の色素を欠いている個体もいる。こうしたアルビノが飼育下で育種されて純粋な系統となった。写真の品種はゴールデン・パイソンと呼ばれている。

ビルマニシキヘビ

深い鮮やかな体色をもつこの亜種は、その名のとおりビルマ（ミャンマー）を中心とした地域に分布している。背には交わり合った大きな斑点が必ずあるが、これは体色の薄い亜種でも変わらない。生息地では、斑紋は木洩れ日に見事に溶け込む。

成体の平均全長　　　　　　　　　　　　　　　　　　　　　　**最大記録**

0 cm　1 m　2 m　3 m　4 m　5 m　6 m　7 m　8 m　9 m

インドニシキヘビ

狙われた皮膚
鮮やかな体色となめらかな鱗のせいで、皮革取引きのために乱獲されることとなった。いくつかの地方ではまったく姿を消し、かつては頻繁に見られた多くの地域でも今ではめったに見られない。

頭部の斑紋
とがった三角形の暗色の模様が、この種を識別するための目安となる。両眼から口の端にかけてくさび形の模様が走り、さらに両眼から真下にかけてもう1本の模様がある。

目だつピット
ピットによって、まったくの暗闇でも正確に餌動物の位置を探知する。

データ

- 種：インドニシキヘビ
 Python molurus
- 科：ニシキヘビ科
- 生息場所：多雨林、農場、野原。
- 繁殖：卵生。最高50個の卵を産む。
- 採食：鳥類、哺乳類。
- 分布：南・東南アジア。

ニシキヘビ科

アミメニシキヘビ

世界最大のヘビとされるアミメニシキヘビは、東南アジアの蒸し暑い熱帯多雨林に生息する。森林の植生に巧みに身を隠して活動するため、その生態には謎が多い。村落や大きな町の外れに迷い込むことがあるのは、おそらくはネズミや家畜など餌になりそうな動物に誘われるためだろう。数少ない人喰いヘビのひとつだが、その実例となると極めてまれである。

データ

- 種：アミメニシキヘビ *Python reticulatus*
- 科：ニシキヘビ科
- 生息場所：多雨林。
- 繁殖：卵生。60個前後の卵を産む。最高100個にも及ぶこともある。
- 採食：鳥類、哺乳類、まれにヒト。
- 分布：東南アジア。

おもな特徴

アミメニシキヘビはさまざまな色が混じった複雑な幾何学模様をもつ。背にはひし形模様が不規則に並んでいる。そのすきまには小さな模様があるが、これは中央が白味を帯びていることが多い。斑紋は個体によりいくらか異なるが、巨大な体と模様のない頭部という特徴だけでも、この種を識別するには十分だろう。分布域が広く、大きさ、体色、斑紋にさまざまな変異があるが、これまで亜種に分類されたものはいない。これほど大きなヘビを、簡単に捕獲し、保存し、輸送することは難しいということである。

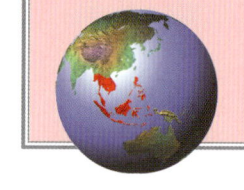

アミメニシキヘビ
俗名と学名は、網目状の斑紋に由来する。幅の広い頭部と大きく開く口のおかげで、大きな獲物も丸飲みできるので、効率よく狩りができる。湾曲した長い歯により、ひとたび捕らえた獲物はまず逃がさない。

幾何学模様
背にはひし形の斑紋が不規則に並ぶ。

大きな胴体
強力な絞め殺し屋であるアミメニシキヘビの成体ともなれば、シカやブタやイヌといった大きな動物でも、その巨体を利用してやすやすと押さえ込んで殺す。

アミメニシキヘビ

夜でも見える眼
瞳孔は縦長で、虹彩は鮮やかなオレンジ色。夜行性のハンターで、たいがいは餌動物を待ち伏せて捕らえる。

地味な頭部
両眼から口の端にかけてよく目立つ線が入っているが、これが頭部にある唯一の模様である。

なめらかな鱗
鱗はすべすべしている。ほとんどの鱗は1色なので、斑紋の縁はぎざぎざになる。

森林でのカムフラージュ
これほど大きいにもかかわらず、アミメニシキヘビを見つけることは、個体数の多い場所ですら極めて難しい。理由として、まずカムフラージュが素晴らしいこと、さらには昼間は深い茂みや木のうろでじっとしていたり、林床の堆積物に潜り込んでいたりして、あまり活動しないことが挙げられる。

成体の平均全長　　　　　　　　　　　　　　　　　　最大記録

0 cm　　1 m　　2 m　　3 m　　4 m　　5 m　　6 m　　7 m　　8 m　　9 m

ニシキヘビ科

アカニシキヘビ

ずんぐりした体をもつアカニシキヘビは、東南アジアの蒸し暑いジャングルに生息する。定着性の生活を送り、森林の落葉層や堆積物に身を隠し、獲物が攻撃できる距離に入ってくるのを待ちかまえている。太い胴体を安定した土台にして突然、獲物の不意をついて飛びかかる。

アカニシキヘビ
アカニシキヘビという名は、オレンジ色や赤色の体色に由来する。ところが、亜種によってはこれ以外の体色もあり、この名では誤解を招きかねない。尾が太く短いため、Short-tailed Python（尾の短いニシキヘビ）という異名もある。

おもな特徴

胴体はニシキヘビの中でもっとも太く、体形からだけでも容易に識別できる。頭部の色は頭頂部が薄くて側面が黒みを帯びている。眼は小さい。鱗はなめらかで光沢があり、胴体には例外なく淡い色の地に暗色の大きな斑点がある。体色は亜種による変異が大きい。

回転する眼
奇妙なことに眼が回転するため、餌動物や捕食者の姿をとらえるために頭を動かす必要がない。眼は小さくて色鮮やかで、オレンジ色の虹彩と縦長の瞳孔がある。

卵を抜け出す幼体
ニシキヘビの幼体は、吻端についた小さな角状の突起である卵歯を使って殻に1、2カ所裂け目を入れ、そこから出てくる。卵歯はまもなく抜け落ちる。

アカニシキヘビ

黄色い型
ボルネオ島原産のアカニシキヘビは栗色や黄色である。独立した1亜種と考えられており、ほかの型ほど大きくない。

くさび形の頭部
頭頂は大きな鱗で覆われている。色は淡黄褐色、薄茶色、あるいは灰色だが、くびから吻にかけての頭の中央を暗い色の細い線が走っている。

成体の平均全長

0 cm　50 cm　1 m　1.5 m

データ

種：アカニシキヘビ
　　Python curtus
科：ニシキヘビ科
生息場所：多雨林、沼地。
繁殖：卵生。最高30個の卵を産む。
採食：鳥類、哺乳類。
分布：東南アジア。

チルドレンニシキヘビ

チルドレンという名は、19世紀前半に大英博物館で動物学関連の収集品の担当者であったJ.G.チルドレンに由来する。生息場所はさまざまで、ふだんは地上で生活しているが木にのぼることもある。夜間に活動し、トカゲ、小型の鳥、哺乳類を獲物としている。

データ

- 種：チルドレンニシキヘビ *Antaresia childreni*
- 科：ニシキヘビ科
- 生息場所：森林地帯、モンスーン林、砂漠。岩場に生息することが多い。
- 繁殖：卵生。最高15個の卵を産む。
- 採食：爬虫類、鳥類、小型哺乳類。
- 分布：オーストラリア北部。

おもな特徴

幼体は斑点の色が濃く、成長するにつれ体色が茶色や赤茶色になっていく。頭頂部の鱗は大きいが、胴体の鱗はなめらかで細かい。この特徴はチルドレンニシキヘビとその近縁種に特有で、ほとんどのニシキヘビは頭部の鱗が小さい。唇板のいくつかの鱗にはピットがある。

チルドレンニシキヘビ
ニシキヘビでもっとも小さい種の中に数えられ、全長が1メートルを超えることはない。体に似合わず、締めつける力は強い。写真のヘビは成長途上で、これから成長につれて斑紋が目立たなくなっていく。

突き出た眼
眼は突き出ていて、瞳孔は夜行性のハンター特有の縦長である。

抱卵
すべてのニシキヘビ同様、雌は卵のまわりでとぐろを巻き、2カ月近くにわたって抱卵する。この習性によって卵を捕食者から隠して保護し、さらには卵の周囲の温度と湿度を一定に保つことができる。

成体の平均全長
0 cm　50 cm　1 m　1.5 m

マダラニシキヘビ

小型のニシキヘビで、さまざまな生息場所にすんでいるが、洞穴や割れ目が口を開けている岩山の斜面や岩場を特に好む。夜に活発に活動し、餌動物を探す。好物である食虫性のコウモリを、洞穴の入り口で捕まえて食べる。

データ

- 種：マダラニシキヘビ *Antaresia maculosa*
- 科：ニシキヘビ科
- 生息場所：乾燥した、あるいは湿潤な森林、草原、岩の露出する地域。
- 繁殖：卵生。最高15個の卵を産む。
- 採食：爬虫類、鳥類、コウモリをはじめとする小型哺乳類。
- 分布：オーストラリア北東部。

おもな特徴

胴体は円筒状でほっそりしており、虹色に輝くなめらかな鱗で覆われている。不規則な斑点模様は一生涯消えないが、斑点の大きさや地の色とのコントラストは変化することもある。個体によっては斑点がところどころでつながり、背全体にジグザグ模様を描く。

大きな鱗
頭頂の鱗は大きく、唇板のいくつかに浅いピットがある。

不規則な斑紋
独特の斑点模様は縁がぎざぎざで、じゅうたんやタペストリーを思わせる。これは暗色の色素が鱗1枚単位で沈着しているからである。

獲物を絞め殺す
締めつける力が強いマダラニシキヘビは、獲物の体に何重にも巻きついて、獲物が確実に死んでから飲み込む。獲物が死んでもとぐろはほどかず、獲物をとぐろから引き抜きながら丸飲みする。

マダラニシキヘビ
かつてはチルドレンニシキヘビ（前ページ）として分類されており、1985年にようやく単独の種として認められた。この2種を区別するのは容易ではなく、特に幼体の場合は難しいが、マダラニシキヘビの方が斑紋の色が濃く、体が大きく、全身の体色が黒みを帯びているなどの違いがある。

成体の平均全長
0 cm　50 cm　1 m　1.5 m

ニシキヘビ科

ミドリニシキヘビ

「ジャングルの蛇」という言葉で思い浮かべるイメージにぴったりの美しいヘビで、分布域はニューギニアとクイーンズランド州最北部の多雨林に限られる。林冠で一生を送り、昼間は優美な姿で太い枝に巻きつき、夜になると木の上で休む鳥や夜行性の哺乳類を探して捕食する。

ミドリニシキヘビ
全身が緑色をしたニシキヘビはこの種だけで、胴体もほかのほとんどのニシキヘビより細い。いずれの特徴も林冠での生活に適応した結果である。

おもな特徴

ミドリニシキヘビは、南アメリカ原産のエメラルドツリーボア（pp.38-39参照）と見た目がそっくりだ。成体の体色は鮮やかな緑色で、背の中央に沿って白色の斑点が途切れ途切れに並ぶ。幼体は鮮やかなレモンイエローで、まれに赤い個体もいるが、生まれて1年ほどすると緑色に変わる。ミドリニシキヘビを見分けるうえで重要な特徴としては、ほかにも頭部の鱗が細かいこと、ピットが唇板の表面にあることなどがある。

強靭な筋肉
たくましい筋肉は体重の大部分を支えることができる。支えがなくとも体を伸ばせるため、枝から枝へ巧みに渡ることができる。

ミドリニシキヘビ

頭部のこぶ
こぶの下にはたくましい顎筋が隠されている。樹上生のヘビにとって大切なのは、がっちりと獲物をくわえることである。落とした獲物はもうもどらないのだ。

大きな眼
縦長の瞳孔と大きな眼は、夜行性のハンターの証拠だ。成体の眼はクリーム色、幼体の眼は白色で、中央に暗色の筋が入っている。

鱗の多い頭部
頭部はおびただしい数の顆粒状の鱗で覆われている。鼻板は大きい。成体の頭部は緑一色で、唇は淡緑色や白色あるいは黄っぽい色をしている。個体によっては頭部に青色の鱗が混じることもある。

成体の平均全長
0 cm　50 cm　1 m　1.5 m

ピット
ピットは鱗の表面に開いている。これに対してエメラルドツリーボアのピットは鱗と鱗の境目にある。

黄色の幼体
ニシキヘビの雌すべてに共通する行動だが、ミドリニシキヘビは孵化するまで卵のまわりでとぐろを巻き、卵を捕食者や極端な高温、低温から守っている。およそ2カ月後に孵化する幼体はふつうはつやのある黄色をしている。この幼体の体色はエメラルドツリーボアと共通しているが、その理由は動物学者たちにもいまだにわかっていない。

データ
- 種：ミドリニシキヘビ　*Morelia viridis*
- 科：ニシキヘビ科
- 生息場所：多雨林。
- 繁殖：卵生。最高25個の卵を産む。
- 採食：爬虫類、鳥類、小型哺乳類。
- 分布：ニューギニアおよびその周辺の島々、オーストラリアのクイーンズランド州最北部。

ニシキヘビ科

ボールニシキヘビ

ボールニシキヘビはアフリカに分布する3種のニシキヘビのうちでもっとも小さく、人間に対して害を与えることはない。西アフリカのサバンナや疎林地帯をすみかとし、生涯のほとんどを地下のトンネルで過ごす。おもに夜活動するが、長い乾季にはずっと地中にこもっていることもある。

おもな特徴

体は短くずんぐりしており、黒と黄褐色のはっきりした斑紋がある。低い茂みの中にいると、この斑紋のおかげでなかなか見つけることができない。尾は短く、筋肉が発達したたくましい胴体で獲物を絞め殺す。鱗はつやがあって細かく、鱗同士が重なり合うことはない。全長は最大2メートルほどに成長する。

目立つピット
餌動物を探知するためのピットはよく発達しており、はっきり識別できる。

幅の広い頭部
吻は丸くて頭部の幅が広く、頭頂は細かな鱗で覆われている。多くの夜行性のへビと同様に、大きな眼と縦長の瞳孔をもつ。

たくましい胴体
胴体はがっしりして短く、断面は三角形に近い。

守備を固める
脅威を感じると、体をボール状に固めて頭をとぐろの中央に隠すので、敵にさらすのは鱗の鎧だけになる。

ボールニシキヘビ

成体の平均全長

0 cm　　50 cm　　1 m　　1.5 m

データ

種：ボールニシキヘビ
　　Python regius
科：ニシキヘビ科
生息場所：草原、乾燥した森林。
繁殖：卵生。4〜8個ほどの卵を産む。
採食：鳥類、小型哺乳類。
分布：西アフリカ。

鞍形斑紋の変異
鞍形斑紋の形や数はそれぞれの個体で微妙に異なる。

強力な締めつけ
ほかのニシキヘビと同じく、齧歯類など温血動物の獲物をたくましい筋肉で締め殺す。

眼のストライプ
眼を横切るストライプが頭部の輪郭をぼかしているので、捕食者から見つかりにくい。

ボールニシキヘビ
ダークブラウンと黄褐色の斑紋が、このヘビをもっとも魅力的なニシキヘビのひとつとしている。細かい鱗と見事な模様は皮革取引で人気が高いため、数多くの命がいたずらに奪われている。

暗い体色
写真の茶色の体色はもっとも暗いときのもので、夜間はこれより薄い色に変化する。

隠れ家
ヒメボアは日中狭い所でとぐろを巻いて休んでいる。隠れ場所としては、垂れ下がったヤシの葉の付け根や着生植物の根もとのくぼみがお気に入りだが、丸太、板切れ、木屑の下などに這いこんでいることもある。体がさらされても最初はじっとしたままでいるため、見過ごされやすい。

成体の平均全長
0 cm　50 cm　1 m　1.5 m

マダラヒメボア
小さな頭、しなやかな体、まだらの体色。いずれもこの小さなヘビを見つかりにくくするのに役立っている。眼は大きめで、餌を求めて活動する夜でも物が見える。

マダラヒメボア

ド　ワーフボア科はかつてはボア科に分類されていたが、現在では単独で科を構成している。マダラヒメボアが食べるのはほぼトカゲだけで、夜眠っているところに忍び寄って絞め殺す。不安を感じ取るとボール状に身を固め、総排出腔から悪臭を放つ分泌液を出すことがある。

おもな特徴

胴体は細く、鱗はなめらかである。頭部は小さく、頭頂を覆う鱗は大きい。茶色の地に暗緑色の斑点という珍しい体色をもつ。同じ体色のヘビはほかにいないが、黒みを帯びている個体は別の種と間違われることもある。ヘビには珍しく体色が変化することがあるが、その際には地色が暗色から黄色に変わる。

データ

種：マダラヒメボア
　　Tropidophis haetianus
科：ドワーフボア科
生息場所：森。
繁殖：胎生。5〜10頭の幼体を産む。
採食：トカゲ、小型哺乳類。
分布：キューバ、イスパニョーラ島、ジャマイカ。

キールヒメボア

ヒメボアのうちもっとも一般的に見られる種で、多雨林、岩山の斜面、農園などさまざまな生息場所に広く分布している。おもに地上で暮らしているが、餌動物を探す際には低木や岩にものぼる。アマガエル、トカゲ、小型哺乳類などを常食とし、ときには鳥を食べることもある。人間に咬みつくことはないが、脅威を感じると総排出腔から悪臭のする粘液を発する。

おもな特徴

ドワーフボア科としては体がもっとも大きい。胴体は太く、小さな頭部と短い尾をもつ。眼は小さく、瞳孔は縦長である。尾の先端は色が体のほかの部分とは異なり、黒あるいは黄色をしている。鱗にはサテンのようなつやがある。

データ

- 種：キールヒメボア *Tropidophis melanurus*
- 科：ドワーフボア科
- 生息場所：落葉樹林。
- 繁殖：胎生。8頭ほどの幼体を産む。
- 採食：カエル、爬虫類、小型哺乳類。
- 分布：キューバ。

色鮮やかな尾
尾端の色が鮮やかなのは、餌動物をおびき寄せたり、攻撃を頭部からそらしたりするためだろう。

キールヒメボア
この個体のようなオレンジ1色の体色は珍しく、ヒメボアのごく一部にしか見られない。この個体は黒色の色素をいくらか、あるいはまったく欠いているので、ほかの型のような斑紋が現れないものと思われる。

体色が異なる型
体色には変異が大きい。もっとも一般的なのは、地が黄褐色、淡黄褐色、灰色で、背に暗色の不規則な斑点がある型である。このような配色は、枯葉など林床の堆積物の中では巧みなカムフラージュとなる。

成体の平均全長
0 cm　50 cm　1 m　1.5 m

小さな眼
獲物を追う際には視覚よりも嗅覚にたよっているので、眼は小さい。

ナミヘビ科

ヨーロッパヤマカガシ

半 水生で、湿気のあるさまざまな場所に生息している。泳ぐときは、水中には潜らないのがふつうで、頭は水から完全に出している。おもにカエルを餌としているが、ヒキガエル、イモリ、オタマジャクシも食べる。人間に咬みつこうとすることはけっしてない。広大な分布域内ではもっとも適応性の高い種のひとつとして、非常によく見かけられる。体は雌の方が雄よりも大きく、南に生息する集団の個体は北に生息する個体よりも大きい。

ヨーロッパヤマカガシ
キールが発達した幅の狭い鱗は、水中で推進力を得るために役立つ。体がしなやかなため、ヨシやイグサといった水生植物の茂みに入り込むことができる。

おもな特徴

頭の後方に特徴的な襟状の色輪があるため、一般にたやすく識別できる。この色輪は黄色が多いが、オレンジやクリーム色、白色の場合もある。そのすぐ後ろには黒い半月紋が2つ並んでいる。体色は茶色や緑がかった灰色からオリーブグリーン、ときには黒色までさまざまである。ヨーロッパ南東部、イタリア北部原産のいくつかの個体群のヘビは、胴体に淡い色の縞が2本走っている。スペインに生息する個体は斑紋がはっきりしないものが多く、明るい襟状の色輪や脇腹の縞模様がない。体色が非常に濃い個体では、襟状の色輪がわかりにくいこともある。

成体の平均全長
0 cm　50 cm　1 m　1.5 m

データ
- **種**：ヨーロッパヤマカガシ *Natrix natrix*
- **科**：ナミヘビ科
- **生息場所**：湿地や小川、池、湖、運河などの周辺。
- **繁殖**：卵生。最高30個の卵を産む。
- **採食**：魚類、両生類、両生類の幼生。
- **分布**：ヨーロッパほぼ全域、北アフリカおよびアジアの一部。

模様のない頭部
頭頂部は大きな鱗で覆われ、模様がない場合が多い。

独特の斑紋
鮮やかな襟状の色輪とそのすぐ後ろの黒い2つの斑点は、このヘビを見分けるための有効な目印である。

オレンジ色の虹彩
眼の大きさは標準的。瞳孔は丸く、虹彩はオレンジ色である。

ヨーロッパヤマカガシ

脇腹の斑紋
体色が黒い個体でなければ、たいていは側面に横縞が入っている。

卵の保温
寒い地域に生息していることが多いため、雌は植物が朽ちかけている場所を見つけて卵を産む。植物の腐敗によって生じる熱が、卵の発育を促してくれる。よい産卵場所があると、1カ所に複数の雌が卵を産むこともある。

身を守るテクニック
ヨーロッパヤマカガシは、体をふくらませて大きく見せて敵を威嚇することがある。

偽死
追いつめられると、仰向けにひっくり返って口を開け、だらりと舌を出して死んだふりをすることがある。同時に、総排出腔から悪臭のする液体も分泌する。しばらくすると起き上がり、あわてて逃げ出す。水中や茂みに潜り込んで逃げようとすることもある。

ナミヘビ科

アフリカタマゴヘビ

変形した頭部の構造と13本の特殊な椎骨のおかげで、アフリカタマゴヘビは鳥の卵を食べることができる。このヘビは、鳥が営巣する春に産卵し、餌のほとんどをこの時期に食べる。珍しいヘビではないが、1年の残りの時期は何も食べないのでめったに見つからない。孵化したばかりの幼体は全長わずか20センチメートルほどなので、ハタオリドリ、シジュウカラ、フィンチなどの小さな卵を探さなくてはならない。

おもな特徴

全長1メートルほどに成長することもあるが、ふつうはそこまで大きくならない。幅の狭い頭部、丸い形の吻、非常に粗い鱗によって、簡単に見分けることができる。体色は灰色、淡い茶色、オリーブ色などだが、いずれにも背には暗色の斑紋が不規則に並んでいる。頭頂部に前向きの山形斑紋が2つ入っており、くびにも同じような斑紋がある。

大きく開く顎
頭の4、5倍の大きさの卵でも簡単に飲み込んでしまう。

顎とくびを大きく開いている

卵を平らげる
タマゴヘビは、卵を硬い物体に押しつけて固定しながら丸飲みし、のどに押し込む。第1～21椎骨で卵の出口をふさぎ、第29、30椎骨で卵を固定する。第22、29椎骨で卵殻を突き刺し、第23～27椎骨で押しつぶす。中身を飲み込んで、卵殻は独特な形の小さな塊にして吐き出す。

卵がすっぽりと飲み込まれる

成体の平均全長

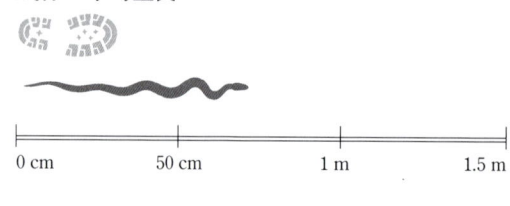

0 cm　　50 cm　　1 m　　1.5 m

防衛

アフリカタマゴヘビには機能する歯がないので、人間に危害を及ぼすことはない。哺乳類や肉食の鳥などの捕食者から身を守るため、同じ地域に分布する有毒のクサリヘビ科のヘビに擬態している。たとえば、灰色の個体はナイトアダーやノコギリヘビによく似ている。擬態はこれにとどまらず、クサリヘビの防衛行動まで模倣する。半円形のとぐろを巻き、脇腹の粗い鱗をこすり合わせて音を出し、顎を広げて頭部をできるだけ大きく見せようとする。

アフリカタマゴヘビ

ノコギリヘビ

独特の斑紋
頭頂には山形斑紋が2つある。くびにも同じような模様が入っている。

アフリカタマゴヘビ
キールが発達した鱗のせいで外見がノコギリヘビに似ている。擬態はそれだけにとどまらず、脇腹に斜めに並ぶ鱗のキールにより、ノコギリヘビが出す警告音までまねることができる。

変異が大きい体色
地が灰色の個体が多いが、体色は生息地の土の色によって変異がある。

キールのある鱗
背の中央に並ぶ鱗は細長く、発達したキールがある。

データ

種：アフリカタマゴヘビ
　　Dasypeltis scabra
科：ナミヘビ科
生息場所：サバンナ、低木林、疎林。
繁殖：卵生。最高18個の卵を産む。
採食：鳥類の卵。
分布：サハラ砂漠以南のアフリカ。

背の斑紋
背には暗色の斑点が不規則に並んでいる。

ナミヘビ科

コーンスネーク

アカダイショウ（Red Ratsnake）とも呼ばれるコーンスネークはアメリカ合衆国南東部に生息する美しいヘビで、生息数も多い。自然の生息地に限らず、人家や庭の周辺でも見かける。飼養化されたペットとして人気が高く、人為淘汰によって野生原種からかけ離れた型もつくられている。こうした型であっても同じ種には変わりない。

おもな特徴

胴体は細く、頭部の幅は狭い。頭とくびの境目ははっきりしている。背に流れる鞍形斑紋、斑点の数と大きさ、および体色にはさまざまな変異がある。ただし、野生の個体ではそれほど大きな変異はない。斑点同士がくっついて、1本の太い縞や不規則なジグザグ模様になっている型もある。

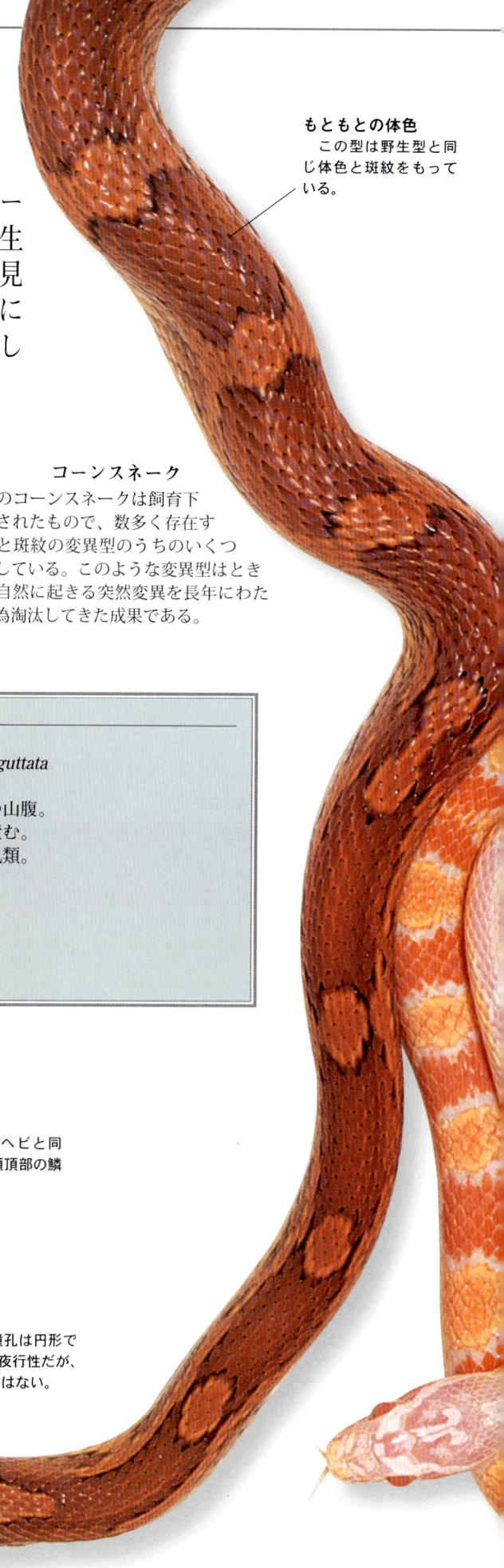

もともとの体色
この型は野生型と同じ体色と斑紋をもっている。

コーンスネーク
写真のコーンスネークは飼育下で繁殖されたもので、数多く存在する体色と斑紋の変異型のうちのいくつかを示している。このような変異型はときおり、自然に起きる突然変異を長年にわたって人為淘汰してきた成果である。

データ
- 種：コーンスネーク *Elaphe guttata*
- 科：ナミヘビ科
- 生息場所：松樹林、岩の多い丘陵の山腹。
- 繁殖：卵生。最高30個の卵を産む。
- 採食：トカゲ、鳥類、小型哺乳類。
- 分布：アメリカ合衆国南東部。

木にのぼる
野生のコーンスネークは樹上生ではないが、木のぼりがうまい。コーンスネークが木にのぼるのは餌動物を探すためである。写真のヘビは、無防備な卵や雛のいる鳥の巣を探している。

プレート状の鱗
ナミヘビ科のほかのヘビと同様、コーンスネークも頭頂部の鱗がプレート状で大きい。

大きな眼
眼は大きく、瞳孔は円形である。基本的には夜行性だが、昼間の視力も悪くはない。

成体の平均全長
0 cm　50 cm　1 m　1.5 m

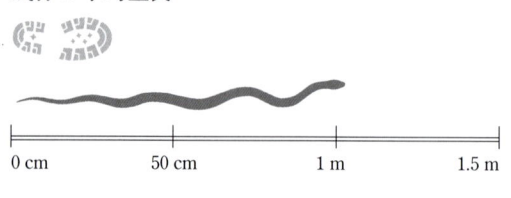

コーンスネーク

メラニン欠損型
　黒色の色素を欠いたものはメラニン欠損型として知られる。赤色とオレンジ色の色調だけが残り、眼はピンク色をしている。

スノーコーン
　黒色と赤色の色素が沈着していない個体はスノーコーンと呼ばれている。全身ほぼ白一色で、かすかにピンクがかっている。

背の斑紋
　一般に斑紋は四角形で互いに離れているが、くびに近づくにつれ細長くなり、つながるものもでてくる。

73

ナミヘビ科

スナゴヘビ

ほっそりした気品のあるヘビである。英名のBaird's Ratsnakeは、19世紀の動物学者、スペンサー・フラートン・ベアードにちなむ。テキサス州および隣接するメキシコ北東部の岩砂漠に分布している。見かけることはまれで、昼間は隠れているが、夜間、特に雨上がりに姿を現し、小型の齧歯類(げっし)や鳥類を探す。

おもな特徴

スナゴヘビは成長につれて体色が変化する。幼体は灰色で暗色の横縞がある。この横縞は加齢とともに薄れ、体色はまず灰色一色になる。さらに鱗1枚1枚が基部からオレンジ色に変わるにつれ、オレンジと灰色の体色となる。背に薄い暗色の縞を2本もつ個体が多い。

なめらかな鱗
鱗はなめらかで、ほぼ全身が輝いている。

メキシコ型
メキシコ型は体色が薄く、頭部が灰色である点で体色の濃いテキサス型とは異なっている。体色は、孵化後に加齢につれて徐々に変化していく。

幼体の体色
この個体は特徴的な横縞がすでに消えている。またテキサス型の成体がもつオレンジ色の体色もまだ現れていない。

キールのある鱗
体の後ろ半分の背面中央に並ぶ鱗にはかすかにキールがある。

スナゴヘビの幼体
ヘビの幼体は体が細めで、成長につれて太くなっていくものだが、スナゴヘビの幼体も例外ではない。スナゴヘビでは同時に体色も変化する。なぜ体色変化が起こるのか完全にはわかっていないが、生活様式の変化が関係しているのではないかと思われる。

スナゴヘビ

灰色の頭部
メキシコ型の頭部は灰色のまま変化しない。これに対してテキサス型では色が変わる。

模様のない頭部
成体の頭部には模様がないため、大きな鱗がはっきりわかる。眼は大きく、瞳孔は丸い。

胴体の断面
腹面は平らで、両脇腹との境目に側稜がある。側稜は樹皮や岩のような粗い面をしっかりとらえるのに役立つ。

データ

- 種：スナゴヘビ *Elaphe bairdi*
- 科：ナミヘビ科
- 生息場所：半乾燥地域の岩場。
- 繁殖：卵生。最高15個の卵を産む。
- 採食：コウモリを含む小型哺乳類、鳥類。
- 分布：テキサス州南部および隣接するメキシコ北部の諸州。

成体の平均全長

0 cm　　50 cm　　1 m　　1.5 m

ナミヘビ科

サバクナメラ

サバクナメラはテキサス州南部、メキシコ北東部に広がるチワワ砂漠の乾燥した山地や涸れ谷に生息している。常食としている小型齧歯類は夜間に探索する。日中は岩場や齧歯類の掘った潜穴に身を隠し、高温を避けて命を守っている。生息に適した場所には数多く存在するが、ひっそりと暮らす習性があるため、めったに人の目にふれることがない。

おもな特徴

斑紋には基準的な型と「ブロンド」型の2種類があるが、いずれも黄色あるいは黄褐色の地に暗色の斑紋をもつ。頭部には模様がなく、大きな鱗の境目が容易に確認できる。円形の瞳孔のある突起した眼は非常に特徴的で、アメリカ大陸に分布するほかのナメラの仲間には見られない。

データ

- 種：サバクナメラ
  Bogertophis subocularis
- 科：ナミヘビ科
- 生息場所：半乾燥地域の岩の露出する谷間、雨裂。
- 繁殖：卵生。最高12個の卵を産む。
- 採食：主に小型哺乳類、鳥類。
- 分布：北アメリカ。

『ブロンド』型
「ブロンド」型の体色は標準的な型のものに比べ珍しい。斑紋が基準型よりも小さく、洗いざらしたように見える。地色も薄い。

標準的な型
もっとも一般的な型は背にH型の斑紋が並んでいる。斑紋同士がくっついていたり、接近している場合が多い。斑紋は尾に近くなるほど間隔が狭く、色も濃い。

大きな眼
大きな眼は夜間に獲物を追う際に役立つ。

背の斑紋
背全体に特徴的なH型の斑紋が並んでいる。

幼体の体型
幼体や亜成体の胴体は細長いが、成長した栄養状態のよい個体の胴体は太くなる場合が多い。

成体の平均全長

0 cm — 50 cm — 1 m — 1.5 m

サバクナメラ

サバクナメラ
ナメラの仲間ではもっとも長く、かつもっとも細いヘビのひとつで、全長2メートル近くに成長することがある。

側稜のある胴体
脇腹は扁平で、腹面との境目には側稜がある。側稜は岩の表面に這いのぼるのに役立つ。

体鱗
背の鱗にはかすかなキールがあるが、脇腹の鱗はなめらかである。いずれもビロードを思わせるような輝きがある。腹板は銀色に輝く白色で、非常になめらかである。

ナミヘビ科

タカサゴナメラ

東 アジア原産のタカサゴナメラは、ナメラ属のほかのヘビにはない珍しい体色と斑紋をもつ。生息場所は標高3000メートルまでの冷涼な山地で、森林や岩の多い低木林などにいるのがふつうだが、農地によくいる小型齧歯類に引きつけられて、標高の低い稲田などに姿を現すこともある。

おもな特徴

黒い円や三角形で囲まれた的のような黄色の斑紋と頭部の太い縞模様は、ほかのヘビには類を見ない。地色は灰色や茶色、あるいは赤茶色である。背の斑点の大きさ、形は個体により若干の変異がある。

鈍い色の皮膚
写真の個体は脱皮が近いため、斑紋があまり鮮やかではない。

眼を隠す黒い縞
くっきりとした黒い縞が放射状に広がり、餌動物から眼の位置を隠している。

細い頭部
頭部の幅はくびよりもわずかに広いだけで、はっきりとした黒と黄色の模様がある。細い頭部と丸い形の吻は、巣にこもる齧歯類を探して狭いすきまや巣穴に頭を突っ込むのに適している。

タカサゴナメラ

さまざまな鱗
鱗はなめらかなものから弱いキールのあるものまでいろいろある。

タカサゴナメラ
顔面にある黒と黄色の斑紋はとりわけコントラストが強く、いかにもこのヘビが東洋原産であることを思わせて、Mandarin Ratsnake（訳注：中国の宮廷官吏のようなネズミヘビ）という英名に似つかわしい。半地中生のためか、胴体はほかのほとんどのナメラ類よりも細い。

細い体型
胴体は、ほかのほとんどのナメラ類よりも長く細い。

地色
写真のヘビでは灰色だが、地色は個体によって変異がある。

固有の斑紋
木洩れ日のさす落葉層では、的のような模様が体の輪郭をぼかしてくれる。

成体の平均全長

0 cm　　50 cm　　1 m　　1.5 m

データ

- 種：タカサゴナメラ *Elaphe mandarina*
- 科：ナミヘビ科
- 生息場所：山の中腹の低木の疎林。
- 繁殖：卵生。3〜8個の卵を産む。
- 採食：齧歯類、巣にこもっている幼獣を襲うことが多い。
- 分布：中国。

ナミヘビ科

ラフアオヘビ

きゃしゃで体の細いラフアオヘビは、水辺の茂みやぶに生息するが、特に小川や池のほとりの青々と茂った草木を好む。水際に垂れ下がった枝に登っていることが多く、ときには水にも入る。おもに食虫性で、コオロギ、バッタ類、甲虫などの幼虫、イモ虫、クモを常食する。

おもな特徴

胴体は長く、非常に細い。体色は鮮やかな緑色で、腹面は白色または薄緑色をしている。鱗にはキールがあり、きめが粗く見える。この点が、同じく北アメリカにすむ近縁のスムースアオヘビとは異なる。

頭部の鱗 大きな鱗が頭部を覆う。頭頂の鱗には暗色が入り、カムフラージュの効果を高めている。

大きな眼 眼は大きめで、瞳孔は円形。昼間は視覚にたよって獲物を追う。

細い頭部 頭部の幅はくびれもわずかに広い。吻端はとがっている。食べる餌が小さいため、口を大きく開ける必要はない。

粗い鱗 鱗1枚1枚にはっきりしたキールがあるため、体表のきめは粗い。

ラフアオヘビ 鮮やかな緑色の体色、細い体型によって巧みにカムフラージュしている。じっとしていたら見つけるのは容易ではないので、実際の生息数は少ない目撃例から推測される個体数より多いだろう。

絶妙なカムフラージュ ラフアオヘビは低木にのぼることもあるが、たいていは草などの下層の植物群の間にいる。見事なカムフラージュのため、青草に紛れこんだこのヘビを見つけるのは難しい。

ラフアオヘビ

軽い体
樹上生のヘビ特有の細長い胴体をもつ。枝から枝へと渡ることができ、体重が非常に軽いため細い枝の上でも難なく移動する。

長い尾
長い尾には体のバランスを保つ機能があり、しっかりと枝に巻きつく。

成体の平均全長

0 cm　50 cm　1 m　1.5 m

―― データ ――
種：ラフアオヘビ
　　 Opheodrys aestivus
科：ナミヘビ科
生息場所：植物の茂み。池、河川、小川の付近が多い。
繁殖：卵生。4個の卵を産む。
採食：昆虫。コオロギ、バッタ類、チョウやガの幼虫、クモなど。
分布：北アメリカ東部。

セイブスキハナヘビ

ジムシヘビ

エダセタカ

無脊椎動物を食べるヘビ

ラフアオヘビのように無脊椎動物しか食べないヘビは少なからず存在する。その中には特定の無脊椎動物しか食べないヘビ（ナメクジを食べるエダセタカ Aplopeltura boa、ムカデを食べるジムシヘビ Scolecophis atrocinctus など）と、さまざまな無脊椎動物を食べるヘビ（セイブスキハナヘビ Chionactis occipitalis）がいる。セイブスキハナヘビはサソリ、クモ、コガネムシ、幼虫を食べる。

ナミヘビ科

コモンキングヘビ

北アメリカ全域でふつうに見られるヘビで、フロリダの沼地からアリゾナやメキシコ北部の砂漠までさまざまな場所に生息する。高い適応力は食性にも現れており、魚、カエル、トカゲ、齧歯類、さらには毒ヘビまでほとんどどんな動物でも食べる。

おもな特徴

胴体は円筒形、鱗はなめらかで光沢があり、頭部の幅は狭い。頭部の直径は胴体とほぼ等しい。体色は産地により変異があるが、一般には黒色やダークブラウンで、さまざまな形の白色やクリーム色の模様がある。メキシコに分布する亜種のひとつは全身が黒1色である。

細い頭部
頭部先端の吻は丸い。ふつうは前頭部に白斑がある。亜種の多くでは唇板に白色の縞が入っている。

円形の瞳孔
瞳孔は丸い。眼はほかの多くのヘビに比べて前方についている。

光沢のある鱗
鱗はなめらかでつやがある。学名 *Lampropeltis* は「光り輝く小盾」という意味である。

データ
- 種：コモンキングヘビ *Lampropeltis getula*
- 科：ナミヘビ科
- 生息場所：沼地から砂漠までさまざま。
- 繁殖：卵生。最高20個の卵を産む。
- 採食：爬虫類、鳥類、哺乳類。
- 分布：北アメリカ。

ヘビがヘビを食べる
コモンキングヘビの食性は幅広く、ほかのヘビも食べる。餌とするヘビにはガラガラヘビのように有毒のものもいるが、毒液に対してある種の免疫をもっている。コモンキングヘビが近づいてくると、ガラガラヘビは鎌くびをもたげ、体を弓なりにそらして自分を大きく見せようとする。だが、そんな抵抗もほとんど通じない。多くは強い力であっというまに締めつけられてしまう。

コモンキングヘビ

独特の斑紋
写真の個体はカリフォルニア南部産で、幅広の横帯やリング模様のはっきりした斑紋がある。個体によっては、帯模様のいくつかが背中線付近で途切れたり分かれたりしていることがある。

カリフォルニアキングヘビ
カリフォルニアに分布する亜種、カリフォルニアキングヘビ*Lampropeltis getula californiae*は、もっとも特徴のあるキングヘビのひとつで、暗色の地に淡色の広い帯模様がある。内陸に生息する個体に特有の黒と白の体色は、沿岸部の個体では茶色とクリーム色になる。斑紋はごくまれに横縞でなく縦縞となることもある。

成体の平均全長

0 cm　50 cm　1 m　1.5 m

ハイオビキングヘビ
オレンジ色の広い帯と薄灰色の帯が交互に入ったこの型は、ハイオビキングヘビの中でももっとも色彩豊かである。鮮やかな体色にもかかわらず、野生の生息場所で見つけるのは容易でなく、1950年にようやく記録されている。

鮮やかな体色
はっきりとした体色は、生息地である荒れ地に散らばる枯葉に溶け込むのに役立つ。

独特の縁取り
帯模様の境目には黒と白の細い縁取りがあり、斑紋のコントラストを強めている。

成体の平均全長

0 cm 50 cm 1 m 1.5 m

ハイオビキングヘビ

カラフルなハイオビキングヘビは、テキサス州南部と隣接するメキシコの一部地域を原産とする。チワワ砂漠の地下の石灰岩層にできたすきまや空洞に隠れすんでいる。外に出てくるのは、雄が交尾の相手を探す春だけで、それも夜間に限られる。

おもな特徴

個体間の体色の違いが非常に大きい。一時に産み落とされた卵から生まれた幼体の間ですら、体色がまったく異なることがある。背にはオレンジ色、赤色、茶がかった赤色の帯模様があるか、そのかわりに黒色の細い横縞が入っている。頭部は小さく、眼も小さい。なめらかな鱗の表面は、つややかというよりサテンのような風合いがある。

データ

- **種**：ハイオビキングヘビ *Lampropeltis alterna*
- **科**：ナミヘビ科
- **生息場所**：石灰岩層が地下にある岩砂漠。
- **繁殖**：卵生。最高12個の卵を産む。
- **採食**：爬虫類、小型鳥類、哺乳類。
- **分布**：テキサス州、メキシコ北東部。

グレーキングヘビ

メキシコに分布しているキングヘビはほかにもいるが、グレーキングヘビはメキシコにしかいない。北東部の山地に生息し、山腹や谷間の岩場でトカゲや小型齧歯類を捕食している。少なくとも3つの亜種が確認されており、いずれもとてもカラフルだが、体色と斑紋には大きな変異がある。

データ

- 種：グレーキングヘビ *Lampropeltis mexicana*
- 科：ナミヘビ科
- 生息場所：岩砂漠、岩の多い谷間。
- 繁殖：卵生。最高12個の卵を産む。
- 採食：爬虫類、小型鳥類、哺乳類。
- 分布：メキシコ北東部。

おもな特徴

胴体は円筒形で頭部は小さく、鱗はなめらかである。斑紋は赤色やオレンジ色で、大きな鞍形あるいは細い横縞となっている。いずれの斑紋にも例外なく黒い縁取りがある。地色は灰色、クリーム色、あるいはピンクがかった色をしている。3つの型のうち、サンルイスポトシ型の頭部にはほかの2つの型にはない独特の赤い模様がある。

体色の変異
ヌエボレオン州産のグレーキングヘビは、*Lampropeltis mexicana* "thayeri" という型に分類されている。一般にクリーム色の地に黒い縁のある鮮やかな赤い斑紋をもつが、同じ地域の個体でも斑紋が異なる場合もある。

グレーキングヘビ
赤い大きな鞍形の斑紋と頭部の入り組んだ模様は、サンルイスポトシ州の個体群 *Lampropeltis mexicana* "mexicana" に属することを示す。

成体の平均全長

0 cm　50 cm　1 m　1.5 m

鞍形斑紋
鞍形斑紋は胴体の上部だけに入っているが、上から見たこの写真では帯模様のように見える。

ナミヘビ科

シロハナキングヘビ

分 布域はメキシコのソノラ州からアリゾナ州北部、東部、南部に広がっているが、生息しているのは山地だけである。長い期間冬眠すると考えられており、活動期にはトカゲや小型哺乳類を餌としている。

おもな特徴

シロハナキングヘビはその見事な斑紋から容易に識別できる。斑紋は白色と赤色の環帯が交互に並ぶ。白い環帯は形に乱れがないが、赤色の環帯は、黒い帯の幅が背中線に近づくにつれて広がるせいでくさび形となる。赤い環帯にある鱗には先端に黒い部分がないが、この特徴は斑紋が似ているミルクヘビ（pp.88-89参照）のほとんどの型とは異なる。吻が黒いヤマキングヘビ（次ページ）とは違い、シロハナキングヘビの吻部は例外なく白い。

光沢のある鱗
キングヘビの鱗はなめらかで強い輝きがあるが、このヘビも例外ではない。

互い違いの帯模様
赤－黒－白－黒－赤と並ぶ帯模様の組は三色帯と呼ばれる。シロハナキングヘビの三色帯の数は個体群によってばらつきがある。

シロハナキングヘビ
岩や植物の間をすばやく動くと、独特の赤、黒、白の鮮やかなストライプがちらつく。これで捕食者の注意をそらし、身を隠す時間を稼いでいるのかもしれない。

シロハナキングヘビ

成体の平均全長

0 cm　　50 cm　　1 m　　1.5 m

データ

- 種：シロハナキングヘビ
  Lampropeltis pyromelana
- 科：ナミヘビ科
- 生息場所：がれ場や岩が露出した山腹の低木林、針葉樹林。水場の付近が多い。
- 繁殖：卵生。2〜8個の細長い卵を産む。
- 採食：トカゲ、小型のヘビ、齧歯類。
- 分布：アメリカ合衆国南西部、メキシコ北西部。

細い胴体
　胴体は細長く、すみかであり狩り場でもある岩や石がごろごろした場所を這うのに適している。

山間の生息地
　シロハナキングヘビが活動するのはおもに日中だが、岩がごろごろした山腹のがれ場や堆石にひっそりと生息しているので、見通しのよい場所ではまず見かけない。冬の数カ月間、生息地は雪で覆われることも多い。

白色の吻
　吻が白いことで、山地に生息するほかのキングヘビと区別できる。

ヤマキングヘビ

　ヤマキングヘビ*Lampropeltis zonata*の生息場所はシロハナキングヘビと似ているが、分布域はずっと西に偏っている。大西洋のメキシコ沿岸沖に位置する岩のごつごつした小島には、赤い環帯をもたない珍しい隔離個体群がいる。
　一般の個体群は鮮紅色をしているものが多く、吻が黒い。長い冬眠期間の終わった春に交尾する。冬眠の間、山間の生息地には1メートル以上の雪が積もることもある。

交尾するヤマキングヘビ

ナミヘビ科

ミルクヘビ

ミルクヘビは変異の大きい種で、現在28の亜種に分けられている。北はカナダから南はエクアドルまで広く分布し、森林から山岳まで、あるいは多雨林から荒れ地までさまざまな場所に生息するが、極度に乾燥した地域にはいない。脅威を感じると突然すばやく動くので、カラフルな帯模様が捕食者を驚かせる。生息地によっては有毒のサンゴヘビ（次ページ）と間違われやすい。

広いくびの帯
黒い吻と幅の広い白色の帯模様がプエーブラミルクヘビの特徴である。

おもな特徴

胴体は円筒形で細く、鱗はなめらかで光沢がある。頭部の幅は狭く、くびよりもわずかに広い程度である。ほとんどの型には胴回りに赤色、白色、黒色の帯模様がある。この帯模様は、どの色もほぼ同じ幅のこともあれば、赤い帯が一番幅広いこともある。帯模様が中途で途切れ、鞍形となっている型も少数ある。孵化したばかりの幼体は特に体色が鮮やかだが、加齢につれてわずかに色がくすみ、鱗の小さな黒ずんだ部分が広がっていく。

ちらつく体色
すばやく動くと赤、白、黒の帯模様がちらついて見えるので、姿を目で追いにくく、捕食者を混乱させる。

シナロアミルクヘビ
メキシコ北西部産のシナロアミルクヘビの斑紋は、ほかのほとんどの型とは違って赤帯の幅が極端に広く、黒－白－黒の帯が狭い。同じミルクヘビの亜種であるプエーブラミルクヘビよりも胴体が細く、全長もやや短い。

産卵
ミルクヘビは春から初夏にかけて6〜15個の卵を産む。全長は20〜30センチメートルの幼体がおよそ10週後に孵化する。

擬態

ミルクヘビの分布域は、コブラ科に属する有毒のサンゴヘビ数種の分布域と重なる。ミルクヘビはサンゴヘビの斑紋と行動をまねることによって、捕食者の攻撃をある程度防いでいると考えられている。だが、ミルクヘビとサンゴヘビの斑紋の類似は、動物が体色の派手な動物に対して生来もつ恐怖心に由来すると考える専門家もいる。つまり、もともと動物は鮮やかな体色を危険の標識としてとらえているというのである。

サンゴヘビ

プエーブラミルクヘビ
ミルクヘビとしては、最大かつもっとも斑紋がはっきりとした亜種のひとつで、白色の帯が広く、くびの白帯は特に目を引く。太い胴体を生かして食物を十分に貯え、メキシコ中南部の山地の長い冬を生き延びるのだろう。

データ

種：ミルクヘビ
　　Lampropeltis triangulum
科：ナミヘビ科
生息場所：沼地から荒野までさまざま。
繁殖：卵生。最高15個の卵を産む。
採食：爬虫類、小型哺乳類。
分布：北アメリカ、中央アメリカ、南アメリカの一部。

成体の平均全長

0 cm　　50 cm　　1 m　　1.5 m

ナミヘビ科

ナンブミズベヘビ

ナンブミズベヘビは北アメリカ南東部の沼地、湖畔、河川、湿地帯に生息している。魚や両生類を餌とし、木の枝や川岸で日光浴をする。気性は一般に荒く、身を守るためには激しく咬みついてくる。無害なヘビであるにもかかわらず、生息場所が重なる有毒のヌママムシと間違われて殺されることがある。いくつかの亜種がある。

おもな特徴

ナンブミズベヘビの頭部は細く、ときどき間違われる有毒のヌママムシとは異なっている（ヌママムシの頭部は幅が広く三角形）。体型もヌママムシと違って細いが、雌は特に妊娠している場合、胴体が非常に太くなることがある。胴体には一般に帯状の斑紋があるが、帯の幅と色は個体により変異がある。

ナンブミズベヘビ
写真はミシシッピ川の全流域にわたって分布している亜種で、幅の広い帯模様に特徴がある。泥で濁った水から上がったばかりのときなどは、帯模様がわかりにくいかもしれない。

交尾ボール
ミズベヘビの仲間は、1頭の雌に数頭の雄が交尾しようとして交尾ボールをつくることがある。このような繁殖システムをもつヘビは、雄が雌より明らかに小さいことが多い。雄は配偶者を得るために闘争する必要がないからである。雌は交尾の約3、4カ月後に幼体を産む。

キールのある鱗
鱗にはキールがあり、水中での推進力を高めているらしい。

カムフラージュ
水辺の泥や植物にじっと潜んでいると、不規則な斑点模様によって体の輪郭が隠れてしまう。

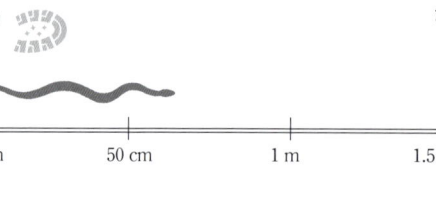

成体の平均全長

0 cm　　50 cm　　1 m　　1.5 m

ナンブミズベヘビ

データ

- 種：ナンブミズベヘビ
  Nerodia fasciata
- 科：ナミヘビ科
- 生息場所：池、湖、沼地、小川など、あらゆる種類の淡水の生息地。
- 繁殖：胎生。10～20頭（まれに50頭以上）の幼体を産む。
- 採食：魚類、両生類。
- 分布：北アメリカ南東部。

扁平な胴体
尾に近づくにつれてわずかに扁平となる胴の形は、泳ぐのに適している。

切り傷・擦り傷
皮膚のちょっとした傷は、脱皮の際に修復される。

危機に瀕する生息地

　フロリダ南部では、ナンブミズベヘビは、ヌマスギの茂る沼地に好んで生息する。
　ところが、人口の急速な拡大で水の需要が増えたため、沼地の水位が徐々に下がっている。
　その結果、沼地の植物と野生動物が現在絶滅の危機にさらされている。

フロリダ南部、ヌマスギの群生する沼地

ナミヘビ科

パインヘビ

パインヘビは体が大きくて力が強いヘビで、獲物を絞め殺して餌とする。敵を威嚇する際には口をかっと開き、大きな噴気音を発して激しく襲いかかる。分布域の大半を占める砂地では穴を掘るのがうまく、餌動物を地中で探すことも多い。ラットやマウスを大量に食べるため、家のまわりにいてくれるとありがたい。ときどき鳥やその卵を捕ることもあるが、残念ながらニワトリの卵もその例外ではない。

前額板
ヘビの前額板の数は2枚が普通だが、パインヘビには4枚ある。

おもな特徴

亜種によりさまざまな斑紋がある。白色の地に黒や茶色の斑点があるものや、ベージュで模様のないもの、あるいはその中間の体色をもつものもいる。クロパインヘビという型は黒1色である。吻端が鋭くとがっている点と鱗に強いキールがある点は、いずれの亜種にも共通する。成体の場合、ほとんどの分布域内で、その大きな体で簡単に見分けられる。

キタパインヘビ
分布域の北部に生息するこの亜種は、白色やアイボリーの地に暗色の大きな斑紋があり、ほかの型よりも模様が大きい。パインヘビ一般にいえることだが、体色は体の前部でもっとも濃くなる。

成体の平均全長

0 cm　　50 cm　　1 m　　1.5 m

鱗の細かい頭部
頭頂部の鱗の数はほとんどのナミヘビ科のヘビよりも多く、前額板（両眼の間にある大きな額板のすぐ前にある鱗）が4枚ある。眼も大きいが、これはおもに日中活動するヘビの特徴である。

パインヘビ

キールのある鱗
体鱗には発達したキールがある。

カムフラージュ
体色は白みを帯びている色で、淡色の砂地では捕食者に見つかりにくい。

松樹林の生息地
名前のパイン（松）からわかるように、パインヘビは松樹林をもっとも好むが、一方で野原や人家の周辺、岩山の尾根にも生息する。何よりもまずトンネルを掘れる柔らかな砂地があることが、生息地の条件である。

ゴファーヘビとブルスネーク

パインヘビ属Pituophisにはほかにゴファーヘビ、ブルスネークが属している。アメリカ合衆国西側に分布しているが、生態などはパインヘビと似ており、かつては同じ種に分類されていた。生息地はさまざまで、プレーリーから乾燥した山の斜面、半乾燥地帯、さらには砂漠にもいる。耕作地や灌漑農地の周辺でよく見かけるが、目当ては大量にいる齧歯類だろう。パインヘビ同様、よくネズミを捕るため、人間に益をもたらしている。

データ
- 種：パインヘビ
  Pituophis melanoleucus
- 科：ナミヘビ科
- 生息場所：松樹林、草原、農場。
- 繁殖：卵生。最高10個の卵を産む。
- 採食：小型哺乳類。
- 分布：北アメリカ東部・南東部。

サンディエゴゴファーヘビ

ナミヘビ科

セイブシシバナヘビ

セイブシシバナヘビははったりの名人だ。敵に出くわすと、まず胴体をふくらませて大きな噴気音を発する。もしこの作戦が失敗に終わると、ひっくり返って死んだふりをする。人間に危害を及ぼすことは絶対になく、プレーリーや森林でカエルやヒキガエルを探して暮らしている。腐りかけた動物の死骸を食べる習性がある数少ないヘビのひとつである。

おもな特徴

シシバナヘビ属には3種があり、形態、行動の特徴はいずれも似かよっている。セイブシシバナヘビの胴体は短く、がっちりとしている。鱗は粗く、背には斑点があり、はっきりと反り返った吻をもつ。体色は一般に茶色だが、うっすらと緑色や赤みを帯びる個体もいる。また、型によっては背の斑紋の形がぼやけている。

ずんぐりした頭部
シシバナヘビの頭部は幅が広くずんぐりしている。両眼を横切るように横縞が走る。この横縞が頭部の輪郭をぼやかすため、捕食者に発見されにくい。

吻端板
先のとがったシャベル状の吻端板を使って、好物のヒキガエルをほじくり出す。

データ

- 種：セイブシシバナヘビ *Heterodon nasicus*
- 科：ナミヘビ科
- 生息場所：乾燥したプレーリーの砂地、砂地の低木林、農場。
- 繁殖：卵生。最高20個の卵を産む。
- 採食：両生類、トカゲ、小型鳥類、小型哺乳類。
- 分布：北アメリカ。

成体の平均全長
0 cm — 25 cm — 50 cm

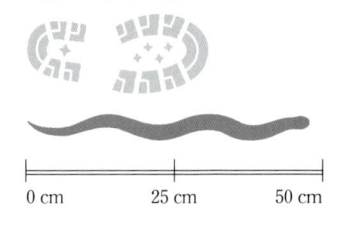

セイブシシバナヘビ

主食

どのシシバナヘビも小型哺乳類よりもヒキガエルを好む。おもに昼間活動し、穴を掘るのが巧みで、地中に隠れている獲物を見つけると手あたりしだいにほじくり出す。ヒキガエルは頭部や背中のいぼ状の毒腺から毒液を分泌するが、シシバナヘビはこの毒に免疫をもっているらしい。ヒキガエルは体をふくらませて抵抗するため、シシバナヘビは飲み込むために口をいっぱいに開かなくてはならない。

ヒキガエルを飲みこむトウブシシバナヘビ

セイブシシバナヘビ
この型の背には輪郭のはっきりした斑点が並び、脇腹では小さな斑点に変わる。斑点の色は一般に茶色だが、オリーブ色や赤みがかった色をしている個体もいる。ほかの型の斑点はこの型ほどくっきりしていない。

粗い鱗
シシバナヘビの鱗には発達したキールがあり、穴を掘る際にしっかりした支えを提供する。

セイブシシバナヘビの体色
セイブシシバナヘビの体色は、トウブシシバナヘビよりも明るい。

短い尾
トンネルを掘るヘビによく見られるように、尾は短い。

孵化
幼体は産卵のおよそ2カ月後に孵化する。すぐに脱皮して餌を探す。獲物はカエルやヒキガエルの幼体、トカゲである。

ナミヘビ科

ヒョウモンナメラ

　この小型のナメラは、ヨーロッパに生息するヘビのうちでももっとも美しいもののひとつだろう。岩場や乾燥した石壁に生息し、農地や人家の周辺でネズミを探すことも少なくない。おもに夜活動するため、生息数の多い場所でも見つかることがめったにない。体色は明るいが、斑紋は個体によりかなりの変異がある。人間に益をもたらしてくれるヘビだが、クサリヘビと間違われていたずらに命を奪われている。

おもな特徴

ほっそりとして気品がある。体色はクリーム色や明るい灰色、あるいは黄みがかった色で、黒できれいに縁取られた暗赤色や赤茶色の斑紋がある。斑紋の配列には原産地によっていくつかのパターンがある。頭部に独特のくっきりした模様がある。

成体の平均全長

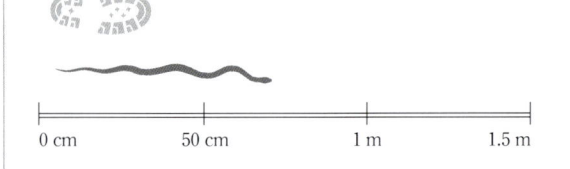

0 cm　50 cm　1 m　1.5 m

ヒョウモンナメラ
斑点模様をもつ型がもっとも一般的で、分布域全体に生息している。斑点は胴体のところどころで中央がくぼみ、小さなダンベルのような形になっている。斑点が割れて2列に並んでいる個体もいる。

幅の狭い頭部
頭部が細いため、食べられる餌動物の大きさは限られる。

大きな眼
眼は大きく、オレンジ色の虹彩と円形の瞳孔がある。眼から放射状に広がった暗色の縞のおかげで、眼の輪郭がとらえにくい。

頭部の模様
頭部は明るい色をしており、両眼の間にくっきりした黒い帯がある。また、両眼の上方から顎角にかけて黒い縞が走る。頭部を覆う鱗は大きい。

ヒョウモンナメラ

データ

種：ヒョウモンナメラ *Elaphe situla*
科：ナミヘビ科
生息場所：岩の多い丘陵の中腹や崖、疎林、農地。
繁殖：卵生。最高6個の卵を産む。
採食：小型哺乳類。
分布：南ヨーロッパ、西アジア。

ストライプ型
いくつかの分布域の個体には斑点がなく、かわりに赤みがかったストライプが平行に並んでいる。ストライプはすっきりとしていることもあるが、ふつうは少しぎざぎざで、ところどころで互いに接している。

円筒形の胴体
胴体はほぼ円筒形だが、腹面はやや平たい。

なめらかな鱗
鱗はなめらかである。

97

ナミヘビ科

インディゴヘビ

インディゴヘビは体の大きい見事なヘビで、アメリカ大陸に分布するクリボー*Dymarchon corais*のさまざまな亜種のひとつである。フロリダやテキサスの乾燥した砂地に生息する。体は大きいものの人間に危害を及ぼすことはなく、けっして咬んだりしないが、驚くと噴気音を発してくびを平らに広げる。同じ種に属する中央・南アメリカのヘビは、体色が漆黒ではなく茶色で、生息環境がより広く、気性が荒い傾向がある。日中に活動し、警戒心が強く動きがすばやい。餌動物は魚から鳥の卵まで幅広く、ヘビも食べるが、毒ヘビもその例外ではない。

おもな特徴

フロリダの亜種はつややかな黒色で、下顎は暗赤色やピンクやクリーム色をしている。マツの生えた丘など、小高い乾燥した土地に生息している。テキサス型では体の前半分が茶色である。中央・南アメリカに分布する亜種は、全身が茶色や黄褐色、黄みがかった茶色で、暗色の不規則な横縞模様がある。いずれの亜種も、大きな体、輝きのある大きな鱗、三角形に近い胴の断面を特徴とする。

森林のカムフラージュ
中央アメリカを原産とする型は、現地ではクリボーという呼び名で知られている。生息地である熱帯の林床に潜んでいると、体色によって巧みにカムフラージュされる。

データ
- 種：クリボー *Drymarchon corais*
- 科：ナミヘビ科
- 生息場所：開拓地、松樹林、熱帯の乾燥林。
- 繁殖：卵生。最高12個の卵を産む。
- 採食：魚類、両生類、爬虫類、鳥類、卵、小型哺乳類など広い範囲にわたる。
- 分布：北・中央・南アメリカ。

暗い体色
フロリダインディゴヘビは鱗が黒色で、熱を効率よく吸収できる。

インディゴヘビ
北アメリカ最大のヘビで、2メートルを超える個体も少なくない。まれに2.5メートル以上の個体も記録されている。

成体の平均全長
0 cm ─ 1 m ─ 2 m

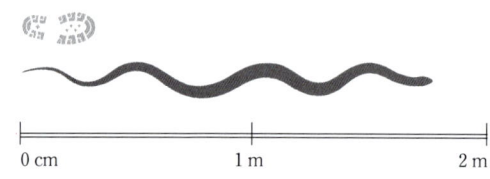

明るい下顎
下顎は暗赤色やクリーム色、ピンク色で、漆黒の胴体とのコントラストが鮮やかだ。

光沢のある鱗
非常につややかで大きな鱗は、このヘビの特徴である。

ナミヘビ科

チェッカーガーター

チェッカーガーターは、ガーターヘビとしてはもっとも適応能力の高い種のひとつである。水場から遠く離れては生きていけないが、雨季に河床となる場所や灌漑用水路のそばにすむことによって、その分布域を砂漠や半乾燥地域にまで広げている。昼行性のヘビだが、乾燥地では日中の高温を避けて夜行性となることもある。乾燥地ではまた、巣穴にいる齧歯類を食べることで、魚と両生類への依存度を下げている。

データ

- 種：チェッカーガーター *Thamnophis marcianus*
- 科：ナミヘビ科
- 生息場所：池、小川、河川、用水路。それらは乾燥地の希少な水場である場合も多い。
- 繁殖：胎生。6〜18頭の幼体を産む。
- 採食：魚類、カエル、ヒキガエル、オタマジャクシ、トカゲ、小型哺乳類。
- 分布：北・中央アメリカ。

おもな特徴

背の中央をクリーム色のストライプが走り、その両側に四角い斑点がくっきりと並ぶ。このような斑紋のガーターヘビはほかにいない。頭部のすぐ後ろにある暗色の襟状斑紋も独特である。頭部の色は単色だが、頭頂に白っぽい小さな斑点がある。ガーターヘビの仲間はいずれも胴体が細く、鱗に強いキールがあるが、チェッカーガーターもその例にもれない。ただし胴体は、ガーターヘビにしては太い。

チェッカーガーター
チェッカー盤のような斑紋は、その名前にふさわしい。ほかのガーターヘビは、はっきりとしたストライプをもつ。

頭部の鱗
プレート状の大きな鱗が頭部を覆う。頭頂部に小さな斑点がある。

プレーンズガーター

プレーンズガーターの分布域は、チェッカーガーターのはるか北にある。縞模様があるガーターヘビは数種類いるが、プレーンズガーターでは独特の鮮やかなオレンジ色のストライプが背中線を走っているので、見分けるのはやさしい。チェッカーガーター以上に水を必要とするので、川の流れる谷間や池のほとりにしか見られない。

縞模様のあるガーターヘビ

チェッカーガーター

先細の吻
吻は長く、先端に向かって細くなる。これはすべてのガーターヘビに共通する特徴である。

大きな眼
眼は大きく、瞳孔は円形である。チェッカーガーターは日中に獲物を追う。

頭部の色
頭頂の色は例外なく薄い。暗色の縞が眼から放射状に広がり、色の薄い唇板の縁に沿って流れている個体が多い。

細い尾
尾は長くて細い。この写真のヘビは尾の基部付近が太いため雄とわかる。雌の場合はこれよりも細い。

成体の平均全長

0 cm　　　50 cm　　　1 m　　　1.5 m

ナミヘビ科

サンフランシスコガーター

サンフランシスコガーターはコモンガーターの1亜種である。コモンガーターは北アメリカ全域に広く分布し、体色の違いによりいくつかの型と亜種がある。その多くはべつに珍しいヘビではないが、サンフランシスコガーターに限っては深刻な絶滅の危機にさらされている。すでに生息地のほとんどが破壊され、残された場所も地域開発の拡大と地下水の汲み上げによって危機が迫っているためである。

おもな特徴

黄縁がかったストライプが背部中央を流れ、その両脇を広い赤色のストライプが2本走る。ストライプ同士の間は黒い。この斑紋のおかげで、ガーターヘビとしてはもっとも識別しやすい種となっている。頭頂部も赤い。細い体形とキールの強い鱗によって、同じ地域に分布するストライプをもつほかのヘビと区別できる。

幅の狭い頭部
ほかのガーターヘビ類と同様に頭部は細くびよりもわずかに幅が広がっている。吻端は幅が広い。

大きな眼
眼は大きく、視力はよい。日中に餌動物を追うことが多い。

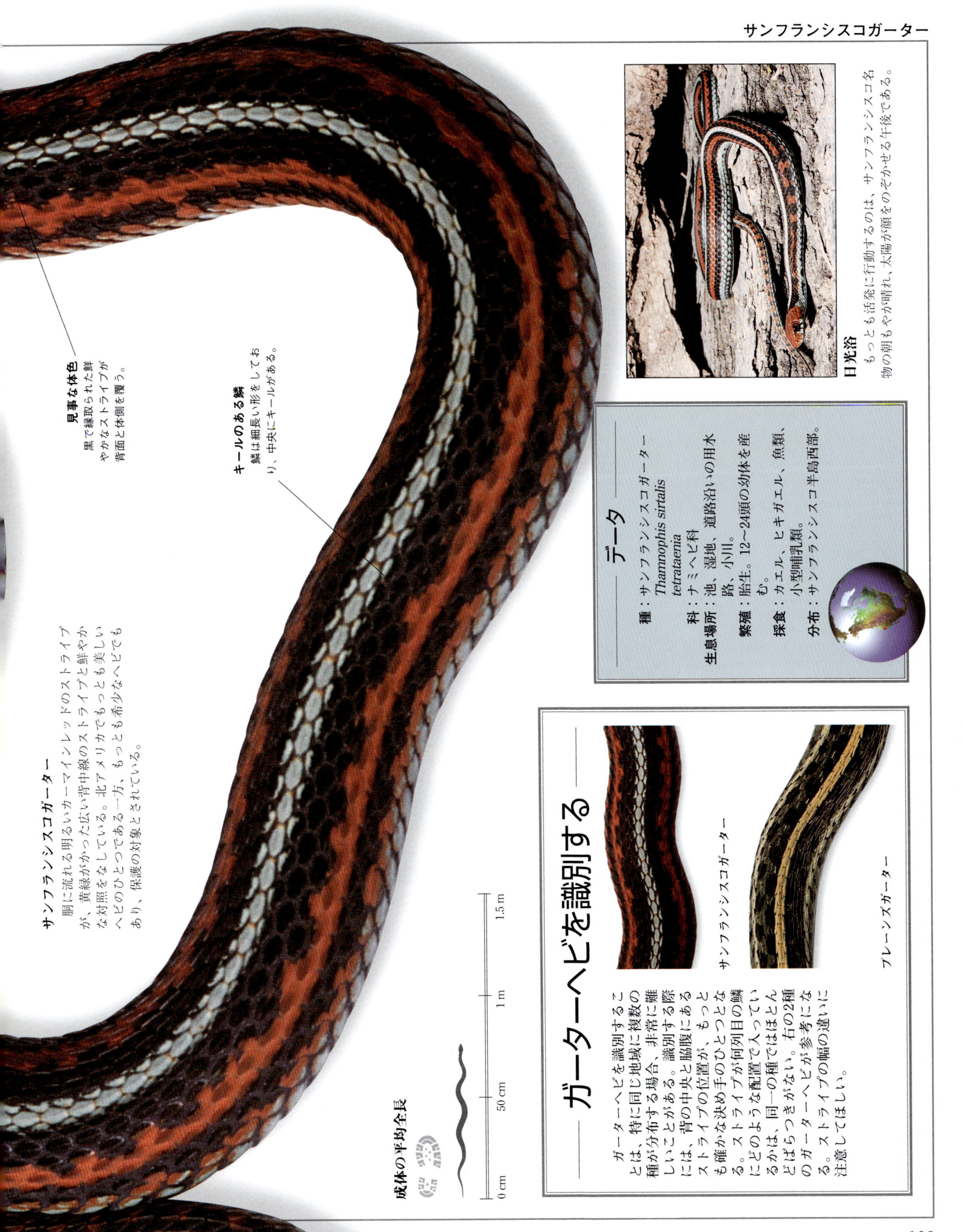

サンフランシスコガーター

見事な体色
黒で縁取られた鮮やかなストライプが背面と体側を覆う。

キールのある鱗
鱗は細長い形をしており、中央にキールがある。

サンフランシスコガーター
胴に流れる明るいカーマインレッドのストライプが、黄緑がかった広い背中線のストライプと鮮やかな対照をなしている。北アメリカでもっとも美しいへびのひとつであるが、もっとも希少なへびでもあり、保護の対象とされている。

日光浴
もっとも活発に行動するのは、サンフランシスコ名物の朝もやが晴れ、太陽が顔をのぞかせる午後である。

データ
- 種：サンフランシスコガーター *Thamnophis sirtalis tetrataenia*
- 科：ナミヘビ科
- 生息場所：池、湿地、道路沿いの用水路、小川。
- 繁殖：胎生。12〜24頭の幼体を産む。
- 採食：カエル、ヒキガエル、魚類、小型哺乳類。
- 分布：サンフランシスコ半島西部。

ガーターへびを識別する

ガーターへびを識別することは、特に同じ地域に複数の種が分布する場合、非常に難しいことがある。識別する際には、背の中央と脇腹にあるストライプの位置が、もっとも確かな決め手のひとつとなる。ストライプが何列目の鱗にどのような配置で入っているかは、同一の種ではほとんどばらつきがない。右の2種のガーターへびを参考に、ストライプの幅の違いに注意してほしい。

サンフランシスコガーター

プレーンズガーター

成体の平均全長
0 cm — 50 cm — 1 m — 1.5 m

ナミヘビ科

チャイロイエヘビ

優美で気品があるチャイロイエヘビは、さまざまな場所に生息している。町の近郊や農場の家屋にもいるが、齧歯類の数を減らしてくれるので、嫌われていない。小さな巣穴やすきまに入り込めるため、齧歯類にとっては恐るべき捕食者となっている。分布域は広い範囲にわたるが、砂漠ではオアシスの周辺にのみ生息する。

チャイロイエヘビ
体鱗は非常になめらかで、ここから *Lamprophis*（「輝くヘビ」という意味の学名）と命名された。細くしなやかな胴体を生かして小さなすきまに潜り込み、巧みに獲物を捕らえる。チャイロイエヘビは、イエヘビ属14種のうちでもっとも分布域が広く、個体数も多い。

おもな特徴

体色は一般に赤茶色だが、暗褐色や暗いオリーブ色、黒1色の場合もあり、ごくまれにオレンジ色の個体もいる。眼を横切り、ときにくびにまで達するクリーム色の2本のストライプが、このヘビを見分ける決め手となる。幼体の脇腹にはかすかな斑点がある。この斑点は成熟した個体にも残っていることがある。

飛び出た眼
突起した眼と縦長の瞳孔から、夜行性のハンターとわかる。

成体の平均全長
0 cm　　50 cm　　1 m　　1.5 m

食餌の習性
狩りの達人で、かなり大きな餌動物も捕まえてしまう。のどの皮膚は極めて柔軟で、口を大きく開けることができる。獲物が大きいと消化に4日以上かかることもある。消化がすんだ後は、すでに次の獲物を捕らえる用意ができている。

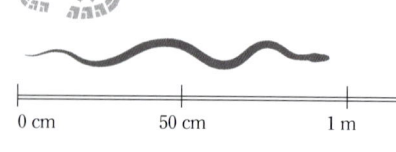

データ
- 種：チャイロイエヘビ *Lamprophis fuliginosus*
- 科：ナミヘビ科
- 生息場所：低木林、草原、岩場。
- 繁殖：卵生。最高15個の卵を産む。
- 採食：コウモリを含む小型哺乳類。
- 分布：サハラ以南のアフリカ、モロッコ西部。

チャイロイエヘビ

体側の薄い体色
脇腹の色は下へいくほど薄くなり、下部では白っぽいクリーム色となる。

なめらかな鱗
なめらかな体鱗は、つやというよりもむしろ絹のような質感がある。

強靭な筋肉
たくましい筋肉で獲物を締めつける。パワーは、同じ大きさのボアやニシキヘビに優るとも劣らない。

砂漠型
南アフリカのナマカランド砂漠を原産とするチャイロイエヘビは、一般に体色が薄く眼が大きい。吻から発した鮮やかな縞が、眼を横切って顎の上の側頭部を流れる。*Lamprophis fuliginosus mentalis*として独立の亜種に分類されることもある。

ナミヘビ科

ホソツラナメラ

細長いホソツラナメラは、東南アジアの多雨林をすみかとしている。ほとんどの時間を樹上ややぶの中や森林の下生えで過ごし、巧みにカムフラージュしている。日中に活動し、すばやくて締めつける力が強いヘビで、鳥、樹上生の哺乳類、トカゲを獲物とする。人間に害をなすことはないが気性は荒く、身を守るためならいつでも咬みついてくる。

ホソツラナメラ
細長い胴体、なめらかな鱗、長い尾といった特徴を生かして、低木の茂みを機敏に動きまわる。英名はRed-tailed Racer（尾の赤いレーサー）だが、赤い尾をもつ個体はいない。

おもな特徴

体色はふつうは鮮やかな緑色だが、茶色や灰色、赤茶色の個体もいる。唇板はほかの部分よりも色が薄くて、黄色や黄緑色であることが多い。尾の色は胴体とははっきりと異なり、茶色や灰色、さび色、オレンジ色をしている。

優れた視力
大きな眼で、日中に鳥、哺乳類、トカゲを追う。

側扁形の胴体
細い胴体は断面が横から押しつぶされたような形をしている。この形のおかげで体をしっかりと伸ばすことができる。

データ
- 種：ホソツラナメラ
  Gonyosoma oxycephala
- 科：ナミヘビ科
- 生息場所：多雨林の原始林・二次林、マングローブ湿地、農園。
- 繁殖：卵生。5〜12個の卵を産む。
- 採食：トカゲ、鳥類、小型哺乳類。特にコウモリを好む。
- 分布：東南アジア。

成体の平均全長

0 cm　　1 m　　2 m　　3 m

ベニナメラ

アジアに分布するキノボリナメラ属*Gonyosoma*、ナメラ属*Elaphe*にはRacerという英名のつくヘビが数種いる。ベニナメラ*Elaphe porphyracea*（英名：Red Mountain Racer）もそのひとつで、ホソツラナメラ（英名：Red-Tailed Racer）が生息している地域の山地を原産とする。ただし、ベニナメラの方は完全に地上生なので、この2種に種間競争が起きることはまずない。ナメラ属に分類されるヘビはネズミヘビ（ratsnake）やRacerと呼ばれ、世界各地に分布している。

枯葉にカムフラージュするベニナメラの成体

なめらかな鱗
体鱗はなめらかで光沢があり、縁が黒いため1枚1枚がはっきりとわかる。

防御姿勢
脅威を感じると、頭、くび、上体を地面からもたげ、のどを背腹に広げる。これは体を大きく見せて敵を威嚇するための姿勢である。

ストライプ
眼を横切る暗色のストライプが、暗緑色の部分と明るい色の唇板を分けている。

青い舌
アジアには青い舌をもつヘビが数種いて、互いに近い関係にあるが、ホソツラナメラもそうした種のひとつだ。数秒間舌を出したままでいることがしばしばあるが、その理由はわかっていない。

ナミヘビ科

マングローブヘビ

鮮やかな体色をもつマングローブヘビは、マングローブをはじめとする水辺の高木、低木に生息している。後牙類で、両眼の下あたりに長い毒牙があり、身を守るためには躊躇なく咬みついてくる。咬まれると多少の痛みや不快感はあるが、毒は強くないので重症となることはまずない。

データ
- 種：マングローブヘビ *Boiga dendrophila*
- 科：ナミヘビ科
- 生息場所：多雨林の低地、マングローブ湿地。
- 繁殖：卵生。4〜15個の卵を産む。
- 採食：爬虫類、鳥類、小型哺乳類。
- 分布：東南アジア。

おもな特徴

光り輝く鱗と独特の体色のため、ほかのヘビと間違えることはまずない。東南アジア産のヘビでこのヘビと似ているのはマルオアマガサだけだが、こちらは黄色の帯が広く、胴体の断面が三角形で、木にはほとんどのぼらない。

成体の平均全長

0 cm　　1 m　　2 m　　3 m

スペード型の頭部
頭部はスペード型で幅が広く、細いくびとの境目ははっきりしている。頭頂部にはまったく模様がない。

光沢のある鱗
体鱗は大きく、1枚1枚がはっきりわかり、なめらかで輝きが強い。

マングローブヘビ
細長い体のおかげで、樹上高くにある細い小枝に巻きつくことができる。派手な斑紋は、木洩れ日のさす森林で身を隠すのに役立つが、毒があることを警告しているとも考えられる。

威嚇姿勢
干渉されると唇部を突き出し、鮮やかな黄色と黒の鱗を見せる。口を大きく開いて敵を威嚇することもある。

ミドリオオガシラ

高 木や低木をすみかとするミドリオオガシラは、緑色で動きがゆったりとしているため、つる植物や匍匐植物と見分けがつきにくい。防御の中心は威嚇で、大きく口を開いて黒い口腔を見せつける。後牙類だが毒はあまり強くなく、人間に害を及ぼすことはない。

データ

- 種：ミドリオオガシラ *Boiga cyanea*
- 科：ナミヘビ科
- 生息場所：森林。特に水辺。
- 繁殖：卵生。産卵数は10個に満たない。
- 採食：カエル、爬虫類、小型鳥類、小型哺乳類。
- 分布：東南アジア。

おもな特徴

緑色の鮮やかな体色と細い胴体により、ほとんどのヘビと区別できる。胴体は横よりも縦に厚みがあり、断面は三角形に近く、背中線が隆起している。頭部はくびに比べて非常に幅が広い。背の中央に極めて大きな鱗が並んでいる点が珍しい。分布域と生息場所が重なるアオハブと間違われることがあるが、こちらは体形がもっと太く、頭部は厚みがあって細かな鱗で覆われている。

ミドリオオガシラ

オオガシラの仲間で鮮やかな緑色をしているのはこの種だけだが、体形や生息場所はほかのオオガシラの仲間とほぼ共通している。縦長の瞳孔がある大きな眼が特徴で、Cat-eyed Snake（猫眼蛇）という英名はこれに由来する。英名にはcat snake（猫蛇）という異名もある。

成体の平均全長

0 cm — 50 cm — 1 m — 1.5 m

突起した眼
眼が大きく吻が細いため、前方への視力はよい。

背の中央の鱗
非常に大きな体鱗が、背中線の隆起を覆うように並んでいる。

細い胴体
胴体は細長く、横から押しつぶした形をしている。縦に細いこの体形のおかげで、枝の間の広いすきまに体を渡すことができる。

幅の広い頭部
頭部は洋ナシ型で、細いくびに比べてはるかに幅が広い。頭頂の鱗は大きく、1枚1枚の縁がはっきりしている。

ぎょろりとした眼
巨大な眼と縦長の瞳孔から、すぐに夜行性とわかる。

ブームスラング

ブームスラングは獲物とするカメレオン、鳥、などの小動物を日中に追う。カムフラージュを生かして、攻撃できる距離までそっとしのび寄り、不意に襲いかかって獲物をさらう。両眼の下にある毒牙から毒液を注入してとどめを刺す。人間を殺せる数少ないナミヘビのひとつだが、咬みつくのは追いつめられたときに限られる。

おもな特徴

樹上にすむ性質と細長い体形が識別のための手がかりとなるが、ほかのヘビと区別しにくい場合もある。幼体の体色は灰色がかった茶色で、雌は一般にオリーブブラウン1色である。これに対し、雄は全身が茶色か黒色1色、あるいは明るい緑色や赤みがかった色、さらには青みがかった緑色の個体まであり、鱗に暗色の縁取りがある場合が多い。頭部に対する眼の大きさの割合は、おそらくどのヘビよりも大きいだろう。

先のとがった頭部

巨大な眼（幼体では緑色）と鋭くとがった吻が、頭部でもっとも目につく特徴である。鱗は1枚1枚がはっきりわかり、高齢の個体では縁どりが黒いこともある。

大きな眼

眼は並外れて大きく、瞳孔は涙滴形に近い。

腹板

後端が固定されていない広い腹板で、でこぼこの樹皮や枝をがっちりとつかんで前進する。

ブームスランガ

細長い体形と大きな眼は、ブームスランガの生活様式と密接な関係がある。このヘビは樹木や潅木に生息し、枝をすべるように渡りながら好物のトカゲを探す。「ブームスランガ」とはアフリカーンス語で「木の上のヘビ」という意味である。

幼体

幼体は灰色っぽい体色をしている。頭部は胴体よりも色が濃く、下唇は白色、のどは黄色をしている。この体色は、生まれてから約1年後、全長が1メートルほどになるまで変化しない。

とがった吻端 — 吻端が細くとがっているため、眼の前にある対象がよく見える。

両眼視 — 眼は前方に位置し、瞳孔は横にわずかに伸びた形をしている。こうした特徴により、両眼でひとつの対象をとらえて正確に距離を測ることができる。

大好物

ブームスランガの獲物はカメレオンがもっとも多い。ブームスランガの分布域に多数生息するカメレオンは、見つかっても逃げ足が遅い。ブームスランガは獲物をがっちりとくわえて牙を深く突き刺し、上顎後部にある長い毒牙から毒液を傷口に送り込む。獲物が静かになるまで放さず、息の根が止まるまで咬みつづけるように何度も咬むことがある。

データ

- **種**：ブームスランガ *Dispholidus typus*
- **科**：ナミヘビ科
- **生息場所**：低木の疎林、まばらに樹木の生えた草原。
- **繁殖**：卵生。最高25個の卵を産む。
- **採食**：トカゲ、小型鳥類。
- **分布**：アフリカ南部。

成体の平均全長

0 cm — 50 cm — 1 m — 1.5 m

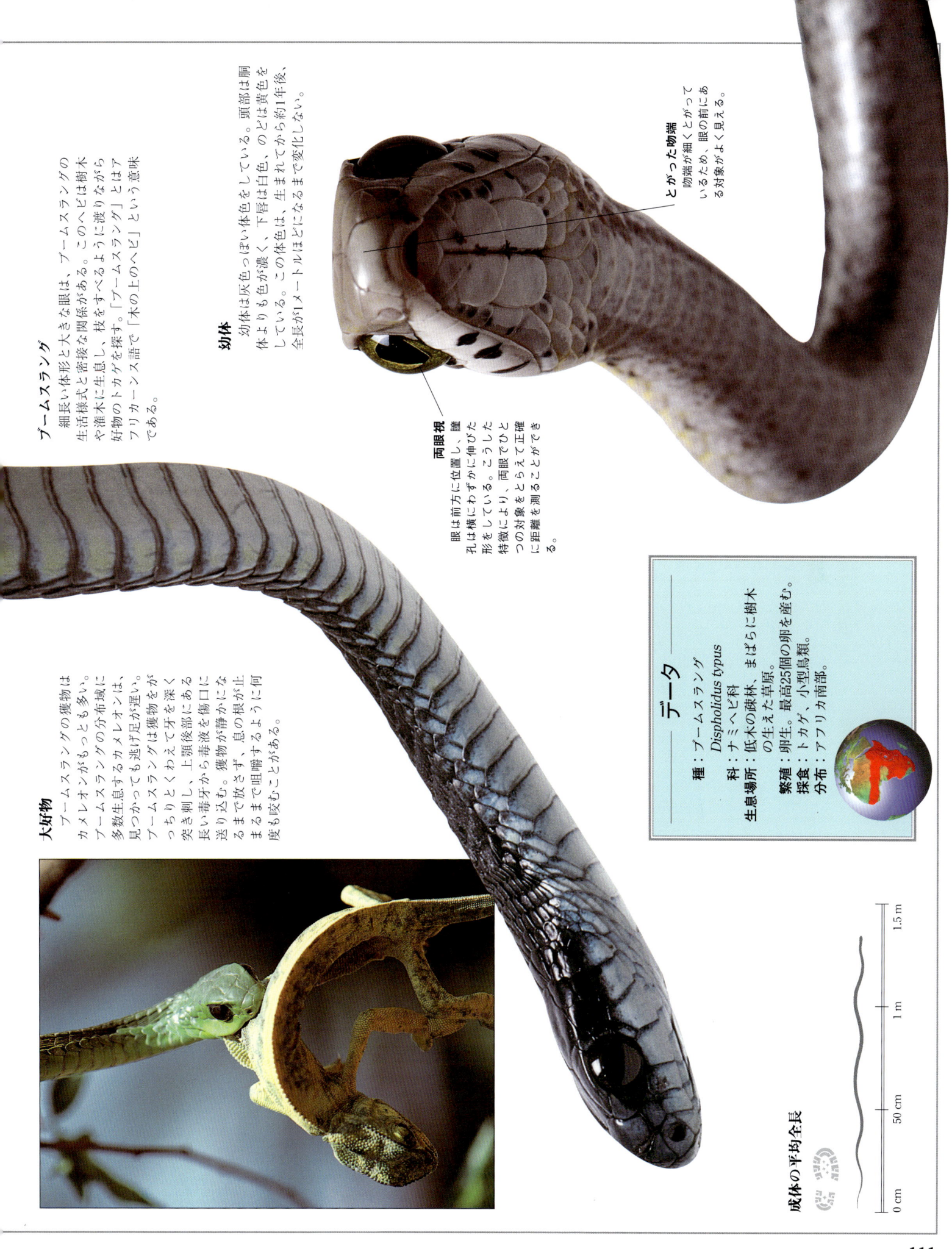

コブラ科

アカドクフキコブラ

アフリカ北東部の乾燥した草原や低木林に生息する小型のコブラで、ほかのコブラと違って体色が美しい。身を守る際には、敵との距離を保ち、毒牙の前面にある小さな開口部から高圧で毒液を噴出する。この毒液が人間の目に入ると大変痛い。獲物を捕らえるときは、咬みついて毒液を注入する。追いつめられたときにはやはり咬みついて身を守るが、たとえ咬まれてもふつうはすぐに回復する。

アカドクフキコブラ
写真の個体は体色が深い赤色をしているが、これは成熟した個体である。幼体の体色はもっと鮮やかな赤色で、成長につれて深みを増していく。鱗は脱皮の直前にも鈍い色になる。

おもな特徴

胴体は細く、体鱗はなめらかで光沢がある。フードの幅は狭く、洋ナシ型の広いフードをもつアジアのコブラとは異なる。体色は赤色や赤茶色が多いが、オリーブ色や灰色の個体もいる。のどには暗色の広い帯模様があり、上体をもたげるとそれがはっきりと見える。フードを広げるのは脅威を感じたときに限られる。

先細の頭部
両眼の位置は、頭部で最も幅が広い部分の前にある。頭部は吻端に向かって急に細くなっているため、前方の視界はよい。

毒腺
毒腺は両眼の後方下部、頰の下にある。

幅の狭いフード
フードは危険を感じたときにしか開かない。

暗色の帯模様
危険を感じると頭部を持ち上げ、のどにある暗色の鱗を見せる。

成体の平均全長

0 cm　50 cm　1 m　1.5 m

アカドクフキコブラ

カムフラージュされた体色
赤茶色の体色は乾燥地帯の植生に溶け込むが、生息地以外で見るとよく目立つ。

乾燥した生息地
アカドクフキコブラは、オアシス、丘の斜面、川岸などのまばらに植物が生えた場所に生息している。成体は草むらや潜穴に身を潜めている。主に夜行性だが、幼体は日中に活動することもある。干渉されるとすぐに逃げだす。

データ

種：アカドクフキコブラ
　　Naja pallida
科：コブラ科
生息場所：乾燥した草原、半砂漠。
繁殖：卵生。最高15個の卵を産む。
採食：ヘビ、鳥類、小型哺乳類。
分布：アフリカ北東部。

光沢のある鱗
鱗はなめらかで、輝きがある。

コブラ科

タイワンコブラ

中国南東部やその周辺の国々ではもっとも生息数の多いコブラで、草原や農地、疎林といった開けた場所にすむことが多い。魚類、両生類、鳥類、哺乳類などさまざまな餌を食べる。攻撃的なヘビではないものの、人間を殺せるほど強い毒をもつうえに、人間の生活圏のそばで暮らす習性があるため、分布する地域では常に脅威となっている。

データ

- 種：タイワンコブラ
  Naja atra
- 科：コブラ科
- 生息場所：草原、農地、まばらに樹木の生えた場所。
- 繁殖：卵生。一腹卵数は不明。
- 採食：魚類、両生類、鳥類、哺乳類。
- 分布：中国南部、タイ、ベトナム、台湾。

おもな特徴

コブラとしては体形が太く、体色は一般に濃い茶色か黒である。体色が薄い個体もいる。胴体には、鱗1枚分の幅の不鮮明な白っぽい帯模様が数本まばらに入っている。フードの背側には眼状紋をもつが、この点はモノクルコブラ（次ページ）も同様で、この2種は互いに間違われやすい。タイワンコブラとモノクルコブラは、最近まで同一の種に分類されていた。

タイワンコブラ
いかにもコブラらしいコブラで、危険を察すると体をもたげ、肋骨を動かしてフードを開く。フードを広げるのは、体を大きく見せて餌動物を威嚇するためだが、毒をもっていることを捕食者に警告する意味もあるらしい。

眼状紋
白っぽい輪模様がくびの上にある。中心と縁は黒い。

フードのある頭部
頭部のすぐ下から広がるフードには派手な眼状紋がある。頭頂部を覆う鱗は大きい。

がっしりとした胴体
コブラ科には細いヘビが多いが、タイワンコブラの体形はがっしりしている。

つやのない鱗
鱗はなめらかだが、光沢はない。

成体の平均全長
0 cm　50 cm　1 m　1.5 m

モノクルコブラ

一目で毒ヘビとわかるが、一般におとなしい性質なので、蛇使いはモノクルコブラを使うことが多い。モノクルコブラという名は、フードにあるモノクル（片メガネ）のような一つ目眼状紋からきている。

データ
- 種：モノクルコブラ *Naja kaouthia*
- 科：コブラ科
- 生息場所：農地、疎林。
- 繁殖：卵生。一腹卵数は不明。
- 採食：魚類、両生類、鳥類、哺乳類。
- 分布：東南アジア。

おもな特徴

タイワンコブラ（前ページ）同様体形は太く、フードに眼状紋がひとつある。通常はタイワンコブラに比べてわずかに小さい。体色も薄く、背に白っぽい斑点がある場合は、その配列がタイワンコブラよりも不規則である。頭部は色が薄く、模様はない。

大きな眼
眼は大きめで色が黒っぽく、まわりの鱗と比べてよく目立つ。

明るい体色
体色は明るい茶色で白っぽい斑点がある。

モノクルコブラ
フードを広げるのは、体を大きく見せて敵を威嚇するためである。獲物を捕るときにはフードは開かないが、周囲をよく見るために頭を持ち上げることはある。

成体の平均全長
0 cm　50 cm　1 m　1.5 m

フードの斑紋
このような眼状紋は動物界共通の警告標識としての役割を果たす。このヘビの名前はこの斑紋に由来している。

なめらかな鱗
コブラ属特有のなめらかな鱗をもつ。

独特の片メガネ模様
眼状紋は一般に白色かクリーム色で、縁が黒く、2、3個の斑点が入っている。

コレットスネーク

コレットスネークはオーストラリアに分布するコブラ科の美しいヘビで、人里離れた半乾燥地域の草原や疎林地帯で暮らしている。季節に合わせて生活を変え、冬季は日中に活動するが、夏の暑い時期は夜行性になると考えられている。野生での生態はほとんどわかっていない。毒があるので危険と考えられるが、人間の命を奪った例はないようだ。

おもな特徴

胴体はがっしりしている。こげ茶色と赤みがかった色の鱗が混じり合って赤銅色となった独特の斑紋をもつ。体側下部の体鱗が不規則な斑点状に並んでいる場合が多く、横縞のようになっていることもある。胴体にまだら模様がある個体もある。

赤銅色の斑紋
生息する荒原の暗赤色の大地の上では、赤とこげ茶色の斑紋がカムフラージュとなるのだろう。

なめらかな鱗
鱗はなめらかだが、さほど光沢はない。鱗には1枚単位で色がついているため、斑紋はモザイクのように縁がぎざぎざになっている。

コレットスネーク
オーストラリアに分布するヘビとしてはカラフルな方であることは間違いない。体色は、こげ茶色と赤みがかった色の組合せしかないが、ブラックスネーク属 *Pseudechis* に分類されている。

成体の平均全長

0 cm　　50 cm　　1 m　　1.5 m

コレットスネーク

大きな鱗
ほかの多くのコブラ科のヘビや無毒のナミヘビと同様、コレットスネークも頭部の鱗が大きく、1枚1枚がはっきりしている。

データ

- 種：コレットスネーク *Pseudechis colletti*
- 科：コブラ科
- 生息場所：草原、まばらに樹木の生えた場所。
- 繁殖：卵生。一腹の卵数は不明。
- 採食：両生類、トカゲ、ヘビ、小型哺乳類と推定される。
- 分布：オーストラリアのクイーンズランド州中央部。

円筒形の胴体
胴体の断面はほぼ円筒形で、このヘビが地上生あるいは地中生であることを思わせる。穴や枯れ草などの堆積物に潜って身を隠し、地上で獲物を追うと考えられている。

タイガースネーク

タイガースネーク属*Notechis*のヘビは、コレットスネークとは近縁である。この属には2種が含まれているが、いずれも極めて危険で、オーストラリアでのヘビ咬傷による死亡の多くはこの2種によるものだ。ブラックタイガースネークはオーストラリア大陸、タスマニア島、およびバス海峡にある小さな島々の多くに分布している。これらの島々に生息する個体群には珍しい食餌の習性をもつものがいるが、チャペル島の個体群はその代表といえる。チャペル島のヘビは、ハシボソミズナギドリの営巣期間にその雛鳥を大量に食べ、小さなトカゲを食べる幼体は別として、1年の残りをほとんど餌なしで過ごす。大宴会と飢餓の繰り返しに適応した結果、チャペル島のタイガースネークは、体の大きさが本土のタイガースネークのほぼ2倍になった。これによって効率よく脂肪を蓄積し、ハシボソミズナギドリの次の営巣期間まで命をつなぐことができる。

ブラックタイガースネーク

チャペル島のタイガースネーク

コブラ科

ノザンデスアダー

デスアダーは外見も行動もクサリヘビそっくりだが、コブラ科に属する。オセアニアにはクサリヘビが分布していないため、デスアダーがその生態的地位（p.8参照）を埋める形で進化した。強力な即効性の毒液をもち、動きが鈍いため、このヘビによる被害はオーストラリアでのヘビ咬傷による重傷者数に高い割合を占めている。

おもな特徴

コブラ科のヘビよりもクサリヘビに似た太い胴体や周囲に紛れこんでしまう体色と斑紋といった特徴から、オーストラリア、ニューギニアでは間違えようがない。ノザンデスアダーの識別には、眼上板の端が張り出していることが決め手となる。

誘惑の罠
じっとしているときには、胴体を巧みに隠し、尾は頭の近くに寄せてさらけ出す。尾の先端は胴体と違う色になっている。餌になりそうな動物が現れると、この尾をぴくぴくふるわせておびき寄せる。

データ
- 種：ノザンデスアダー *Acanthophis praelongus*
- 科：コブラ科
- 生息場所：多湿な森林、乾燥した森林。
- 繁殖：胎生。最高20頭の幼体を産む。
- 採食：トカゲ、哺乳類。
- 分布：オーストラリア北部、ニューギニア。

成体の平均全長
0 cm — 25 cm — 50 cm

ノザンデスアダー
暗い体色、図太い胴体、そしてがっちりとした頭部がまがまがしい雰囲気を漂わせている。毒は強いが、こちらから刺激しない限り咬みつくことはなく、争いを避ける。

三角形の頭部
頭部は短く、三角形で、吻の傾斜が深い。頭部の鱗はコブラ科のヘビとしては小さいが、本当のクサリヘビほど細かくはない。

細い尾
尾の先端は細く、表面がでこぼこしており、餌を探しているトカゲやマウスにはイモ虫かミミズに見えるかもしれない。ぴくぴくふるわせることで、より本物らしくなる。

突き出した眼上板
角状の構造が両眼の真上に張り出し、横から見た頭部の輪郭は独特である。これがどのような機能をもつのか現在のところわかっていない。

サバクデスアダー

サバクデスアダーAcanthophis pyrrhusは、オーストラリア中央部にある砂漠地帯の奥地に分布している。赤みがかった体色は、生息地の岩と大地の赤にそっくりである。その生態、性質などはほかのデスアダーほどにはわかっていないが、同じような生活を送っていると推測されている。

砂漠では赤い体色が最高のカムフラージュとなる

コブラ科

ニシグリーンマンバ

緑色のマンバは3種いるが、ニシグリーンマンバはそのうちのひとつである。この3種はいずれもマンバ属*Dendroaspis*（木の上にいるアフリカの毒蛇という意味）に属し、外見は似ている。マンバはアフリカの毒蛇では最も恐れられているが、咬まれた例は非常に少ない。不安を感じるとまず逃走し、咬みつくのは追いつめれられたときだけである。咬まれると極めて危険で、すぐ治療を受けなければ命を失うことも少なくない。

おもな特徴

体色は鮮やかで、鱗は大きい。吻がとがり、眼の大きな頭部は気品を感じさせる。胴体のほとんどは緑色をしているが、長い尾部の鱗は黄色で縁が黒く、まるで組み紐のように見える。体鱗が大きく、13列しかない。これはほとんどのヘビよりもずっと少ない数である。

グラデーション
鱗の緑色は、1枚の中でも黄みがかった色から青みがかった色へ微妙に色調が変化している。

ニシグリーンマンバ
胴体は細長く、それを生かしてすみかである高木、低木の枝の間を渡る。体のバランスは長い尾でとる。すばやく動くと、まるで葉の茂みを流れていくようである。

データ

- 種：ニシグリーンマンバ *Dendroaspis viridis*
- 科：コブラ科
- 生息場所：森林、森林地帯。
- 繁殖：卵生。一腹卵数は不明。
- 採食：主に小型齧歯類、小型鳥類。コウモリも食べると推定される。
- 分布：アフリカ西部。サントメ島を含む。

ブラックマンバ

全長3.5メートルにもなるブラックマンバ*Dendroaspis polyleis*は、アフリカでもっとも体が長く、かつもっとも恐れられているヘビである。脅威を感じると上体をもたげるが、大きな個体だと頭が人間とにらみ合うような高さまで軽々と上がってしまう！　繁殖期になると雄同士が体をからめ合い、相手を地面に組み伏せようとする。茶色から灰色、オリーブ色までさまざまな体色があるが、黒い体色の個体は存在しない。

雄のコンバット

大きな眼
眼が大きく、視力は優れている。したがってかすかな動きも見のがさない。

頭部の鱗
頭部の鱗はプレート状で縁が黒く、1枚1枚がはっきりしているため、さまざまな形をしているのがよくわかる。

大きな鱗
鱗は非常に大きく、下体では特にそれが顕著である。鱗はなめらかではあるが、それほど光沢はない。

成体の平均全長

0 cm　　　1 m　　　2 m　　　3 m

クサリヘビ科

パフアダー

体が大きく動きが緩慢なクサリヘビで、アフリカでのヘビ咬傷のかなりの数がこのヘビによるものである。気性は攻撃的ではないのだが、カムフラージュが巧みすぎるため人間がその存在に気づかずに踏んでしまうのである。咬みつく動作は敏捷で、長い毒牙で深々と刺し貫く。毒液は強力で、生産量が多い。地方では、多くの人々がこのヘビによって命を落としているが、適切な治療が受けられれば一般に命を失うまでには至らない。

パフアダー
写真のヘビは洗いざらしたような色をしているが、これは荒原に生息する型に特有の体色である。胴体はどっしりとしているが、刺激されたり追いつめられたりするとさらに大きくなる。空気を吸って体をふくらませ、その空気で低い大きな噴気音を発して威嚇する。長く引いた「シーッ」という音である。

おもな特徴

ほかのヘビとは間違いようがないだろう。体色の変異こそ大きいものの、幅の広い胴体と頭部、丸い形の吻、さらには背のはっきりとしたV字形の斑紋といった特徴を合わせれば即座に同定が可能である。急いでいなければ——そのようなことはまずない——直線上をゆっくりと這って前進する。

独特の斑紋
暗色のV字模様は特徴的で同定の手がかりとなる。

幅の広い頭部
頭部の幅が広いのは巨大な毒腺が入っているからである。

小さな眼
眼は小さく、瞳孔は縦長である。眼の位置は頭頂に向いている。

パフアダー

成体の平均全長

データ

- 種：パフアダー
  Bitis arietans
- 科：クサリヘビ科
- 生息場所：草原、低木林、山腹、半砂漠。
- 繁殖：胎生。最高50頭の幼体を産む。（例外的に100頭。156頭産んだ記録もある）
- 採食：主に齧歯類。
- 分布：アフリカ、アラビア半島南西部。

キールのある鱗
キールの強い鱗はクサリヘビ科のほとんどのヘビに共通する特徴である。表面はつやがなくざらざらしており、茂みに潜むときにカムフラージュの効果を高めてくれる。

体色が鮮やかな型
地理的分布域が広大であるにもかかわらず、パフアダーの体色や斑紋には変異がほとんどない。斑紋がもっとも派手なのは南アメリカのケープ州地方を原産とする個体群で、雄には黄色と薄黒の鮮やかな模様がある。

クサリヘビ科

ハナダカクサリヘビ

分布域はヨーロッパ東部やトルコで、山の斜面や丘の中腹に生息している。昼間活動することも夜活動することもあり、岩がごろごろした場所や小さな低木の根もとで、体を半ば隠すようにして潜んでいることが多い。小型齧歯類、トカゲ、鳥類を餌とし、鳥を探してよく低木にのぼる。毒はかなり強いが、一般に攻撃性は弱くよほどのことがなければ咬みついてこない。スイスとオーストリアに分布する残存（隔離）個体群は、長年にわたり法律で全面的に保護されている。

おもな特徴

吻の上に突き出した角と太いジグザグの斑紋は、ほかのヘビと区別する十分な手がかりとなる。ただし、体色の変異は非常に大きい。分布する地域による変異のほかに、性的二形（雌雄で外見が異なること）があるのだ。雄は体色が明るい灰色で、黒いジグザグ模様が太くくっきりと入る。これに対して雌は一般に体色が茶色やオレンジ色で、模様が暗色となる。ジグザグの縞模様には雌雄を問わず黒っぽい縁取りがある。個体によっては地色が黄色やピンクに近いものもあり、ごくまれに全身黒1色の個体も生まれる。分布域ではもっともふつうに見られるクサリヘビである。

データ
- 種：ハナダカクサリヘビ *Vipera ammodytes*
- 科：クサリヘビ科
- 生息場所：乾燥した地域の岩や砂地のある丘陵の斜面、谷間。
- 繁殖：胎生。5〜15頭の幼体を産む。
- 採食：トカゲ、鳥類、小型哺乳類。
- 分布：ヨーロッパ南東部、西南アジア。

成体の平均全長
0 cm　50 cm　1 m

ジグザグの斑紋
背に縁の黒いジグザグ模様が走っているのは雌雄共通である。

ハナダカクサリヘビ
茶色やオレンジ色をした個体は例外なく雌である。雄は一般にシルバーグレイで黒っぽいジグザグ模様がある。体色、斑紋は個体群により多少変異があるが、これは生息地の岩や土壌の色が異なっているためであろう。

胴体と色の違う尾
この個体の尾は緑がかった色をしているが、黄色やオレンジ色の場合もある。おそらく餌動物をおびき寄せる働きをするのであろう。

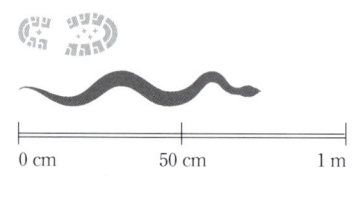

ハナダカクサリヘビ

キールのある鱗
クサリヘビは鱗に強いキールをもつものがほとんどだが、ヨーロッパに分布するクサリヘビの鱗は例外なくキールが強い。

ラタストクサリヘビ

個体数はさほど多くないが、スペイン、ポルトガル、北アフリカの一部には吻がほんの少しだけ上を向いたラタストクサリヘビ*Vipera latasti*が分布している。このクサリヘビは、低山の斜面、岩場やがれ場、場合によってはまばらに樹木が生えた地域に生息する。スペイン南部では砂丘にもすんでいる。生活様式、食物選好、繁殖の習性はハナダカクサリヘビと似ている。

岩棚にいる成体

突き出た角
角は吻の上に肉が隆起したもので、9枚から10枚の小さな鱗で覆われている。この角にどのような機能があるのかはわかっていない。

出産
ハナダカクサリヘビが分類されているクサリヘビ属*Vipera*は、すべての種が胎生である。ただし、近縁の属には卵生の種も少数ながら存在する。ハナダカクサリヘビの交尾は4月から5月で、幼体は8月から9月にかけて生まれる。誕生時の幼体は全長が16〜18センチメートルで、すでに毒牙と少量の毒液を備えている。その後、2〜4年で生殖可能なサイズに達する。

幅の広い頭部
頭部は幅が広く、平べったい形をしており、鱗は細かい。眼の上の鱗がわずかに張り出し、前方に向かって傾斜しているため、いつも眉をひそめているような顔つきに見える。眼は大きめで、瞳孔は縦長である。

クサリヘビ科

ヨーロッパクサリヘビ

ヨーロッパクサリヘビは(Nothern Viperとも呼ばれる) よく知られた存在で、このヘビにまつわる民話や伝説が数多く語られてきた。しかし、そうした伝承のほとんどが誤りである。ヨーロッパクサリヘビは危機に陥っても自分の子供を飲み込んだりしないし、輪になって転がったりすることもない。分布域は、地上生のヘビとしては最大で、西ヨーロッパから中央アジアを横切り、太平洋岸に達している。また、もっとも北まで分布するヘビでもある。

闘争する雄
春になると、雄は交尾の権利を得るためにコンバットを行なう。2頭の雄が上体をからめ、互いに相手を地面に組み伏せようとする。ただし、咬みついたりはしない。負けた雄はあわてて逃げていき、勝った雄はその場で雌と交尾を行うことが多い。

おもな特徴

小型のヘビで、頭部の幅は狭く、背にはジグザグ模様がくっきりと入っている。ほかのいくつかのクサリヘビとは異なり、このジグザグ模様には暗色の縁取りがなく、脇腹には斑点がジグザグの角と入れ違うように並んでいる。ほとんどすべての個体がくび筋にVあるいはX字形をした暗色の模様をもつ。

ヨーロッパクサリヘビ
斑紋は、まばらにさす光の中で、特に生息地によく生えているワラビの葉の下に身を隠すのに役立っている。地色とジグザグ模様とのコントラストの程度こそさまざまだが、それを除けば、広い分布域を通じて斑紋の変異は非常に少ない。

折り畳み式の毒牙
ヨーロッパクサリヘビは、クサリヘビのすべての種と同様、毒牙がちょうつがい状になっており、使わないときは口蓋に向けて折り畳んでおける。毒牙は咬みつく直前に立ち上がり、前方を向く形になる。毒液は毒牙の先端付近にある小さな開口部から押し出される。

暗色の模様
眼から顎角にかけては暗色の縞が例外なく入っている。

ヨーロッパクサリヘビ

背の斑紋
背のジグザグ模様がもつ役割は、カムフラージュと輪郭の分断である。ジグザグ模様はヨーロッパに分布するほとんどのクサリヘビに共通する特徴である。ただし、その形は種によってさまざまである。

性的二形
明るい地色に暗色の斑紋が入るのが雄の典型。これに対し雌の斑紋は茶色や赤みがかった色で、地色とのコントラストがそれほど強くない。

成体の平均全長
0 cm — 25 cm — 50 cm

データ
- 種：ヨーロッパクサリヘビ *Vipera berus*
- 科：クサリヘビ科
- 生息場所：まばらに樹木の生えた場所、ヒース、草原、湿原などさまざま。
- 繁殖：胎生。3〜20頭の幼体を産む。
- 採食：トカゲ、小型哺乳類。
- 分布：ヨーロッパ、中央アジア。

低温下でのサバイバル
分布域の北限は北緯69度にもなり、これは明らかに北極圏内である。小さな体と全体に黒っぽい体色により、寒冷な環境でも短時間で体温を上げることができる。加えて、冬がくるたび何カ月も冬眠状態に入る能力があるため、命に関わるような状況を乗り越えられるのである。胎生であることも寒冷な環境への適応のひとつである。

黒いヨーロッパクサリヘビ
全体に占める割合は少ないが、ヨーロッパクサリヘビには全身真っ黒の個体が存在する。その数は気候が寒冷になるほど、分布域の北の地方ほど増える。また小さな島、特にバルト海の島にも多い。黒い体色は短時間で体温を上昇させるのに有利だが、カムフラージュにはあまり役立たない。

クサリヘビ科

ガボンアダー

分類学上最初に記載されたのはアフリカのガボンで発見された個体で、これが俗名と学名の由来となっている。非常に恐れられているヘビだが、人間が咬まれた例はまれである。長方形や三角形の幾何学模様で胴体の輪郭を隠し、木洩れ日のさす枯葉の中に潜んでいる。ほとんど動かずに餌動物が攻撃範囲に入ってくるのを待っている。獲物がくると非常に早い動きで咬みつき、最長4センチメートルになる毒牙から毒液を注入する。

織物のような鱗
キールのある大きな鱗には、柔らかな色調とあいまってビロードのような質感がある。

おもな特徴

最大の特徴は、堂々たる体の大きさ、特に胴体の太さと三角形をした頭部の幅の広さである。頭頂は例外なく薄い色をしている。また、灰色、淡黄褐色、紫色による柔らかな色調の幾何学模様も独特である。ほかのヘビとは間違えようがないだろう。

幅の広い頭部
頭部は幅と奥行きの長さがほぼ同じで、眼から後ろがかなり広くなっている。吻端にある2本の角の大きさには変異があり、一般に西アフリカの個体の角は、ほかの分布域の個体より大きい。

毒腺
頭部の幅が広いのは、両眼の後方下部に毒腺があるからである。毒腺は極めて大きく、大量の毒液を生産、貯蔵している。

成体の平均全長

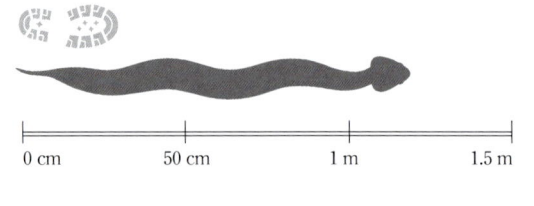

0 cm　50 cm　1 m　1.5 m

目立つ模様
側頭部にはくさび形のくっきりとした模様がある。

ガボンアダー

ガボンアダー
大柄なクサリヘビで、西アフリカの多雨林を原産としている。生息地以外で見ると体色と斑紋が派手すぎるように思えるが、野生の環境では見事なカムフラージュとなっている。カムフラージュが巧みで、定着性の生活を送り、個体同士がまばらに生息しているため、なかなか姿を見られない。

絶妙なカムフラージュ
森林環境に紛れこむ能力は、伝説的といってよい。落ち葉の上に横たわっていると、色とりどりの万華鏡のような斑紋が体の輪郭を分断し、頭部の模様が眼を隠す。

がっちりした胴体
がっちりした胴体は、餌動物を追いかける必要のない待ち伏せ型捕食者に特有のものである。危険を感じると、胴を一回り以上もふくらませることができる。また、息を吐き出して低い噴気音を大きな音で発する。

幾何学模様
胴体には灰色、淡黄褐色、紫色の三角形や四角形を組み合わせた幾何学的な斑紋が並んでいる。

データ

- 種：ガボンアダー *Bitis gabonica*
- 科：クサリヘビ科
- 生息場所：森林の周辺部、森林開拓地。
- 繁殖：胎生。最高60頭の幼体を産む。
- 採食：小型・中型哺乳類。
- 分布：西・中央アフリカ。

クサリヘビ科

ツノスナクサリヘビ

サ ハラ砂漠に生息するツノスナクサリヘビは、砂漠環境に適応した興味深い生態をもっている。まず、風になびくようなさらさらの砂の上を移動するため、横這い運動という珍しい方法を使う（p.17参照）。捕食者に見つからないようにするため、また餌動物を待ち伏せするため、砂に潜って体を隠す。活動する周期を季節に合わせて調整し、夏の暑いときには夜行性になり、涼しい季節は昼行性となる。クサリヘビとしては珍しく卵生である。

隆条のある角
角には1本の隆条が走っている。角は前方に向けてわずかに曲がっていることがある。

おもな特徴

体は短く、ずんぐりしている。鱗は粗く、両眼の上には特徴的な「角」を備えている。体色は個体によりわずかに変異があるが、多くはくすんだ黄色や淡黄褐色、クリーム色、明るい茶色で、暗い色調の不規則な横縞や斑点がまばらに入っている。

謎の角
砂に潜り込んでしまうと、見えるのは眼と角だけとなる。2本の角はそれぞれ1枚の鱗がとげ状の構造に変形したものである。この角にどのような機能があるのかははっきりしないが、砂漠に生息するほかのクサリヘビにも見られることから、太陽のまぶしさを抑える働きをしているのではないかと考えられて

吻の丸い頭部
幅が広く、吻の丸い頭部はクサリヘビの典型である。眼は大きく、瞳孔は縦長である。頭部はキールの強い細かな鱗で覆われており、表面がざらざらしている。

成体の平均全長

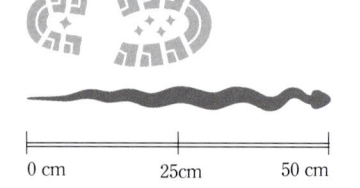

0 cm　25cm　50 cm

ツノスナクサリヘビ

ツノスナクサリヘビ
キールのある鱗を一斉にこすり合わせると、大きな「ジーッ」という耳障りな音が発生する。このしくみを使って、そばにいる捕食者に警告するのである。

キールのある鱗
鱗は例外なくキールが強い。体側の鱗は斜めになっており、のこぎり歯状の隆起がある。

データ

- **種**：ツノスナクサリヘビ
  Cerastes cerastes
- **科**：クサリヘビ科
- **生息場所**：砂漠。
- **繁殖**：卵生。最高23個の卵を産む。
- **採食**：トカゲ、鳥類、小型哺乳類。
- **分布**：アフリカ北部。

砂漠のカムフラージュ
ツノスナクサリヘビの体色は生息地の砂とそっくりで、薄い黄色から茶色まで個体により変異がある。細かい砂の層に潜り込んで体を隠し、頭の上部だけを出すのが獲物を捕らえるための戦略である。この姿勢から、主食とする小型のトカゲに襲いかかるのである。

シロクチアオハブ

シロクチアオハブは樹上での生活に適応してきたヘビで、多雨林の常緑樹や低木層の茂みに生息し、ほとんど地面に下りることはない。最も活動的になるのは夜間で、獲物を捕らえる方法は待ち伏せが多い。頭と首をS字形に曲げて静止し、攻撃できる距離に餌動物が入ってきたらいっきに飛びかかれる態勢を保つ。毒があり気性も荒いが、強い毒ではないいため咬まれて死ぬ人は非常に少ない。

おもな特徴

口に沿って白と黄色の帯模様が入っているのがシロクチアオハブの特徴だが、同じ地域に数種いるほかのアオハブと見間違いやすい。樹上生のマムシ類は地上生のものよりも体が細く動きが敏捷で、眼も大きいことが多く、体色は緑色や黄色、あるいは青みがかった色をしている。よく目立つピット器官があること、頭部の幅が広いこと、鱗に弱いキールがあることにより、緑色でも毒をもたないヘビへとは容易に区別できる。

鱗のきめ
体鱗には弱いキールがある。鱗に光沢はないがシルクのようにきめ細かで、体色の緑色をいっそう鮮やかにしている。

成体の平均全長
0 cm　50 cm　1 m　1.5 m

島に生息するハブ

ハブ類は、インドネシアの島々やフィリピン諸島、スラウェシ島をはじめとする東南アジアのおもな島々に生息するほとんどにわたって分布している。島に生息する種は、たとえばスマトラハブのように大陸に分布するほかのハブから隔離されて進化してきたものが多い。島にすむハブ類は例外なく多雨林やタケの茂み、農園をすみかとし、ほぼ深緑色の体色がカムフラージュとなっている。薄暗い森で餌動物を見つけるにはピットが大きな武器となる。

体をもたげるスマトラハブ

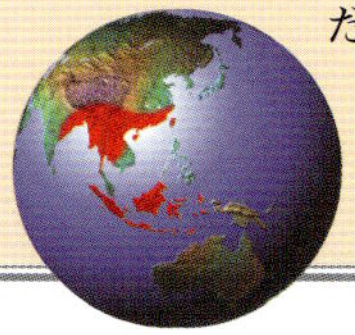

シロクチアオハブ

細長い胴体と緑色の体色は、樹上生のあかしである。餌になりそうな獲物が攻撃可能な距離内に迷い込んでくるのを待って、頭を下げたいつでも飛びかかれる姿勢で何時間もじっとしていることによっては何十分も。

幅の広い頭部

正面から見ると頭部の幅が広いのがよくわかる。写真は今にも飛びかかろうとしているところである。頭をぐっと引き、上体をいつでも瞬時に伸ばせるよう張りつめている。

黄色い眼

眼の大きさと縦長の瞳孔から、夜行性のハンターであることがわかる。この眼が大きな特徴のひとつである。

大きなピット

側頭部をえぐるように大きなピットがある。ピットはまっすぐ正面を向いており、左右で連携して機能する。

データ

- **種**：シロクチアオハブ
  Trimeresurus albolabris
- **科**：クサリヘビ科
- **生息場所**：森林、農園。特に小川の付近。
- **繁殖**：胎生。10〜11頭の幼体を産む。
- **採食**：カエル、鳥類、小型哺乳類。
- **分布**：中国南部から東はインド、南はインドネシアまで。ただしマレー半島を除く。

クサリヘビ科

カーペットノコギリ

猛 毒があり、踏まれるなどして安穏を乱されるとすぐに咬みつくため、小さなヘビながら極めて危険である。分布域内のヘビ咬傷による死亡のほとんどは、このヘビによるものである。これは、生息数が多いことに加えて、砂や土に体を半ば埋めて潜む習性をもつためである。ノコギリヘビという名は、一部の鱗に警告音を出すためののこぎり歯状のキールがあることに由来する。

おもな特徴

胴体はクサリヘビにしては細く、頭部は洋ナシ形で非常に目立つ。斑紋は複雑で、生息地の土壌の色によって変異があり、地色はさまざまな色調の茶色やベージュ、灰色で、茶色や赤茶色の斑点がある。ただし、背の白と黒の斑点はいずれの個体にも共通している。頭部には十字形の模様があることが多い。

防御姿勢

ノコギリヘビはいずれも共通した独特の防御姿勢をとる。馬蹄形にとぐろを巻き、脇腹にある特殊化したのこぎり歯状の鱗同士が逆向きに隣り合うようにするのである。体を動かすと、鱗が一斉にすれ合ってジーッという不快な警告音を発する。また同時に、ノコギリヘビは何度も激しく襲いかかって自分の身を守る。

アフリカに分布するノコギリヘビ

カーペットノコギリ
キールの強い鱗は警告音を出すだけでなく、砂や土に潜り込むのにも役立つ。存在を隠し、身じろぎもせずじっと獲物を待ち伏せるのである。

複雑な体色
小石の転がる砂地や枯れた草に体を横たえると、入り組んだ斑紋によって輪郭がぼやける。

独特の斑点
かすれた黒い縁取りのある白色の斑点が大きな特徴である。

カーペットノコギリ

大きな眼
眼は大きく、頭の上の方についている。

洋ナシ形の頭部
頭部は洋ナシ形で、数多くの細かい鱗で覆われ、吻は丸い形をしている。頭部に厚みがあり、眼が上についているため、体を半ば埋めていても視界を確保できる。

キールのある鱗
粗くキールの強い鱗は光を反射せず、砂地に潜むときのカムフラージュを助けている。

独特の模様
ほぼどの個体の頭にも十字形の模様がある。これが学名の由来で、Echis とは「X」の意味である。

データ

- **種**：カーペットノコギリ *Echis carinatus*
- **科**：クサリヘビ科
- **生息場所**：半砂漠、乾燥した草原、岩場。
- **繁殖**：胎生。最高23頭の幼体を産む。
- **採食**：無脊椎動物から両生類、爬虫類、鳥類、哺乳類まで小型の動物ならほとんどなんでも食べる。
- **分布**：中東。

成体の平均全長

0 cm   50 cm   1 m   1.5 m

クサリヘビ科

ハララカ

ハララカは一般にヤジリハブ（英名lancehead：槍の穂先）として知られる分類群に属している。ハララカという名の語源はインディオの言葉で、ジャララカ、ジャラーともいう。カムフラージュが非常にうまいうえに生息数が多く、かつ耕地や森林の開拓地に好んですんでいるため、咬まれる人がたえない。毒は強いが、治療を受ければまず死ぬことはない。

━ データ ━

種：ハララカ
　　Bothrops jararaca
科：クサリヘビ科
生息場所：多雨林。
繁殖：胎生。20個ほどの卵を産むと考えられている。
採食：鳥類、小型哺乳類。
分布：南アメリカ。

━ おもな特徴 ━

同じ分布域に数種いるほかのヤジリハブと見分けるのは容易ではない。三角形の頭部ととがった吻端はどのヤジリハブにも共通する特徴であり、また、ハララカの体色は個体によって変異が大きいため確実な指標形質とはなりえないのだ。背には三角形の斑点があるが、特に成体の場合には、黒っぽく色素沈着してわかりにくいことが多い。幼体の斑紋は比較的はっきりしている。

成体の平均全長

0 cm　50 cm　1 m　1.5 m

ハララカ

ハララカは胴体の体色が暗く、斑紋が不鮮明なうえに薄暗い所を好むため、目立たない。そのため、土地で働く人にとって脅威となっている。頭部が三角形をしているのは、眼のすぐ後ろに巨大な毒腺があるからである。

ハララカ

三角形の頭部
幅の広い三角形の頭部と矢印形の模様は独特で、この分類群にヤジリハブという名がついた理由がよくわかる。縦長の瞳孔から、夜間に獲物を追うヘビであることがわかる。

幾何学模様のある体色
三角形の斑紋は頂点が背中線に達している。ただし、この斑紋はあまりはっきりしていない。

目立つピット
ピットがあるため、夜でも苦もなく獲物を捕ることができる。

キールのある鱗
体色が黒っぽく、鱗にはキールが強いため、ハララカの外見は光沢がなくすすけたような感じである。

テルシオペロ

中央・南アメリカにはほかにもヤジリハブが分布している。もっとも個体数が多く、それゆえもっともよく知られているのは、中央アメリカおよび南アメリカ北部を原産とする*Bothrops asper*である。一般にフェルドランス（Fer-de-Lance：フランス語で槍の穂先の意味）と呼ばれているが、このヘビの外見にはむしろビロードを意味するスペイン語名、テルシオペロがよりふさわしい。多くの人がこのヘビに咬まれて命を落としている。

テユーを食べる幼体

クサリヘビ科

カパーヘッドマムシ

幅の広い頭部
毒腺が眼の後ろにあるため、頭部はスペード形になっている。

独特の斑紋をもつカパーヘッドマムシは、ガラガラヘビの近縁種である。生息場所はさまざまで、どこにでも普通にいるヘビであるが、カムフラージュが極めてうまく、動かずにじっとしている習性があるため、その存在に気づかないことが多い。毒があるが争いは好まず、咬まれても重症となるのは非常にまれである。

おもな特徴

オレンジ色や黄褐色、灰色の地に入る栗色の広い帯模様と銅色の頭部の組合せは、ほかのヘビとは間違えにくい外見的特徴である。帯模様の色は個体群ごとに変異があるが、いずれにしても地色とのコントラストははっきりしている。亜種がいくつか認められている。ユウダ類には斑紋の似ているヘビがいるが、接近して見るとカパーヘッドマムシには顔面にピットがあることで区別できる。

カパーヘッドマムシ
幅の広い頭部がくびに向かって一気に細くなる独特のシルエットをもつ。銅色（copper）をした頭部が名前の由来である。モカシンという呼び名もあるが、ほかにもそう呼ばれるヘビがいるため、この名は避けるべきである。

ずんぐりした頭部
頭部の幅は広く、吻端が反り返っている。大きめの眼と縦長の瞳孔は、このヘビが基本的に夜行性であることを示している。ただし、涼しい時期には昼間に活動することもある。

かすかな模様
体のほかの部分と違って頭部は単色で、マムシ類の多くに見られる顔面模様がかすかに入っている。

成体の平均全長

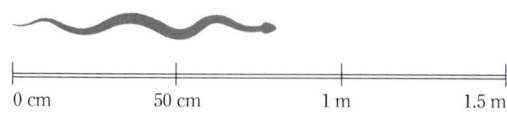

0 cm　　50 cm　　1 m　　1.5 m

尾の先端部
幼体は、尾端が鮮やかな黄色で、この尾を擬餌として小型のカエルやトカゲを咬みつける距離におびき寄せる。成熟するにつれて採食方法、摂食対象が変わり、それにともなって色の鮮やかさが薄れていく。カパーヘッドマムシは、興奮すると尾をふるわせる。尾が枯葉に触れている場合、カサカサ、ガサガサという音が出るため、警告音となる。

森林のカムフラージュ
斑紋は、それだけで見ると非常に派手に思えるが、枯葉の中に潜んでいるときには優れたカムフラージュとなる。帯模様も体の輪郭を分断する役目を果たし、捕食者に体形を悟られないようにしている。

カバーヘッドマムシ

幅の不揃いな帯模様
暗色の帯模様は体側に向かって幅を増す。この帯模様は、背中線を境目として左右まったく同じ形をしていることが多いが、左右で互い違いになっていたり、途切れたりしているところもある。

光沢のない鱗
体鱗にはつやがなく、柔らかな色調の体色とあいまってカムフラージュの効果を高めている。

データ

- **種**：カパーヘッドマムシ
  Agkistrodon contortrix
- **科**：クサリヘビ科
- **生息場所**：岩の多い丘陵の中腹、半砂漠、森林地帯、草原、沼地。
- **繁殖**：胎生。最高8頭の幼体を産む。
- **採食**：カエル、鳥類、小型哺乳類。
- **分布**：北アメリカ。

クサリヘビ科

ニシダイヤガラガラ

ニシダイヤガラガラが防御姿勢をとった様子は、まさに戦慄の光景である。尾をもたげ、わざわざ襲いかかろうとする捕食者もひるむだろう。尾をもたげ、引き絞ったバネのようにS字形に引き、舌をちらつかせながら、危険な動きを敏感に察して発音器官をふるわせる。活動はおもに夜間だが、夕方くらいに隠れ場所を出てくることもある。体が大きく重量のある個体は、体を左右にくねらすことなく、直線上をまっすぐに這って進む。

おもな特徴

大きなヘビで、個体によっては全長が1.5メートル以上に達する。体はがっちりとしており、加齢につれてさらに太くなることが多い。頭部は三角形で幅が広く、ほぼどの個体も眼から顎角にかけて白っぽい縁取りのある暗色の条が走っている。尾端の発音器官の手前に入る白黒の縞模様もわかりやすい指標形質である。

ダイヤモンド形の斑紋

大型のガラガラヘビには角張った斑紋をもつものが数種存在する。ニシダイヤガラガラ、ヒガシダイヤガラガラ、アカダイヤガラガラなど、この斑紋が名前の由来となっているヘビもいる。

尾の縞模様

白黒の縞が視覚的な警告サインとなり、音による警告を補っている。

観光ショーとしてのガラガラヘビ狩り

アメリカ合衆国の2、3の州ではいまだにガラガラヘビ狩りが許可されており、この影響をもっとも被っているのがニシダイヤガラガラである。見物客の慰みのため、少なからぬ数のヘビがいたずらに命を奪われ、いくつかの地域の個体群はほぼその姿を消した。

--- データ ---
- 種：ニシダイヤガラガラ
  Crotalus atrox
- 科：クサリヘビ科
- 生息場所：砂漠、低木林、岩の多い丘陵の中腹。
- 繁殖：胎生。4〜12頭の幼体を産む。
- 採食：鳥類、哺乳類。
- 分布：北アメリカ。

毒牙を覆う鞘

2本の毒牙は、使わないときには肉の鞘におさめられている。攻撃態勢に入って毒牙が起き上がると、鞘は邪魔にならないように後方にスライドする。

毒牙の機構

頬のふくらみは、両眼の後ろにある大きな毒腺を包み込んでいる。

毒腺

攻撃する際は、毒牙を前方へ振り出し、咬むというよりは刺す。毒牙のつく上顎骨は、長さが短く可動性があり、全体が90度回転するようになっている。

成体の平均全長

0cm　50cm　1m　1.5m

ニシダイヤガラガラ
体色は生息地の地表に合った色をしているため、さまざまな変異がある。発音器は警告のサインを発するためのもので、発音節の数が10にも及ぶことがある。この発音器のおかげで、大型哺乳類に踏みつぶされるような災難を避けることができる。発音節は脱皮のたびにひとつずつ増える。

ピット
前方を向いたピットは1対で連携して機能し、獲物の位置を正確に探知する。

発音器による警告
発音器を持ち上げ、いかなる脅威に対しても警告を発する構えに入っている。

まだらの鱗
背の大きな斑点には、さらに小さなまだら模様がある。

クサリヘビ科

ミナミガラガラ

ミナミガラガラは、外見の変異が大きいヘビである。ガラガラヘビでは地理的分布域がもっとも広く、メキシコ以南に生息しているのはこの種だけである。南アメリカで発生する重いヘビ咬症はこのヘビによるものがおそらくもっとも多く、治療を受けない場合の致死率は高い。スペイン語名はカスカベルであるが、これは小さなベルという意味で、このヘビの発音器官にはいささかそぐわない感じがする。

おもな特徴

くびに並ぶ2本の平行なストライプにより、容易に同定できる。また、背の中央がはっきりと隆起している。これは、各椎骨の上部が突起しており、かつ背の中央部の鱗に高いキールがあるためである。体鱗はガラガラヘビでもっとも粗い。斑紋の変異が極めて大きく、少なくとも14の亜種が認められている。

ミナミガラガラ
緑色を帯びた灰色の地に白っぽい斑紋があるのは、ブラジルを原産とする型の特徴である。ミナミガラガラはいずれの型も気は短く、危険を察するや発音器官をふるわせて警告のサインを発する。

特徴的な縞
くびから上体にかけて2本のストライプが平行に走る。色は一般に暗色である。

データ

- 種：ミナミガラガラ
  Crotalus durissus
- 科：クサリヘビ科
- 生息場所：乾燥した熱帯林、開拓地。
- 繁殖：胎生。
- 採食：鳥類、哺乳類。
- 分布：中央・南アメリカ。

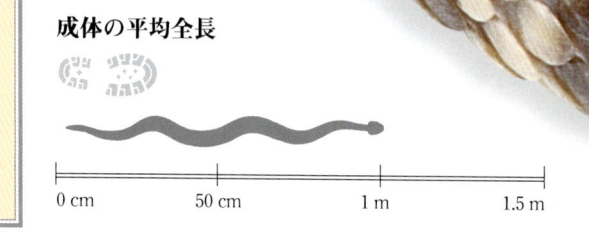

成体の平均全長

0 cm　50 cm　1 m　1.5 m

ミナミガラガラ

ベネズエラに分布する亜種
ミナミガラガラでもっとも特徴的な亜種は、ベネズエラ原産のウラコアガラガラ *Crotalus durissus vegrandis* である。胴体は白色や暗灰色の斑点に覆われ、背の斑紋やくびのストライプがほとんど目立たない。この型は独立したひとつの種とされる場合もある。

大きな警告音
危険を察すると、発音器官によって大きく低い摩擦音を発する。

繁殖
ガラガラヘビは例外なく胎生である。幼体は薄い卵膜に包まれて生まれてくるが、それをすぐに抜け出して独り立ちする。ミナミガラガラは毎年繁殖するが、気候が涼しい地域のガラガラヘビは2、3年に1度しか繁殖を行わない。

キールのある鱗
体鱗は非常に強いキールがあるためきめが粗く、パイナップルの果皮を思わせる。

クサリヘビ科

ツノガラガラ

ツノガラガラは小型のガラガラヘビで、風に流れるようなさらさらの砂でできた砂丘に暮らしている。横這い運動（p.17参照）と呼ばれる方法を用い、体で弧をつくりながら高速で砂漠を縦横に移動する。活動はおもに夜間で、夜明け前には砂に潜り込んで炎暑を避ける。潜る場所は小さな低木の根もとが多い。世にいわれるほど危険なヘビではないが、咬まれたら治療が不可欠である。

おもな特徴

眼の上には鱗が張り出し、暗色の縞が両眼を横切る形で走っている。頭部はほかのガラガラヘビと比べて幅が広く扁平である。体色は生息地の地面に合う色をしているため変異があり、黄色や灰色、オレンジ色の地に、暗色、淡色のかすれた斑点がある。最大の特徴は、横這い運動による移動法である。

成体の平均全長

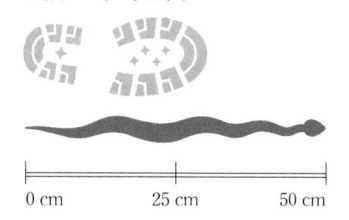

0 cm　25 cm　50 cm

平行な痕跡
ツノガラガラが通った後には、進行方向に向かって45度に傾いた途切れ途切れの軌跡が並ぶ。軌跡は両端が少しだけ鉤形に曲がっているが、これは頭と尾をひねった跡である。

データ
- 種：ツノガラガラ
  Crotalus cerastes
- 科：クサリヘビ科
- 生息場所：砂漠。
- 繁殖：胎生。7～18頭の幼体を産む。
- 採食：トカゲ、小型哺乳類。
- 分布：北アメリカ。

頭部の暗色の模様
暗色の縞が両眼を横切って流れ、頭部の輪郭を変えている。

ツノガラガラ
胴体はガラガラヘビとしてはもっとも太く、頭部は扁平である。胴も平たい形をしており、接地面積が広がることになるため砂の上の移動には有利である。

小型の発音器
発音器は体の大きさに比べて小さいが、敵に警告を発するには十分である。

ヘビ名便覧

目次

ホソメクラヘビ科 Leptotyphlopidae	p.146
カワリメクラヘビ科 Anomalepidae	p.146
メクラヘビ科 Typhlopidae	p.146
ミミズパイプヘビ科 Anomochilidae	p.148
サンゴパイプヘビ科 Aniliidae	p.148
パイプヘビ科 Cylindropheidae	p.148
ミジカオヘビ科 Uropeltidae	p.148
メキシコパイソン科 Loxocemidae	p.149
サンビームヘビ科 Xenopeltidae	p.149
ボア科 Boidae	p.149
ニシキヘビ科 Pythonidae	p.150
ドワーフボア科 Tropidophiidae	p.151
ツメナシボア科 Bolyeriidae	p.151
ヤスリヘビ科 Acrochordidae	p.151
ナミヘビ科 Colubridae	p.152
モールバイパー科 Atractaspididae	p.177
コブラ科 Elapidae	p.178
クサリヘビ科 Viperidae	p.183

このヘビ名便覧には、現時点で知られている種名をできる限り収録したつもりだが、今後も数多くの種が発見されることはほぼ間違いない。

わかっていることがほとんどなかったり、たった1個体の存在しか確認されていない種もある。そのため、いくつかの種については、詳しい情報を提供することができない。

科

ヘビは現在18科に分類されている。各科は属に分類され、属はさらに種に分類される。科の中には、種がひとつあるいはごく少数しかないものもある。これに対して、最大の科であるナミヘビ科Colubridaeは1850種以上を含む。

もっとも祖型的な3つの科であるホソメクラヘビ科Leptotyphlopidae、カワリメクラヘビ科Anomalepidae、メクラヘビ科Typhlopidaeのヘビは、頭蓋骨が非常に硬い点、また眼が非常に小さくて鱗で覆われているか、あるいはまったくない点でほかのヘビと異なる。この3科はメクラヘビ上科Scolecophidiaとしてまとめられることもある。

その他の15科（まとめて真蛇上科Alethinophidiaとされることもある）のうち、10科はどちらかといえば祖型的な種類のヘビから成り立っている。この10科はヘビの最初の適応放散を反映して、世界中に広く分布している。現存する種類の数は少なく、衰退の途にあると考えられている。

残りの5科は分化が進んだ種類である。非常に種類が多く、毒ヘビはすべてここに含まれる。5科のうち、ヤスリヘビ科Acrochordidaeは小さい科だが、あとの4科（ナミヘビ科Colubridae、モールバイパー科Atractaspididae、コブラ科Elapidae、クサリヘビ科Viperidae）は大きい。

亜科に分類される科もある。たとえば、ボア科BoidaeはボアGlBoinaeとスナボア亜科Erycinaeに分かれる。ナミヘビ科には多数の亜科があり、種それぞれの位置づけに関してしばしば論争がある。

このヘビ名便覧では、それぞれの科は祖型的な科から分化が進んだ科へという順序で並んでいる。各科内での亜科（ある場合のみ）、属、種の配置はアルファベット順になっている。

ヘビの体長

ヘビの体長は次のように分類した。

小型	約75センチメートル以下
中型	75～150センチメートル
大型	1.5～3メートル
特大型	3メートル以上

ホソメクラヘビ科

2属86種

　小型で細く、体鱗はなめらかで光沢がある。大部分は体色がピンクか灰白色だが、褐色のものもいる。歯は下顎だけにあり、上顎は硬い。腰帯が発達し、一部の種には後肢の痕跡である小さなけづめがある。左肺がなく、雌には左の輸卵管がない。眼は痕跡的で小さく、鱗で覆われている。

　この科のヘビはすべて地中生で、シロアリとその幼虫を食べる。小さな口でシロアリの柔らかい体をくわえ、体内容物を呑み込む。いくつかの（おそらくすべての）種は兵アリの攻撃から身を守るフェロモンを分泌する。卵生と考えられるが、繁殖法がわかっていない種もある。この科のヘビは世界各地のシロアリがいる地域に分布し、北米、中南米、アフリカ、アラビア、中東に見られる。

ホソメクラヘビ属
Leptotyphlops

85種

大きさ：小型で細い。
分布：北米（カリフォルニア州、テキサス州）、中南米、アフリカ、アラビア、中東。
生息環境：地中生。
食物：シロアリ。
繁殖法：卵生。

種：
　Leptotyphlops affinis
　Leptotyphlops albifrons
　Leptotyphlops albipunctus
　Leptotyphlops albiventer
　Leptotyphlops algeriensis
　Leptotyphlops anthracinus
　Leptotyphlops asbolepis
　Leptotyphlops australis
　Leptotyphlops bicolor
　フタスジホソメクラヘビ
　　Leptotyphlops bilineatus
　Leptotyphlops blanfordi
　Leptotyphlops borapeliotes
　Leptotyphlops borrichianus
　Leptotyphlops boueti
　Leptotyphlops boulengeri
　Leptotyphlops brasiliensis
　Leptotyphlops bressoni
　Leptotyphlops brevicaudus
　Leptotyphlops brevissimus
　Leptotyphlops burii
　Leptotyphlops cairi
　Leptotyphlops calypso
　Leptotyphlops colaris
　Leptotyphlops columbi
　Leptotyphlops conjunctus
　Leptotyphlops cupinensis
　Leptotyphlops debilis
　Leptotyphlops diaplocius
　Leptotyphlops dimidiatus
　Leptotyphlops dissimilis
　Leptotyphlops distanti
　Leptotyphlops dugandi
　テキサスホソメクラヘビ
　　Leptotyphlops dulcis
　Leptotyphlops emini
　Leptotyphlops filiformis
　ヒカリホソメクラヘビ
　　Leptotyphlops goudotii
　Leptotyphlops gracilior
　Leptotyphlops guayaquilensis
　セイブホソメクラヘビ
　　Leptotyphlops humilis
　Leptotyphlops joshuai
　Leptotyphlops koppesi
　Leptotyphlops labialis
　Leptotyphlops leptipilepta
　オナガホソメクラヘビ
　　Leptotyphlops longicaudus
　オオホソメクラヘビ
　　Leptotyphlops macrolepis
　Leptotyphlops macrops
　Leptotyphlops macrorhynchus
　Leptotyphlops macrurus
　Leptotyphlops maximus
　Leptotyphlops melanotermus
　Leptotyphlops melanurus
　Leptotyphlops munoai
　Leptotyphlops nasalis
　Leptotyphlops nasirostris
　Leptotyphlops natatrix
　Leptotyphlops nicefori
　Leptotyphlops nigricans
　Leptotyphlops nursii
　Leptotyphlops occidentalis
　Leptotyphlops pembae
　Leptotyphlops perreti
　Leptotyphlops peruvianus
　Leptotyphlops phillipsi
　Leptotyphlops pyrites
　Leptotyphlops reticulatus
　Leptotyphlops rostratus
　Leptotyphlops rubrolineatus
　Leptotyphlops rufidorsus
　Leptotyphlops salgueiroi
　Leptotyphlops scutifrons
　Leptotyphlops septemstriatus
　Leptotyphlops signatus
　Leptotyphlops striatulus
　Leptotyphlops subcrotillus
　Leptotyphlops sundevalli
　Leptotyphlops teaguei
　Leptotyphlops telloi
　キガシラホソメクラヘビ
　　Leptotyphlops tenellus
　Leptotyphlops tesselatus
　Leptotyphlops tricolor
　Leptotyphlops undecimstriatus
　Leptotyphlops unguirostris
　Leptotyphlops vellardi
　Leptotyphlops weyrauchi
　Leptotyphlops wilsoni

ハナホソメクラヘビ属
Rhinoleptus

1種

大きさ：小型。
分布：中央アフリカ（セネガル、ギニア）。
生息環境：地中生。
食物：アリ、シロアリと考えられている。
繁殖：卵生と考えられている。
備考：わかっていない点が多い。

種：
　ハナホソメクラヘビ
　　Rhinoleptus koniagui

カワリメクラヘビ科

4属15種

　ヘビの中でもっとも祖型的な科。おそらく全脊椎動物中でも、もっとも謎が多い生物のひとつだろう。非常に小型で、体鱗はなめらかで光沢があり、体は細く円筒状で、尾が短い。大部分の種は褐色か黒だが、頭と尾が黄色や白色の種もいる。下顎に1対の歯をもつ属もあるが、歯がまったくない属もある。眼は痕跡的。

　ほとんど地中で生活し、おもにシロアリを食べる。繁殖法はわかっていないが、卵生と考えられている。中南米の熱帯地方にのみ分布する。

カワリメクラヘビ属
Anomalepis

4種

大きさ：小型で細い。
分布：中米、南米北部。
生息環境：森林。地中生。
食物：シロアリ。
繁殖法：卵生と考えられている。
備考：わかっていない点が多い。

種：
　Anomalepis aspinosus
　Anomalepis colombius
　Anomalepis flavapices
　メキシコカワリメクラ
　　Anomalepis mexicanus

カイチュウヘビ属
Helminthophis

3種

大きさ：小型で、30センチメートルまで。
分布：南米北部。
生息環境：地中生。
食物：シロアリ。
繁殖法：卵生と考えられている。
備考：わかっていない点が多い。

種：
　キイロオカイチュウヘビ
　　Helminthophis flavoterminatus
　ツマベニカイチュウヘビ
　　Helminthophis frontalis
　Helminthophis praeocularis

サカヤキメクラヘビ属
Liotyphlops

7種

大きさ：小型。
分布：中米、南米北部。
生息環境：地中生。
食物：シロアリ。
繁殖法：卵生と考えられている。
備考：わかっていない点が多い。

種：
　Liotyphlops albirostris
　Liotyphlops anops
　Liotyphlops argaleus
　Liotyphlops beui
　Liotyphlops schubarti
　テルネッツサカヤキメクラヘビ
　　Liotyphlops ternetzii
　Liotyphlops wilderi

ザトウヘビ属
Typhlophis

1種

大きさ：小型。
分布：中米、南米北部。
生息環境：地中生。
食物：シロアリ。
繁殖法：卵生と考えられている。
備考：わかっていない点が多い。

種：
　ザトウヘビ
　　Typhlophis squamosus

メクラヘビ科

5属218種

　小型で、体鱗はなめらかで光沢がある。体は円筒状で、尾が短く、小さな尾椎がひとつしかないこともある。大部分の種は褐色、黒、またはピンク色だが、薄い縞模様や斑点がある種もある。歯があるのは上顎だけで、眼は痕跡的。

　地中生で、おもにシロアリやアリを食べる。さまざまな環境に生息するが、乾燥の激しい土壌にはほとんど見られない。半分埋まった倒木や石の下にいることがある。卵生と考えられているが、この科の大部分の種については繁殖法が知られていない。中南米、アフリカ、南アジア、オセアニアに分布するほか、ヨーロッパ東南部にも1種が分布する。

トガリメクラヘビ属
Acutotyphlops

4種

大きさ：小型。
分布：ブーゲンビル島、ニューギニア、ソロモン諸島。
生息環境：地中生。
食物：わかっていないが、小型無脊椎動物と考えられている。
繁殖法：わかっていないが、卵生と考えられている。
備考：この属は1995年に初めて記載されたばかりで、わかっていない点が多い。

種：
　Acutotyphlops infralabialis

メクラヘビ科

Acutotyphlops kunuaensis
Acutotyphlops solomonis
Acutotyphlops subocularis

マルメクラヘビ属
Cyclotyphlops
1種

大きさ：小型。14センチメートルをわずかに超える。
分布：スラウェシ島東南部、インドネシア。
生息環境：二次林の伐採地。
食物：わかっていないが、アリやシロアリと考えられている。
繁殖法：わかっていないが、卵生と考えられている。
備考：この属および種は1994年に初めて記載された。2個体の標本しかない。

種：
マルメクラヘビ
  Cyclotyphlops deharvengi

ハシメクラヘビ属
Ramphotyphlops
52種

大きさ：小型で、約20センチメートルまでだが、それ以上に大きくなる場合もある。
分布：インド、東南アジア、ニューギニア、オーストラリアとその周辺の島々。ブラーミニメクラヘビ *R. braminus* は、南アフリカ、マダガスカル、中米、アメリカのフロリダ州などの熱帯・亜熱帯のさまざまな地域に偶然に移入された。
生息環境：地中生。農園など。
食物：アリ、シロアリ。
繁殖法：知られている範囲では卵生。ブラーミニメクラヘビは、単為生殖（処女生殖）を行う唯一のヘビ（p.31参照）。
備考：新たに記載された種が数種ある。1個体の標本しかない種も多い。

種：
Ramphotyphlops acuticauda
Ramphotyphlops affinis
Ramphotyphlops albiceps
Ramphotyphlops angusticeps
Ramphotyphlops australis
Ramphotyphlops batillus
Ramphotyphlops bituberculatus
ブラーミニメクラヘビ
  Ramphotyphlops braminus
Ramphotyphlops broomi
Ramphotyphlops centralis
Ramphotyphlops chamodracaena
Ramphotyphlops cumingii
Ramphotyphlops depressus
Ramphotyphlops diversus
Ramphotyphlops endoterus
Ramphotyphlops erycinus
Ramphotyphlops exocoeti
Ramphotyphlops flaviventer
Ramphotyphlops grypus
Ramphotyphlops guentheri
Ramphotyphlops hamatus
Ramphotyphlops howi
Ramphotyphlops kimberleyensis
Ramphotyphlops leptosoma
Ramphotyphlops leucoproctus
Ramphotyphlops ligatus
Ramphotyphlops lineatus
Ramphotyphlops lorenzi
Ramphotyphlops margaretae
Ramphotyphlops melanocephalus
Ramphotyphlops micrommus
Ramphotyphlops minimus
Ramphotyphlops multilineatus
Ramphotyphlops nigrescens
Ramphotyphlops nigroterminatus
Ramphotyphlops olivaceus
Ramphotyphlops pilbarensis
Ramphotyphlops pinguis
Ramphotyphlops polygrammicus
Ramphotyphlops proximus
Ramphotyphlops silvia
Ramphotyphlops similis
Ramphotyphlops suluensis
Ramphotyphlops supranasalis
Ramphotyphlops tovelli
Ramphotyphlops troglodytes
Ramphotyphlops unguirostris
Ramphotyphlops waitii
Ramphotyphlops wiedii
Ramphotyphlops willeyi
Ramphotyphlops yampiensis
Ramphotyphlops yirrikalae

オオハナメクラヘビ属
Rhinotyphops
28種

大きさ：小型で、約30センチメートルまで。シュレーゲルメクラヘビ *R. schlegelii* は1メートル近くになる世界最大のメクラヘビ。
分布：アフリカ、アジア（2種）、中東（1種）。
生息環境：地中生。通常は乾燥した土壌に見られる。
食物：アリ、シロアリ。
繁殖法：卵生。
備考：メクラヘビ属 *Typhlops* に分類される場合もある。

種：
Rhinotyphlops acutus
Rhinotyphlops anomalus
Rhinotyphlops ataeniatus
Rhinotyphlops boylei
Rhinotyphlops caecus
Rhinotyphlops crossii
Rhinotyphlops debilis
Rhinotyphlops erythraeus
Rhinotyphlops feae
Rhinotyphlops gracilis
Rhinotyphlops graueri
Rhinotyphlops kibarae
Rhinotyphlops lalandei
Rhinotyphlops leucocephalus
Rhinotyphlops lumbriciformis
Rhinotyphlops newtoni
Rhinotyphlops pallidus
Rhinotyphlops praeocularis
Rhinotyphlops rufescens
Rhinotyphlops schinzi
シュレーゲルメクラヘビ
  Rhinotyphlops schlegelii
Rhinotyphlops scortecci
Rhinotyphlops simoni
Rhinotyphlops somalicus
Rhinotyphlops stejnegeri
Rhinotyphlops sudanensis
Rhinotyphlops unitaeniatus
Rhinotyphlops wittei

メクラヘビ属
Typhlops
133種

大きさ：小型。
分布：中南米、アフリカ、中東、アジア。ヨーロッパには東南部にムシクイメクラヘビ *T. vermicularis* ただ1種が分布する。
生息環境：地中生。
食物：わかっている範囲ではアリ、シロアリ。
繁殖法：わかっている範囲では卵生。
備考：マダガスカルの固有種であるグランディディエメクラヘビ *T. grandidieri* は、*Xenotyphlops* 属として別に分類される場合もある。

種：
Typhlops albanalis
Typhlops andamanesis
Typhlops angolensis
Typhlops arenarius
Typhlops ater
Typhlops beddomi
ビブロンメクラヘビ
  Typhlops bibronii
ビミニメクラヘビ
  Typhlops biminensis
Typhlops bisubocularis
Typhlops bothriorhynchus
Typhlops brongersmianus
Typhlops caecatus
Typhlops canlaonensis
Typhlops capensis
Typhlops capitulatus
Typhlops cariei
Typhlops castanotus
Typhlops catapontus
Typhlops caymanensis
Typhlops collaris
Typhlops comoroensis
Typhlops congestus
Typhlops conradi
コスタリカメクラヘビ
  Typhlops costaricensis
Typhlops cuneirostris
Typhlops decorosus
Typhlops decorsei
Typhlops depressiceps
ディアードメクラヘビ
  Typhlops diardii
Typhlops disparilis
Typhlops domerguei
Typhlops dominicanus
Typhlops elegans
Typhlops epactius
Typhlops euproctus
Typhlops exiguus
Typhlops filiformis
Typhlops fletcheri
Typhlops floweri
Typhlops fornasinii
Typhlops fredparkeri
Typhlops fuscus
Typhlops giadinhensis
Typhlops gierrai
Typhlops gonavensis
グランディディエメクラヘビ
  Typhlops grandidieri
Typhlops granti
Typhlops hectus
Typhlops hedraeus
Typhlops hypogius
Typhlops hypomethes
Typhlops hypsobothrius
Typhlops inconspicuus
Typhlops inornatus
Typhlops jamaicensis
Typhlops jerdoni
Typhlops khoratensis
Typhlops klemmeri
Typhlops koekkoeki
Typhlops koshunnesis
Typhlops kraali
Typhlops lankaensis
Typhlops lehneri
Typhlops leucomelas
Typhlops leucostictus
Typhlops limbrickii
Typhlops lineolatus
Typhlops longissimus
Typhlops loveridgei
リンネメクラヘビ
  Typhlops lumbricalis
Typhlops luzonensis
Typhlops mackinnoni
Typhlops madagascariensis
Typhlops malcolmi
Typhlops manilae
Typhlops manni
Typhlops marxi
Typhlops mcdowelli
Typhlops microcephalus
Typhlops microstomus
Typhlops minuisquamus
Typhlops mirus
Typhlops monastus
Typhlops monensis
Typhlops mucronatus
Typhlops muelleri
Typhlops mutilatus
Typhlops oatesii
Typhlops obtusus
Typhlops ocularis
Typhlops oligolepis
Typhlops pammeces
Typhlops paucisquamus
Typhlops platycephalus
Typhlops platyrhynchus
Typhlops porrectus
Typhlops punctatus
Typhlops pusillus
アミメメクラヘビ
  Typhlops reticulatus
Typhlops reuteri
Typhlops richardi
Typhlops rondoensis
Typhlops rostellatus
Typhlops ruber
Typhlops ruficaudus
Typhlops schmidti
Typhlops schmutzi
Typhlops schwartzi
Typhlops siamensis
Typhlops socotranus
Typhlops steinhausi

Typhlops sulcatus
Typhlops syntherus
Typhlops tasymicris
Typhlops tenebrarum
Typhlops tenuicollis
Typhlops tenuis
Typhlops tetrathyreus
Typhlops thurstoni
Typhlops tindalli
Typhlops titanops
Typhlops trangensis
Typhlops trinitatus
Typhlops uluguruensis
Typhlops unilineatus
Typhlops veddae
ムシクイメクラヘビ
  Typhlops vermicularis
Typhlops verticalis
Typhlops violaceus
Typhlops wilsoni
Typhlops yonenagae
Typhlops zenkeri

ミミズパイプヘビ科

1属2種

ミミズパイプヘビ属*Anomochilus*に属する2種は、極めて希少なうえに不明な点も多く、ごく最近になって科として独立した。外見はかつて分類されていたパイプヘビ科Cylindropheidaeに似ている。マレーシア、スマトラ島、ボルネオ島に分布する。

ミミズパイプヘビ属
Anomochilus
2種

大きさ：小型で、40センチメートルまで。
分布：マレーシア、スマトラ島、ボルネオ島。
生息環境：地中生。
食物：わかっていない。
繁殖法：わかっていない。

種：
  レナードパイプヘビ
    Anomochilus leonardi
  ウェーバーパイプヘビ
    Anomochilus weberi

サンゴパイプヘビ科

1属1種

かつてはパイプヘビ科Cylindropheidaeに分類されていたが、現在は独立の科となっている。

サンゴパイプヘビ属
Anilius
1種

大きさ：中型で、最大1メートルに達するが、ふつうはそれ以下。
分布：南米（アマゾン川流域）。
生息環境：森林や沼地の泥の中に穴を掘って生息する。
食物：ヘビその他の地中生の爬虫類や両生類。
繁殖法：胎生。
備考：赤と黒の偽サンゴヘビである。

種：
  サンゴパイプヘビ
    Anilius scytale

パイプヘビ科

1属9種

小型で、褐色だが下面は黒と白のはっきりした斑紋がある。干渉されると尾を立てて振り動かす。すべて地中生。スリランカおよびインドから、マレー半島、ボルネオ島、インドネシアの一部地域までのアジアに分布する。

パイプヘビ属
Cylindrophis
9種

大きさ：小型で、最大70センチメートル。
分布：スリランカ、インド、東南アジア。
生息環境：森林の地下のトンネルに生息する。
食物：ウナギ、アシナシイモリ、ヘビ。
繁殖法：胎生。

種：
  アルーパイプヘビ
    Cylindrophis aruensis
  ブランジェパイプヘビ
    Cylindrophis boulengeri
    Cylindrophis engkariensis
    Cylindrophis isolepis
    Cylindrophis lineatus
  セイロンパイプヘビ
    Cylindrophis maculatus
    Cylindrophis melanotus
    Cylindrophis opisthorhodus
  アカオパイプヘビ
    Cylindrophis ruffus

ミジカオヘビ科

8属46種

すべて小型で円筒状で、腰帯がある種とない種があり、祖型的な形態と分化が進んだ形態の中間的な姿を示している。左肺はないか、あるいは非常に退縮している。おもに地中生で、葉積層、土、泥中に生息する。大部分の種については、わかっていない点が多い。地中生の無脊椎動物や小型のヘビを食べると考えられている。インド南部とスリランカのみに分布する。

ヤマミジカオヘビ属
Brachyophidium
1種

大きさ：非常に小型。
分布：インド南部。
生息環境：わかっていない。
食物：ミミズと考えられている。
繁殖法：胎生と考えられている。

種：
  ヤマミジカオ
    Brachyophidium rhodogaster

クロミジカオヘビ属
Melanophidium
3種

大きさ：中型。
分布：インド南部。
生息環境：山地の森林。
食物：ミミズと考えられている。
繁殖法：胎生と考えられている。

種：
  Melanophidium bilineatum
  Melanophidium punctatum
  Melanophidium wynaudense

シリトゲヘビ属
Platyplectrurus
2種

大きさ：小型。
分布：インド南部、スリランカ。*P. madurensis*はスリランカの1個体の標本があるのみ。
生息環境：山地の森林。
食物：ミミズと考えられている。
繁殖法：胎生。1回の出産頭数は少ない。

種：
  Platyplectrurus madurensis
  Platyplectrurus trilineatus

ケヅメオヘビ属
Plectrurus
4種

大きさ：小型。
分布：インド南部。
生息環境：わかっていない。
食物：ミミズと考えられている。
繁殖法：胎生と考えられている。

種：
  Plectrurus aureus
  Plectrurus canaricus
  ギュンターケヅメオ
    Plectrurus guentheri
  Plectrurus perroteti

マメイタヘビ属
Pseudotyphlops
1種

大きさ：小型で、約50センチメートルまで。
分布：スリランカ。
生息環境：野原の腐植土の中。
食物：ミミズ。
備考：この種はフィリピンに分布すると考えられていたため、誤ってこの種小名がついた。

種：
  マメイタヘビ
    Pseudotyphlops philippinus

ハナナガミジカオヘビ属
Rhinophis
11種

大きさ：小型。約30センチメートルまでだが、*R. oxyrhynchus*だけは57センチメートルに達する。
分布：インド南部、スリランカ。
生息環境：森林や農園の土壌や葉積層に穴を掘って生息する。朽木の下や泥がたまった排水溝にもいる。
食物：ミミズ。
繁殖法：わかっている範囲では胎生。
備考：わずかな標本しか知られていない希少な種もある。

種：
  ブライスハナナガミジカオ
    Rhinophis blythii
  Rhinophis dorsimaculatus
  Rhinophis drummondhayi
  Rhinophis fergusonianus
  Rhinophis oxyrhynchus
  キュビエハナナガミジカオ
    Rhinophis philippinus
  Rhinophis porrectus
  Rhinophis punctatus
  Rhinophis sanguineus
  Rhinophis travancoricus
  キベリハナナガミジカオ
    Rhinophis trevelyana

エビゾメミジカオヘビ属
Teretrurus
1種

大きさ：小型。
分布：インド南部。
生息環境：わかっていない。
食物：ミミズと考えられている。
繁殖法：胎生と考えられている。
備考：非常に希少でわからない点が多い。

種：
  エビゾメミジカオ
    Teretrurus sanguineus

ミジカオヘビ属
Uropeltis

23種

大きさ：小型。
分布：インド南部（20種）、スリランカ（3種）。
生息環境：さまざまだが、すべて地中生。
食物：ミミズと考えられている。
繁殖法：胎生。
備考：1個体の標本しかないルフナミジカオ*U.ruhanae*など、希少な種もある。

種：
Uropeltis arcticeps
Uropeltis beddomii
Uropeltis broughami
ハラキマダラミジカオ
　Uropeltis ceylanicus
Uropeltis dindigalensis
Uropeltis ellioti
Uropeltis grandis
Uropeltis liura
Uropeltis macrolepis
Uropeltis macrorhynchus
Uropeltis maculatus
Uropeltis melanogaster
Uropeltis myhendrae
Uropeltis nitidus
Uropeltis ocellatus
Uropeltis petersi
Uropeltis phillipsi
パルニミジカオ
　Uropeltis pulneyensis
Uropeltis rubrolineatus
Uropeltis rubromaculatus
ルフナミジカオ
　Uropeltis ruhanae
Uropeltis smithi
Uropeltis woodmasoni

メキシコパイソン科

1属1種

中米に分布する1種からなる科で、かつてはアメリカ大陸産のニシキヘビと考えられていた。

メキシコパイソン属
Loxocemus

1種

大きさ：中型で、1メートルをわずかに超え、ずんぐりしている。
分布：中米。
生息環境：低木林、乾燥した落葉樹林。
食物：トカゲ、小型齧歯類、トカゲ（特にイグアナ）の卵などさまざまなものを食べる。
繁殖法：卵生。

種：
メキシコパイソン
　Loxocemus bicolor (p.36)

サンビームヘビ科

1属2種

極東に分布する2種からなる科で、外見はメキシコパイソン属*Loxocemus*に似ている。どちらも頭部は穴掘りに適した平たいスペード形で、体鱗はなめらかで光沢があり、美しい虹色である。

サンビームヘビ属
Xenopeltis

2種

大きさ：中型で、1メートルを超える。円筒状。
分布：中国、東南アジア。
生息環境：農園、畑地、公園などを含む疎林や開けた土地。
食物：爬虫類、小型哺乳類。
繁殖法：卵生。
備考：ハイナンサンビームヘビ*X. hainanensis*は1972年に記載されたのみで、その生態についてはサンビームヘビ*X.unicolor*と比べてわからない点が多い。

種：
ハイナンサンビームヘビ
　Xenopeltis hainanensis
サンビームヘビ
　Xenopeltis unicolor (p. 37)

ボア科

2亜科7属36種

かつてはニシキヘビ科Pythonidaeを含めていた。アナコンダやボアコンストリクターなど、世界最大級のヘビを含む。しかし、すべてが大型種というわけではなく、もっとも小さい種である北米のラバーボアの場合、全長60センチメートル以上になることはまずない。ボアは頭部と体の鱗板が小さいのが特徴で、体鱗がなめらかな種が多いが、ラフスナボア*Eryx conicus*のようにざらざらした種もある。この科のすべてのヘビは、餌動物を絞め殺すための筋肉が発達している。口のまわりにピットをもつ種もある。

生活様式はさまざまで、地中生から半水生、樹上生までであり、世界の熱帯・亜熱帯地域の大部分に分布する。種がもっとも多様化しているのは西インド諸島で、カガヤキボア属*Epicrates*の種が数多く見られ、そのうち数種はわずかな数の小島にだけ分布する。

卵生のカラバリア*Charina reinhardtii*をただひとつの例外として、ボアはすべて胎生である。カラバリアはパイソンとされ、*Calabaria*属として別に分類されていた。

この科には36種あり（オオアナコンダの分類については論争がある）、ボア亜科Boinaeとスナボア亜科Erycinaeの2亜科に分かれている。この2亜科は外見と生態が明確に異なっている。ボア亜科は中南米、ニューギニア、南太平洋諸島、西インド諸島に分布するが、スナボア亜科は北米、北・西・東アフリカ、中東、中央・南アジアに分布する。

ボア亜科
Boinae

5属23種

大型で、顎のまわりの鱗の間にピットがあるものもいる。中南米、カリブ海地域、南太平洋地域、マダガスカルに分布するが、アフリカとオーストラリアにはいない。

ボア属
Boa

4種

大きさ：中型～特大型。ボアコンストリクター*B.constrictor*は体長3メートル以上に達する。
分布：中南米（ボアコンストリクター）、マダガスカル。ボアコンストリクターはもっとも広い緯度範囲に分布するヘビのひとつで、北はメキシコから南はアルゼンチンまで分布するほか、カリブ海の多くの島々にも見られる。
生息環境：乾燥した砂漠の灌木林から熱帯雨林までさまざま。
食物：鳥類、哺乳類。
繁殖法：胎生。
備考：最近まで、マダガスカルの種はマダガスカルボア属*Acrantophis*、サンジニア属*Sanzinia*として別に分類されていた。

種：
ボアコンストリクター
　Boa constrictor (pp. 40-41)
デュメリルボア
　Boa dumerili (pp. 48-49)
マダガスカルボア
　Boa madagascariensis
サンジニアボア
　Boa mandrita

ナンヨウボア属
Candoia

3種

大きさ：中型～大型で、ずんぐりしている。
分布：ニューギニアとその周辺の南太平洋の島々。
生息環境：森林。
食物：トカゲ、鳥類、哺乳類。
繁殖法：胎生。
備考：体鱗にキールがある点がボアの中では変わっている。ビブロンボア*C.bibroni*は細長く、樹上生活に高度に適応しているのに対して、ほかの2種はもっと太短く、おもに地上で活動する。もっとも小さいアダーボア*C.aspera*は葉積層に生息し、沢の近くでよく見られる。その体形と斑紋はクサリヘビに似ている。同じ地域に分布する猛毒のデスアダー属*Acantophis*に擬態しているらしい。

種：
アダーボア
　Candoia aspera
ビブロンボア
　Candoia bibroni
ハブモドキボア
　Candoia carinata

ツリーボア属
Corallus

4種

大きさ：大型で、2メートル以上に達する。
分布：中南米。
生息環境：森林。
食物：トカゲ、鳥類、哺乳類。
繁殖法：胎生。
備考：カワリボア*C.cropani*は*Xenoboa*属として別に分類される場合もある。このヘビは世界でもっとも希少なボアで、現在までに3個体の標本（すべてブラジルのサンパウロ付近で採集）しかない。

種：
リングツリーボア
　Corallus annulatus
エメラルドツリーボア
　Corallus caninus
カワリボア
　Corallus cropanii
ガーデンツリーボア
　Corallus hortulanus

カガヤキボア属
Epicrates

10種

大きさ：小型～大型。たとえばキューバボア*E.angulifer*は4メートル近くに達する。
分布：中南米（ニジボア*E.cenchria*）、西インド諸島（その他の種）。
生息環境：おもに多雨林だが、海辺、岩場、農園にも生息する。
食物：小型のトカゲ、鳥類、哺乳類。
繁殖法：胎生。
備考：ニジボア*E.cenchria*は中南米大陸に分布する唯一の種で、数多くの亜種に分類される。

種：
キューバボア
　Epicrates angulifer
ニジボア
　Epicrates cenchria (pp. 42-43)
ツヤハラボア
　Epicrates chrysogaster
グレートアバコボア
　Epicrates exsul
フォードボア
　Epicrates fordi
ヴァインボア

Epicrates gracilis
プエルトリコボア
Epicrates inornatus
モナボア
Epicrates monensis
スレンダーボア
Epicrates striatus
ジャマイカボア
Epicrates subflavus

アナコンダ属
Eunectes
2種

大きさ：特大型。オオアナコンダ *E. murinus* は世界最大のヘビ。
分布：南米。
生息環境：沼地、冠水した森林。
食物：水生カメ、ワニ、鳥類、哺乳類。
繁殖法：胎生。
備考：ほかに *E.barbouri*、*E.deschauenseei* という2種がアマゾン川河口のマラジョ島にいると記載されているが、本当に別種かどうかは疑わしい。
種：
オオアナコンダ
Eunectes murinus (pp. 44-45)
キイロアナコンダ
Eunectes notaeus

スナボア亜科
Erycinae
2属13種

ボア亜科 Boinae より小さいヘビが多い。ピットがなく、体はずんぐりした円筒状で、尾は短い。地中生または半地中生。

ラバーボア属
Charina
3種

大きさ：小型～中型。体は太短く、尾は短い。
分布：北米（ラバーボア *C. bottae*、ロージィボア *C.trivirgata*）、西アフリカ（カラバリア *C.reinhardtii*）。
生息環境：松林（ラバーボア）、砂漠や海岸の低木林（ロージィボア）、熱帯の森林（カラバリア）。全種とも半地中生。
食物：小型哺乳類。
繁殖法：北米の2種は胎生、アフリカの1種は卵生。
備考：最近までラバーボア属はラバーボア1種とされていたが、ロージィボア（旧名 *Lichanura trivirgata*）とカラバリア（旧名 *Calabaria reinhardtii*）が加えられた。
種：
ラバーボア
Charina bottae
カラバリア
Charina reinhardtii (pp. 50-51)

ロージィボア
Charina trivirgata (pp. 46-47)

スナボア属
Eryx
10種

大きさ：小型～中型。体はずんぐりした円筒状。
分布：北アフリカ、東アフリカ、中東、中央・南アジア。ヤハズスナボア *E. jaculus* だけはヨーロッパ（バルカン地域のみ）に分布。
生息環境：乾燥地帯の岩の下や穴の中。
食物：トカゲ、小型哺乳類、地上に営巣する鳥類。
繁殖法：胎生。
備考：アフリカ北東部に分布する3種についてはわかっていない点が多い。
種：
ナイルスナボア
Eryx colubrinus
ラフスナボア
Eryx conicus
ミヤビスナボア
Eryx elegans
ヤハズスナボア
Eryx jaculus
ホシニラミスナボア
Eryx jayakari
ブラウンスナボア
Eryx johnii
マダラスナボア
Eryx miliaris
ミュラースナボア
Eryx muelleri
ソマリアスナボア
Eryx somalicus
ダッタンスナボア
Eryx tataricus

ニシキヘビ科
8属26種

ニシキヘビ科はボア以外の巨大種すべてを含むが、小型種・中型種もあり、体長1メートルを超えない種もわずかながらある。ニシキヘビには頭頂部の鱗板が大型のものと小型のものがあり、顎の縁にピットをもつ種が多数ある。ただし、オオウロコニシキヘビ属 *Aspidites* の2種と、パプアニシキヘビ *Apodora papuana*、ワモンニシキヘビ *Bothrochilus boa*（種小名は boa だがニシキヘビ科）にはピットがない。
ボアと同様に、ニシキヘビもさまざまな環境に生息するが、地中生活に高度に適応した種はない。ニシキヘビはすべて卵生で、孵卵期間中は卵に巻きついて守る。
分布はオーストラリア、パプアニューギニア、インドネシア、ティモール島、アフリカ、南アジア、東南アジア。現在は26種が8属にまとめられている。この分類は最近何度も変更されており、おそらく今後も変更されるだろう。

ヒメニシキヘビ属
Antaresia
4種

大きさ：小型～中型で、約1.5メートルまで。アリヅカニシキヘビ *A. perthensis* は最大60センチメートルで、ニシキヘビの中ではもっとも小さい。
分布：オーストラリア。
生息環境：砂漠、林地。アリヅカニシキヘビ *A.perthensis* はシロアリの塚に生息することがある。
食物：トカゲ、小型哺乳類。
繁殖法：卵生。
備考：4種ともピットがある。
種：
チルドレンニシキヘビ
Antaresia childreni (p. 60)
マダラニシキヘビ
Antaresia maculosa (p. 61)
アリヅカニシキヘビ
Antaresia perthensis
スティムソンニシキヘビ
Antaresia stimsoni

パプアニシキヘビ属
Apodora
1種

大きさ：大型で、3メートル以上に達する。太い。
分布：ニューギニア。
生息環境：低地の森林、草原。
食物：おもにワラビーの大きさまでの哺乳類、ときにほかのヘビを食べる。
繁殖法：卵生。
備考：ピットがない。かつてはオセアニアニシキヘビ属 *Liasis* に分類されていた。
種：
パプアニシキヘビ
Apodora papuana

オオウロコニシキヘビ属
Aspidites
2種

大きさ：やや大型で、約2.5メートルまで。
分布：オーストラリア。
生息環境：じめじめした森林から乾燥した砂漠までさまざま。
食物：鳥類、小型哺乳類、毒ヘビを含む爬虫類。
繁殖法：卵生。
備考：ピットがない。
種：
ズグロニシキヘビ
Aspidites melanocephalus
ウォマ
Aspidites ramsayi

ワモンニシキヘビ属
Botherochilus
1種

大きさ：やや大型で、約1.5メートルまで。細い。
分布：パプアニューギニア。
生息環境：森林、農園。半地中生で人目につかない。
食物：トカゲ、小型哺乳類。
繁殖法：卵生。
備考：ピットがない。かつてはオセアニアニシキヘビ属 *Liasis* に分類されていた。
種：
ワモンニシキヘビ
Bothrochilus boa

シロクチニシキヘビ属
Leiopython
1種

大きさ：大型で、2.5メートルまで。
分布：ニューギニアおよび周辺諸島（トレス海峡のオーストラリア領の島々を含む）。
生息環境：多雨林。
食物：トカゲ、小型哺乳類。
繁殖法：卵生。
備考：ピットがある。かつてはオセアニアニシキヘビ属 *Liasis* に分類されていた。
種：
シロクチニシキヘビ
Leiopython albertisii

オセアニアニシキヘビ属
Liasis
3種

大きさ：中型～大型。
分布：オーストラリア、ニューギニア、インドネシアの一部。
生息環境：開けた土地、沼地、森林。
食物：魚類、両生類、トカゲ、ヘビ、鳥類、哺乳類。
繁殖法：卵生。
備考：3種ともピットがある。ミズニシキヘビ *L.fucus* はマングローブニシキヘビ *L.macklotii* の変異種とされることもある。
種：
ミズニシキヘビ
Liasis fuscus
マングローブニシキヘビ
Liasis mackloti
オリーブニシキヘビ
Liasis olivaceus

オマキニシキヘビ属
Morelia
7種

大きさ：中型～大型。アメジストニシキヘビ *M.amethistina* は5メートル以上に達することがある。
分布：オーストラリア、ニューギニアとその周辺の島々。
生息環境：砂漠、草原、森林などさまざま。
食物：爬虫類、鳥類、ワラビーまでの大きさの哺乳類。
繁殖法：卵生。

備考：目立つピットがある。ミドリニシキヘビ M.viridis（旧名 Chondropython viridis）は完全に樹上生で、外見と生態が南米のエメラルドツリーボアと酷似している。

種：
- アメジストニシキヘビ
  Morelia amethistina
- ベーレンニシキヘビ
  Morelia boeleni
- ナイリクニシキヘビ
  Morelia bredli
- キールニシキヘビ
  Morelia carinata
- オーンペリニシキヘビ
  Morelia oenpelliensis
- カーペットニシキヘビ
  Morelia spilota (pp. 52-53)
- ミドリニシキヘビ
  Morelia viridis (pp. 62-63)

ニシキヘビ属
Python

7種

大きさ：中型〜特大型。太いものも多い。
分布：アフリカ、南アジア、東南アジア、ティモール島。
生息環境：岩砂漠（アンゴラニシキヘビ P.anchietae）から多雨林までさまざま。
食物：温血動物にほぼ限られるが、特に哺乳類。小柄な人間を食べた例もある。
繁殖法：卵生。
備考：地中生や水生の種、あるいは樹上生活に高度に適応している種はない。

種：
- アンゴラニシキヘビ
  Python anchietae
- アカニシキヘビ
  Python curtus (pp. 58-59)
- インドニシキヘビ
  Python molurus (pp. 54-55)
- ボールニシキヘビ
  Python regius (pp. 64-65)
- アミメニシキヘビ
  Python reticulatus (pp. 56-57)
- アフリカニシキヘビ
  Python sebae
- チモールニシキヘビ
  Python timoriensis

ドワーフボア科

4属21種

かつてはボア科に分類されていたが、現在は別科とされている。小型から中型で、さまざまな色彩と斑紋をもつ。一部の種は体色をある程度変えることができて、夜間に色が薄くなることがある。瞳孔は縦長の楕円形。ボアやニシキヘビと異なり、気管肺が発達している。雄は全種に腰帯があり、脚の痕跡である小さなけづめがある。雌も腰帯とけづめをもつ種もあるが、雌のけづめは雄のものよりも小さい。雌にまったく腰帯がない種もある。

夜行性で、葉積層の中や、岩や倒木の下に隠れすみ、無脊椎動物、両生類、トカゲ、絞め殺した小型哺乳類など、さまざまな餌動物を食べる。半樹上生の種もある。妊娠期間は長く、胎生。カリブ海地域、中南米に分布する。

カクレボア属
Exilboa

1種

大きさ：小型。
分布：メキシコ南部。
生息環境：雲霧山地林。
食物：わかっていない。
繁殖法：胎生と考えられている。
備考：非常に希少で、少数の標本しか知られていない。

種：
- カクレボア
  Exiliboa placata

ラフボア属
Trachyboa

2種

大きさ：小型で、30センチメートルをわずかに超える。
分布：中米、南米北部。
生息環境：熱帯の森林。
食物：トカゲ、小型哺乳類と考えられている。
繁殖法：胎生。
備考：人目につかず、わかっていない点が多い。眼の上に多数の鱗板があるのが特徴。

種：
- ツノラフボア
  Trachyboa boulengeri
- エクアドルラフボア
  Trachyboa gularis

ヒメボア属
Tropidophis

16種

大きさ：小型〜中型で、ややずんぐりしている。
分布：西インド諸島、特にキューバ（13種）、南米（3種）。
生息環境：じめじめした森林、農園、公園。
食物：無脊椎動物、両生類、トカゲ、小型哺乳類。
繁殖法：胎生。

種：
- バタスビーヒメボア
  Tropidophis battersbyi
- バハマヒメボア
  Tropidophis canus
- カイマーンラヒメボア
  Tropidophis caymanensis
- フェイクヒメボア
  Tropidophis feicki
- ブラウンヒメボア
  Tropidophis fuscus
- カイコースヒメボア
  Tropidophis greenwayi
- マダラヒメボア
  Tropidophis haetianus (p. 66)
- ブチヒメボア
  Tropidophis maculatus
- キールヒメボア
  Tropidophis melanurus (p. 67)
- クロハラヒメボア
  Tropidophis nigriventris
- ミジカヒメボア
  Tropidophis pardalis
- ブラジルヒメボア
  Tropidophis paucisquamis
- ピルスブリーヒメボア
  Tropidophis pilsbryi
- ホソヒメボア
  Tropidophis semicinctus
- エクアドルヒメボア
  Tropidophis taczanowskyi
- ヨツモンヒメボア
  Tropidophis wrighti

ヒラタボア属
Ungaliophis

2種

大きさ：小型〜中型で、約50センチメートルまで。細い。
分布：中米。
生息環境：森林。半樹上生。
食物：カエル、トカゲ、小型哺乳類。
繁殖法：胎生。
備考：バナナの房にまぎれて輸送されてしまうことがある。

種：
- グアテマラヒラタボア
  Ungaliophis continentalis
- パナマヒラタボア
  Ungaliophis panamensis

ツメナシボア科

2属2種

わずか2種の小さな科で、うち1種は絶滅したと考えられている。腰帯がないのが特徴で、この点でボア科やドワーフボア科と区別される。左肺はいちじるしく退縮している。小型から中型で、おそらくはもっぱらトカゲを食べている。1種は卵生だが、もう1種の繁殖法は確認されていない。

分布はインド洋のモーリシャスの北に位置する小さなラウンド島に限られ、導入されたヤギとウサギをおもな原因とする生息環境の破壊から、大きな打撃を受けている。

ボリエリアボア属
Bolyeria

1種

大きさ：小型。
分布：ラウンド島。
生息環境：土がつまった岩の割れ目。
食物：トカゲと考えられている。
繁殖法：わかっていないが、卵生と考えられている。
備考：絶滅したと考えられている。最後に目撃されたのは1975年。

種：
- ボリエリアボア
  Bolyeria multicarinata

カサレアボア属
Casarea

1種

大きさ：中型。頭部が偏平。
分布：ラウンド島。
生息環境：岩場。
食物：トカゲと考えられている。
繁殖法：卵生。
備考：非常に希少で、生態についてはわからない点が多い。

種：
- カサレアボア
  Casarea dussumieri

ヤスリヘビ科

1属3種

この科は水生の3種の変わったヘビからなる。この科のヘビは、祖型的な特徴と分化した特徴を併せもっている。鱗は小さくて顆粒状で、皮膚はだぶついてしわになっている。水から上がるとうまく動けない。3種のうち2種は暗灰色だが、ジャワヤスリヘビ A.javanicus には、特に幼体で目立つ太い白の横縞がある。3種ともざらざらした顆粒状の鱗板で小魚、ウナギ類、甲殻類を締めつけて捕まえる。

分布は東南アジア、オーストラリア北部、パプアニューギニア。

ヤスリヘビ属
Acrochordus

3種

大きさ：中型〜大型で、最大はアラフラヤスリヘビ A.arafurae の2.5メートル。非常にずんぐりしている。
分布：東南アジア、オーストラリア北部、パプアニューギニア。
生息環境：水生で、海水、汽水、淡水に生息する。
食物：魚類、甲殻類。
繁殖法：胎生。8〜10年に1回だけ出産。

種：
- アラフラヤスリヘビ

Acrochordus arafurae
ヒメヤスリミズヘビ
Acrochordus granulatus
ジャワヤスリミズヘビ
Acrochordus javanicus

ナミヘビ科

305属1858種

この科は2000種近くを含み、非常に大きい。この科の種は、腰帯がなく、機能する左肺がない、冠状骨（下顎の小さな骨で、祖型的なヘビの一部にある）がない、わずかな例外を除いて頭部に大型で左右対称で板状の鱗板をもつ（ボア、ニシキヘビ、クサリヘビ科とは異なり、コブラ科に似ている）など、多くの基本的な特徴を共有する。

こうした共通点もあるものの、多様性もまた大きい。30センチメートルに満たない小型の種から3メートル以上の大型の種まである。細長い種、太短い種、ほとんどあらゆる色彩の種がある。地中生、水生、樹上生の種があり、淡水湖や沼地から乾燥しきった砂漠まで、ほぼすべての環境で生活している。餌動物も非常に多様で、小型の無脊椎動物からかなり大型の哺乳類までさまざまなものを食べる。餌動物を絞め殺す種類も、単に捕らえて丸飲みする種類もある。比較的少数の種では毒牙が口の奥にあり、餌動物に毒液を注入して動けなくする。大部分は卵生だが、寒冷地の種では胎生の種もかなりある。

この科のヘビは、極寒地とオーストラリア中部・南部を除き、世界中に分布する。温暖な地域にもっとも多く、高緯度になるほど数が少ない。

現在では、この科は自然な分類ではなく、数多くの進化的系統を含むと考えられている。亜科がいくつも認められており、範囲が明確な亜科もある一方で、種の分類についてかなりの論争がある亜科もある。いずれにせよ、より細かく分類できるようになるまでは、この科を単一の大きな単位として扱う以外に方法はない。

タカチホヘビ属
Achalinus
11種

大きさ：小型。
分布：中国、東南アジア。
生息環境：わかっていない。
食物：ミミズやナメクジを食べると考えられている。
繁殖法：卵生。
備考：人目につかず、わからない点が多い。

種：
Achalinus ater
Achalinus braconnieri
Achalinus loochoensis
ミナミタカチホ
Achalinus formosanus
Achalinus hainanus
Achalinus jinggangensis
メイクエタカチホ
Achalinus meiguensis
クロタカチホ
Achalinus niger
Achalinus rufescens
タカチホ
Achalinus spinalis
アマミタカチホ
Achalinus werneri

マキバヘビ属
Adelophis
2種

大きさ：小型。
分布：メキシコ。
生息環境：湿地。
食物：ミミズ。
繁殖法：胎生。
備考：わかっていない点が多い。

種：
Adelophis copei
Adelophis foxi

キョウダイヘビ属
Adelphicos
5種

大きさ：小型。
分布：中米（グアテマラ、メキシコのチアパス州）。
生息環境：マツ林、ナラ・カシ林、雲霧林。半地中生。
食物：ミミズ。
繁殖法：卵生。

種：
Adelphicos daryi
Adelphicos latifasciatus
Adelphicos nigrilatus
Adelphicos quadrivirgatus
Adelphicos veraepacis

ピラミッドヘビ属
Aeluroglena
1種

大きさ：小型。
分布：エチオピア、ソマリア北部。
生息環境：砂漠生、半砂漠生。
食物：わかっていない。
繁殖法：わかっていない。
備考：1898年に記載されて以来ほとんど採集例がない。

種：
ピラミッドヘビ
Aeluroglena cucullata

アフロユウダ属
Afronatrix
1種

大きさ：中型。
分布：アフリカ。
生息環境：さまざまだが、常に水辺。
食物：カエル、おそらく魚類。
繁殖法：卵生と考えられている。
備考：わかっていない点が多い。

種：
アフロユウダ
Afronatrix anoscopus

ツタムチヘビ属
Ahaetula
8種

大きさ：長く、2メートルに達する。非常に細い。
分布：スリランカ、インド、中国、東南アジア。
生息環境：森林、農園、耕地。完全に樹上生。
食物：おもにトカゲだが、小型哺乳類、鳥類も食べる。
繁殖法：胎生。
備考：緑色または茶色で、頭部は細長く、吻部はとがっている。瞳孔は水平な楕円形で、距離を測るのに適している。後牙類だが、人間にとって特に危険はない。かつてはクビナガヘビ属*Dryophis*に分類されていた。

種：
Ahaetulla dispar
Ahaetulla fasciolata
Ahaetulla fronticincta
Ahaetulla mycterizans
ハナナガアオムチヘビ
Ahaetulla nasuta
Ahaetulla perroteti
オオアオムチヘビ
Ahaetulla prasina
チャムチヘビ
Ahaetulla pulverulenta

マダガスカルキールヘビ属
Alluaudina
2種

大きさ：小型で、40センチメートルまでが多い。
分布：マダガスカル。
生息環境：森林。
食物：わかっていない。
繁殖法：卵生と考えられている。
備考：希少な種でわからない点が多い。*A.mocquardi*の標本は同じ地域の洞穴で採集された2個体しかない。

種：
Alluaudina bellyi
Alluaudina mocquardi

ヤブヘビ属
Alsophis
13種

大きさ：やや大型で、細い。
分布：西インド諸島、南米、ガラパゴス諸島。
生息環境：さまざま。
食物：トカゲ。
繁殖法：卵生と考えられている。
備考：昼行性で動きがすばやい。*A.ater*と*A.sanctaecrucis*の2種は絶滅した可能性がある。それ以外の種も絶滅に瀕している。

種：
Alsophis anomalus
アンティグアヤブヘビ
Alsophis antiguae
Alsophis antillensis
Alsophis ater
Alsophis biserialis
キューバヤブヘビ
Alsophis cantherigerus
Alsophis melanichinus
Alsophis occidentalis
プエルトリコヤブヘビ
Alsophis portoricensis
Alsophis rijersmai
Alsophis rufiventris
Alsophis sanctaecrucis
Alsophis vudii

サビガシラヘビ属
Amastridium
1種

大きさ：小型で、最大72センチメートル。
分布：中米（メキシコからパナマ）。
生息環境：森林。地上生。
食物：カエルと考えられている。
繁殖法：わかっていない。

種：
サビガシラヘビ
Amastridium veliferum

ヒバァ属
Amphiesma
43種

大きさ：小型。
分布：東南アジア、インド、スリランカ、中国、日本。
生息環境：沼、湿原、湖、流れのゆるやかな川、じめじめした森林。一部の種は半水生。
食物：両生類、魚類。
繁殖法：卵生。

種：
Amphiesma atemporalis
ベドムヒバァ
Amphiesma beddomei
Amphiesma bitaeniatum
Amphiesma boulengeri
Amphiesma celebicum
Amphiesma concelarum
Amphiesma craspedogaster
Amphiesma deschauenseei

ナミヘビ科

Amphiesma elongatum
ハナジロヒバァ
  Amphiesma flavifrons
  Amphiesma frenatum
  Amphiesma groundwateri
イナスヒバァ
  Amphiesma inas
ヤエヤマヒバァ
  Amphiesma ishigakiense
  Amphiesma johannis
  Amphiesma khasiense
  Amphiesma metusia
ミヤジマヘビ
  Amphiesma miyajimae
  Amphiesma modestum
  Amphiesma montanum
  Amphiesma monticolum
  Amphiesma nicobarense
  Amphiesma novaeguineae
  Amphiesma octolineatum
  Amphiesma optatum
  Amphiesma parallelum
  Amphiesma pealii
  Amphiesma petersii
  Amphiesma platyceps
  Amphiesma popei
ガラスヒバァ
  Amphiesma pryeri
  Amphiesma punctiventris
ワキバラヒバァ
  Amphiesma sanguineum
  Amphiesma sarasinorum
サラワクヒバァ
  Amphiesma sarawacense
ザウテルヘビ
  Amphiesma sauteri
  Amphiesma sieboldii
キスジヒバァ
  Amphiesma stolatum
  Amphiesma truncatum
  Amphiesma venningi
ヒバカリ
  Amphiesma vibakari
  Amphiesma viperinum
  Amphiesma xenurum

ヒバァモドキ属
Amphiesmoides
1種

大きさ：小型。
分布：中国。
生息環境：半水生。
食物：わかっていない。
繁殖法：わかっていない。
備考：希少でわからない点が多い。

種：
  ヒバァモドキ
    Amphiesmoides ornaticeps

ケープアシヘビ属
Amplorhinus
1種

大きさ：小型。
分布：アフリカ南部。
生息環境：じめじめした土地。
食物：カエル、トカゲ。
繁殖法：胎生。
備考：後牙類だが、人間にとって危険はない。

種：
  ケープアシヘビ
    Amplorhinus multimaculatus

ミズゴケヘビ属
Anoplohydrus
1種

大きさ：小型で、最大43センチメートル。
分布：スマトラ島。
生息環境：湿潤な森林。半水生と考えられている。
食物：わかっていない。
繁殖法：わかっていない。
備考：1909年に記載された1個体の標本しかない。

種：
  ミズゴケヘビ
    Anoplohydrus aemulans

アンティルヘビ属
Antillophis
2種

大きさ：中型で細い。
分布：キューバ、ハイチおよび周辺の島々。
生息環境：樹木がまばらに生えた開けた土地。
食物：トカゲ。
繁殖法：卵生。
備考：昼行性。

種：
  Antillophis andreai
  Antillophis parvifrons

エダセタカヘビ属
Aplopeltura
1種

大きさ：中型。
分布：東南アジア。
生息環境：多雨林。樹上および地上で活動する。
食物：カタツムリ。
繁殖法：卵生と考えられている。
備考：非常に細長く、頭部は角ばっており、褐色と黒の斑紋がある。中南米のマイマイヘビ属*Dipsas*にとてもよく似ている。

種：
  エダセタカ
    Aplopeltura boa

ツマグロヘビ属
Apostolepis
21種

大きさ：小型。
分布：南米。
生息環境：森林。ほとんど地中で活動する。
食物：無脊椎動物、小型のカエル、トカゲ。
繁殖法：わかっていない。

種：
  Apostolepis ambiniger
  Apostolepis assimilis
  Apostolepis barrioi
  Apostolepis cearensis
  Apostolepis coronata
  Apostolepis dorbignyi
  Apostolepis erythronata
  Apostolepis flavotorquata
  Apostolepis goiasensis
  Apostolepis intermedia
  Apostolepis longicaudata
  Apostolepis niceforoi
  Apostolepis nigroterminata
  Apostolepis polylepis
  Apostolepis pymi
  Apostolepis quinquelineata
  Apostolepis rondoni
  Apostolepis tenuis
  Apostolepis ventrimaculata
  Apostolepis villaricae
  Apostolepis vittata

バンドレーサー属
Argyrogena
1種

大きさ：中型で細い。
分布：インド。
生息環境：開けた土地。
食物：おもにトカゲ。
繁殖：卵生と考えられている。
備考：昼行性で動きがすばやい。

種：
  バンドレーサー
    Argyrogena fasciolata

グロッシーヘビ属
Arizona
1種

大きさ：やや大型。
分布：北米。
生息環境：砂漠、乾燥地帯。
食物：トカゲ、ヘビ、小型哺乳類。
繁殖法：卵生。20個以上の卵を産む。

種：
  グロッシーヘビ
    Arizona elegans

アリトンヘビ属
Arrhyton
12種

大きさ：小型。
分布：西インド諸島、キューバ。
生息環境：さまざま。
食物：両生類とその卵、トカゲ。
繁殖法：卵生と考えられている。
備考：後牙類だが、人間にとって危険はない。それ以外はわかっていない点が多い。

種：
  Arrhyton ainictum
  Arrhyton callilaemum
  Arrhyton dolichura
  Arrhyton exiguum
  Arrhyton funereum
  Arrhyton landoi
  Arrhyton polylepis
  Arrhyton procerum
  Arrhyton supernum
  Arrhyton taeniatum
  Arrhyton tanyplectum
  Arrhyton vittatum

トゲオジムグリ属
Aspidura
6種

大きさ：小型。
分布：スリランカ。
生息環境：森林の葉積層。
食物：おもにミミズ。
繁殖法：卵生。
備考：夜行性。

種：
  メンカブリトゲオジムグリ
    Aspidura brachyorrhos
  Aspidura copii
  Aspidura deraniyagalae
  Aspidura drummondhayi
  ギュンタートゲオジムグリ
    Aspidura guentheri
  コシトゲオジムグリ
    Aspidura trachyprocta

ボウスイヘビ属
Atractus
89種

大きさ：非常に小型。
分布：中南米。
生息環境：多雨林の葉積層。
食物：おもに無脊椎動物。
繁殖法：卵生。
備考：多くの種は褐色で、一部の種は頸部に明るい色の斑紋をもつ。一部の種は極めて限られた地域に分布しており、わずかな数の標本しかない。つい最近になって記載された種もある。

種：
  Atractus albuquerquei
  Atractus alphonsehogei
  Atractus andinus
  Atractus arrangoi
  ヨコオビボウスイヘビ
    Atractus badius
  Atractus balzani
  Atractus biseriatus
  Atractus bocki
  Atractus bocourti
  Atractus boettgeri
  Atractus boulengerii
  Atractus canedii
  Atractus carrioni
  Atractus clarki
  クビワボウスイヘビ
    Atractus collaris
  Atractus crassicaudatus
  Atractus duidensis
  Atractus dunni

Atractus ecuadorensis
ホンサンゴボウスイヘビ
　Atractus elaps
Atractus emigdioi
Atractus emmeli
Atractus erythromelas
Atractus favae
Atractus flammigerus
Atractus fuliginosus
Atractus gaigeae
Atractus guentheri
Atractus indistinctus
Atractus insipidus
Atractus iridescens
Atractus lancinii
Atractus lasallei
クサビオサンゴボウスイヘビ
　Atractus latifrons
Atractus lehmanni
Atractus limitaneus
Atractus loveridgei
アサマダラボウスイヘビ
　Atractus maculatus
Atractus major
Atractus manizalesensis
Atractus mariselae
Atractus melanogaster
Atractus melas
Atractus micheli
Atractus microrhynchus
Atractus modestus
Atractus multicinctus
Atractus nicefori
Atractus nigricaudus
Atractus nigriventris
Atractus obesus
Atractus obtusirostris
Atractus occidentalis
エリジロボウスイヘビ
　Atractus occipitoalbus
Atractus oculotemporalis
Atractus pamplonensis
Atractus pantostictus
Atractus paravertebralis
Atractus paucidens
Atractus pauciscutatus
Atractus peruvianus
Atractus poeppigi
Atractus potschi
Atractus punctiventris
Atractus resplendens
Atractus reticulatus
Atractus riveroi
Atractus roulei
Atractus sanctaemartae
Atractus sanguineus
Atractus schach
Atractus serranus
Atractus snethlageae
Atractus steyermarki
Atractus subbicinctus
Atractus taeniatus
Atractus torquatus
アリヅカボウスイヘビ
　Atractus trihedrurus
Atractus trilineatus
Atractus trivittatus
Atractus univittatus
Atractus variegatus
Atractus ventrimaculatus
Atractus vertebralis
Atractus vertebrolineatus
Atractus vittatus

Atractus wagleri
Atractus werneri
Atractus zidoki

オリーブヘビ属
Atretium
2種

大きさ：小型〜中型。
分布：インド、スリランカ（インドオリーブヘビ*A.schistosum*）、中国（*A.yunnanensis*）。
生息環境：沼地や湿地。水生または半水生。
食物：魚類、カエル。
繁殖法：卵生と考えられている。
備考：中国の種は希少でわからない点が多い。

種：
インドオリーブヘビ
　Atretium schistosum
Atretium yunnanensis

ハナカガシ属
Balanophis
1種

大きさ：小型。
分布：スリランカ。
生息環境：森林の葉積層。
食物：カエル。
繁殖法：卵生。

種：
ハナカガシ
　Balanophis ceylonensis

ニセウミヘビ属
Bitia
1種

大きさ：小型。
分布：ミャンマー、タイ、マレー半島。
生息環境：入り江や河口。
食物：魚類。
繁殖法：胎生。
備考：頭部は幅が狭く、尾は側偏しており、泳ぎに適している。

種：
ニセウミヘビ
　Bitia hydroides

ブライスヘビ属
Blythia
1種

大きさ：小型。
分布：インド北部、ミャンマー、チベット、中国南部。
生息環境：わかっていないが、地中生と考えられている。
食物：わかっていない。
繁殖法：わかっていない。

種：
ブライスヘビ
　Blythia reticulata

サバクナメラ属
Bogertophis
2種

大きさ：中型〜大型。
分布：北米（米国南部、メキシコ北部）。
生息環境：岩砂漠の中でも溝や岩の割れ目など、比較的湿度が高い小さな生息域。
食物：おもに小型哺乳類。
繁殖法：卵生。20個までの卵を産む。
備考：餌動物を絞め殺すタイプのヘビで力が強く、眼は大きく、鱗板には目立つキールがある。おもに夜行性。かつてはナメラ属*Elaphe*に分類されていた。

種：
ロザリアナメラ
　Bogertophis rosalinae
サバクナメラ
　Bogertophis subocularis (pp. 76-77)

オオガシラ属
Boiga
30種

大きさ：やや大型。
分布：アフリカ、南アジア、東南アジア、フィリピン、インドネシアの島々、オーストラリア北部。
生息環境：森林、疎林、マングローブの森などさまざまだが、すべての種が樹上生活に高度に適応している。
食物：おもに樹上生のトカゲや、コウモリなどの哺乳類。
繁殖法：卵生。
備考：後牙類だが、人間にとってそれほど危険ではないとされている。ナンヨウオオガシラ*B.irregularis*はいくつかの島々（特にグアム島）に偶然に移入され、在来の鳥類や家畜を捕食して脅威となっている。

種：
アンダマンオオガシラ
　Boiga andamansis
クロワオオガシラ
　Boiga angulata
クロホシオオガシラ
　Boiga barnesi
ベトムオオガシラ
　Boiga beddomei
ブランディングオオガシラ
　Boiga blandingii
セイロンオオガシラ
　Boiga ceylonensis
ミドリオオガシラ
　Boiga cyanea (p. 109)
イヌバオオガシラ
　Boiga cynodon
マングローブヘビ
　Boiga dendrophila (p. 108)
ダイトンオオガシラ
　Boiga dightoni
オビオオガシラ
　Boiga drapiezii
　Boiga flavescens
フォーステンオオガシラ
　Boiga forsteni
カリガネオオガシラ
　Boiga gokool

Boiga hexogonata
ナンヨウオオガシラ
　Boiga irregularis
ジャスパーオオガシラ
　Boiga jaspidea
タイワンオオガシラ
　Boiga kraepelini
タタイオオガシラ
　Boiga multifasciata
コメカミオオガシラ
　Boiga multitemporalis
アズキマダラオオガシラ
　Boiga multomaculata
ボウシオオガシラ
　Boiga nigriceps
　Boiga nuchalis
ジャノメオオガシラ
　Boiga ocellata
クチバオオガシラ
　Boiga ochracea
ルソンオオガシラ
　Boiga philippina
　Boiga pulverulenta
ホウギオオガシラ
　Boiga quincunciata
キミドリオオガシラ
　Boiga saengomi
ガンマオオガシラ
　Boiga trigonata

ギュンタークロヘビ属
Bothrolycus
1種

大きさ：小型。
分布：中央アフリカ。
生息環境：わかっていない。
食物：わかっていない。
繁殖法：わかっていない。

種：
ギュンタークロヘビ
　Bothrolycus ater

アカクロスジヘビ属
Bothrophthalmus
1種

大きさ：小型。
分布：中央アフリカ、西アフリカ。
生息環境：じめじめした山地林。
食物：わかっていない。
繁殖法：わかっていない。

種：
アカクロスジヘビ
　Bothrophthalmus lineatus

ミジカヘビ属
Brachyophis
1種

大きさ：小型。
分布：ケニア、ソマリア。
生息環境：わかっていない。
食物：わかっていない。
繁殖法：わかっていない。
備考：わかっていない点が多い。ナミヘビ科の他種との類縁関係もはっきりしていない。

ナミヘビ科

種：
　ミジカヘビ
　　Brachyophis revoili

ウルシヘビ属
Brachyorrhus
1種

大きさ：小型。
分布：インドネシアの島々。
生息環境：わかっていない。
食物：わかっていない。
繁殖法：わかっていない。

種：
　ウルシヘビ
　　Brachyorrhus albus

ブリゴーヘビ属
Brygophis
1種

大きさ：大型。
分布：マダガスカル。
生息環境：わかっていない。
食物：ほとんどわかっていない。
繁殖法：わかっていない。
備考：赤茶色で白い斑点がある1個体の標本しかない。その個体は大型のカメレオンを食べていた。

種：
　ブリゴーヘビ
　　Brygophis coulangesi

ブホマヘビ属
Buhoma
2種

大きさ：中型。
分布：マダガスカル。
生息環境：森林。
食物：わかっていない。
繁殖法：わかっていない。
備考：かつてはアフリカモリヘビ属 *Geodipsas* に分類されていた。

種：
　Buhoma boulengeri
　Buhoma infralineatus

ヒメヘビ属
Calamaria
56種

大きさ：小型。
分布：インド、ミャンマー、中国南部・南西部、東南アジア、インドネシアの島々。
生息環境：森林や湿った土地に穴を掘って生息する。
食物：ミミズなどの体の柔らかい無脊椎動物。
繁殖法：卵生。

種：
　Calamaria abstrusa
　Calamaria acutirostris
　Calamaria albiventer
　Calamaria alidae
　Calamaria apraeocularis
　Calamaria baluensis
　Calamaria battersbyi
　Calamaria bicolor
　Calamaria bitorques
　Calamaria boesemani
　Calamaria borneensis
　Calamaria brachyura
　Calamaria brongersmai
　Calamaria buchi
　Calamaria ceramensis
　Calamaria crassa
　Calamaria curta
　Calamaria doederleini
　Calamaria eiselti
　Calamaria everetti
　Calamaria forcarti
　Calamaria gervaisii
　Calamaria grabowskyi
　Calamaria gracillima
　Calamaria griswoldi
　Calamaria hilleniusi
　Calamaria javanica
　Calamaria joloensis
　Calamaria lateralis
　Calamaria lautensis
　Calamaria leucogaster
　リンネヒメヘビ
　　Calamaria linnaei
　Calamaria lovii
　Calamaria lumbricoidea
　Calamaria lumholtzi
　Calamaria margaritophora
　Calamaria mecheli
　Calamaria melanota
　Calamaria modesta
　Calamaria muelleri
　Calamaria nuchalis
　Calamaria palavanensis
　ナガヒメヘビ
　　Calamaria pavimentata
　Calamaria pendleburyi
　ミヤコヒメヘビ
　　Calamaria pfefferi
　Calamaria prakkei
　Calamaria rebentischi
　シュレーゲルヒメヘビ
　　Calamaria schlegeli
　シュミットヒメヘビ
　　Calamaria schmidti
　Calamaria septentrionalis
　Calamaria suluensis
　Calamaria sumatrana
　Calamaria ulmeri
　Calamaria vermiformis
　Calamaria virgulata
　Calamaria yunnanensis

リオグランデドソルヘビ属
Calamodontophis
1種

大きさ：小型。
分布：ブラジル南部。
生息環境：わかっていない。
食物：わかっていない。
繁殖法：わかっていない。
備考：後牙類ということ以外はほとんどわかっていない。

種：
　リオグランデドソルヘビ
　　Calamodontophis paucidens

ボウヒメヘビ属
Calamorhabdium
2種

大きさ：非常に小型。
分布：セレベス島（スラウェシ島、バカン島）。
生息環境：わかっていない。
繁殖法：わかっていない。
備考：もう1種、1個体の標本だけがある種がある。その個体は1940年にスマトラ島で、コブラ科のヘビ（アオマタハリヘビ *Maticora bivirgata*）の胃から見つかった。

種：
　Calamorhabdium acuticeps
　Calamorhabdium kuekenthali

ハチマキミズヘビ属
Cantoria
2種

大きさ：小型。
分布：インド、マレー半島、インドネシア、アンダマン諸島（フタツハチマキミズヘビ *C.violacea*）、ニューギニアのプリンスヘンドリック島（ミツハチマキミズヘビ *C.annulata*）各地の沿岸。
生息環境：沿岸水域、入り江、河口。半水生。
食物：おもに魚類。
繁殖法：胎生。

種：
　ミツハチマキミズヘビ
　　Cantoria annulata
　フタツハチマキミズヘビ
　　Cantoria violacea

ミミズヘビ属
Carphophis
2種

大きさ：非常に小型。
分布：北米東部。
生息環境：じめじめした土地の堆積物の下。
食物：おもにミミズなどの体の柔らかい無脊椎動物。
繁殖法：卵生。
備考：背側は黒または茶褐色、腹側はピンク。セイブミミズヘビ *C.vermis* はアメリカミミズヘビ *C.amoenus* の亜種とされる場合もある。

種：
　アメリカミミズヘビ
　　Carphophis amoenus
　セイブミミズヘビ
　　Carphophis vermis

スカーレットヘビ属
Cemophora
1種

大きさ：小型。
分布：北米南東部。
生息環境：地中に掘った穴や樹皮の下。
食物：小型のヘビ、トカゲ。
繁殖法：卵生。6個までの細長い卵を産む。
備考：赤、黒、白の鮮やかな色合いをもつ。

種：
　スカーレットヘビ
　　Cemophora coccinea

ウミワタリ属
Cerberus
2種

大きさ：中型。
分布：東南アジア、インドネシアの島々、ニューギニア、オーストラリアの熱帯地域。
生息環境：入江、マングローブの沼地、干潟。完全に水生。
食物：魚類、海生甲殻類。
繁殖法：胎生。
備考：後牙類だが、人間にとって危険はないとされる。

種：
　フィリピンウミワタリ
　　Cerberus microlepis
　キールウミワタリ
　　Cerberus rynchops

ニセオオカミヘビ属
Cercaspis
1種

大きさ：中型で細い。
分布：スリランカ。
生息環境：湿度が高い場所。地上生。
食物：トカゲ、ヘビ。
繁殖法：卵生。
備考：太い黒と白の横帯で、同じ地域に分布する猛毒のセイロンアマガサ *Bungarus ceylonicus* に擬態している。夜行性。

種：
　ニセオオカミヘビ
　　Cercaspis carinatus

オヅノヘビ属
Cercophis
1種

大きさ：中型。
分布：東南アジア。
生息環境：森林。樹上生活に高度に適応している。
食物：おもにトカゲ。
繁殖法：卵生。

種：
　オヅノヘビ
　　Cercophis auratus

ヘビ名便覧

モリモグリヘビ属
Chamaelycus
2種

大きさ：小型。
分布：西アフリカ。
生息環境：森林。地中生。
食物：わかっていない。
繁殖法：わかっていない。

種：
Chamaelycus christyi
Chamaelycus fasciatus

ジバシリヘビ属
Chersodromus
2種

大きさ：小型。
分布：メキシコ。
生息環境：わかっていない。
食物：わかっていない。
繁殖法：わかっていない。

種：
Chersodromus liebmanni
Chersodromus rubriventris

サンドスネーク属
Chilomeniscus
4種

大きさ：小型。
分布：北米南西部のソノラ砂漠、カリフォルニア湾の島々（*C.punctatissimus*, *C.savagei*）。
生息環境：乾燥した砂地。
食物：サソリなどの無脊椎動物。
繁殖法：卵生。
備考：偏平な頭部となめらかで光沢のある体鱗は、砂地での移動に適応している。

種：
セオビサンドスネーク
Chilomeniscus cinctus
Chilomeniscus punctatissimus
Chilomeniscus savagei
Chilomeniscus stramineus

スキハナヘビ属
Chionactis
2種

大きさ：小型。
分布：北米南西部。
生息環境：砂れき質または砂質の砂漠。地表の下の砂中を泳ぐように移動する。
食物：無脊椎動物、昆虫の幼虫。
繁殖法：卵生。1〜3個の小型で細長い卵を産む。
備考：鮮やかな色彩の偽サンゴヘビ。頭部は偏平、体鱗はなめらかで光沢がある。もう1種、*C.saxatilis*も記載されているが、誤りと思われる。

種：
セイブスキハナヘビ
Chionactis occipitalis

ソノラスキハナヘビ
Chionactis palarostris

キロニウスヘビ属
Chironius
24種

大きさ：小型〜中型で、細い。
分布：中米、南米北部。
生息環境：森林や疎林の地表や下生えに生息する。
食物：トカゲ、鳥類、小型齧歯類。
繁殖法：卵生。

種：
Chironius barrioi
Chironius bicarinatus
キールキロニウス
Chironius carinatus
Chironius cinnamomeus
Chironius cochranae
Chironius exoletus
Chironius flavolineatus
Chironius flavopictus
Chironius foveatus
ダークキロニウス
Chironius fuscus
Chironius grandisquamis
Chironius holochlorus
Chironius laevicollis
Chironius laurenti
Chironius melas
Chironius monticola
Chironius multiventris
Chironius pyrrhopogon
Chironius quadricarinatus
Chironius schlueteri
Chironius scurrulus
Chironius spixii
Chironius vicinus
Chironius vincenti

トビヘビ属
Chrysopelea
5種

大きさ：やや大型で、体は細い。
分布：インド、スリランカ、ミャンマー、マレーシア、中国南部、インドネシアの島々、フィリピン。
生息環境：森林、農園。樹上生。
食物：樹上生のトカゲ、カエル、哺乳類。
繁殖法：卵生。
備考：体の下面を偏平にして空気抵抗を高め、樹木の頂部から滑空する。後牙類だが、人間にとって特に危険はないとされる。

種：
ゴールデントビヘビ
Chrysopelea ornata
パラダイストビヘビ
Chrysopelea paradisi
ベニトビヘビ
Chrysopelea pelias
Chrysopelea rhodopleuron
Chrysopelea taprobanica

ムスラナ属
Clelia
9種

大きさ：大型。
分布：中南米。
生息環境：森林。
食物：毒ヘビを含むほかのヘビや哺乳類を絞め殺して食べる。
備考：おもに夜行性。

種：
Clelia bicolor
Clelia clelia
Clelia equatoriana
Clelia errabunda
Clelia montana
Clelia occipitolutea
Clelia quimi
Clelia rustica
Clelia scytalina

カートランドヘビ属
Clonophis
1種

大きさ：小型で、約60センチメートルまで。
分布：北米。
生息環境：沼地などのじめじめした場所。
食物：ミミズ、ナメクジ。
繁殖法：胎生。

種：
カートランドヘビ
Clonophis kirtlandii

ヤマノコビトヘビ属
Collorhabdium
1種

大きさ：小型。
分布：マレーシアのカメロン高地。
生息環境：山地林。
食物：わかっていない。
繁殖法：わかっていない。
備考：人目につかず、発見例が少ない。

種：
ヤマノコビトヘビ
Collorhabdium williamsoni

レーサー属
Coluber
29種

大きさ：中型〜大型で、多くの種は細い。
分布：北米（アメリカレーサー *C.constrictor*）、ヨーロッパ、北アフリカ、西アフリカ、中東、中央アジア、インドシナ半島。
生息環境：さまざま。
食物：トカゲ、小型哺乳類。おもに地上で採餌するが、餌動物を追いかけて下生えにのぼることもある。
繁殖法：卵生。
備考：激しく咬みついて身を守るが、人間にとって危険はない。昼行性。おそらくこの属は今後いくつかの属に分けられるだろう（例：トカゲオイヘビ属 *Eremiophis*）。

種：
オビレーサー
Coluber algirus
Coluber brevis
カスピレーサー
Coluber caspius
アメリカレーサー
Coluber constrictor
Coluber cypriensis
Coluber dorri
Coluber elegantissimus
Coluber florulentus
バルカンレーサー
Coluber gemonensis
バテイレーサー
Coluber hippocrepis
Coluber insulanus
オオレーサー
Coluber jugularis
Coluber manseri
Coluber messanai
Coluber mormon
ヤツメレーサー
Coluber najadum
Coluber nummifer
Coluber rogersi
Coluber rubriceps
シュミットレーサー
Coluber schmidti
Coluber sinai
Coluber smithi
Coluber socotrae
キセスジレーサー
Coluber spinalis
Coluber thomasi
Coluber variabilis
Coluber ventromaculatus
Coluber venzmeri
ヨーロッパレーサー
Coluber viridiflavus

マラガシーモリヘビ属
Compsophis
1種

大きさ：小型。
分布：マダガスカル。
生息環境：わかっていない。
食物：わかっていない。
繁殖法：わかっていない。
備考：1幼体の標本（茶色で背面に褐色の縞がある）しかない。生態はまったくわかっておらず、標本採集の努力も今までのところ実っていない。

種：
マラガシーモリヘビ
Compsophis albiventris

オギレヘビ属
Coniophanes
13種

大きさ：小型。
分布：北米、中米、南米（テキサス州南部からペルーまで）。

ナミヘビ科

生息環境：さまざま。地上生。
食物：無脊椎動物、カエル、トカゲ。
繁殖法：卵生。
備考：後牙類だが、ふつう人間にとって危険はないとされる。尾は切れやすく、サンゴヘビの胃からこの属のヘビの尾が発見されたことがある。

種：
Coniophanes alvarezi
Coniophanes andresensis
Coniophanes bipunctatus
Coniophanes dromiciformis
キバラオギレヘビ
Coniophanes fissidens
Coniophanes flangivirgatus
キタオギレヘビ
Coniophanes imperialis
Coniophanes joanae
Coniophanes lateritius
Coniophanes meridanus
Coniophanes piceivittis
Coniophanes quinquevittatus
Coniophanes schmidti

ミチマモリ属
Conophis
5種

大きさ：やや大型で、体長約1メートルまで。
分布：中米。
生息環境：乾燥した森林、伐採地、海岸。
食物：トカゲ、ヘビを追跡して捕食する。カエル、ヒキガエル、小型哺乳類も食べる。
繁殖法：卵生。
備考：大型の後牙と猛毒をもつ。人間が咬まれると痛みを覚え、咬まれた部分が腫れることがある。昼行性で活発。

種：
Conophis biserialis
スジミチマモリ
Conophis lineatus
Conophis nasus
Conophis pulcher
Conophis vittatus

シャープテールスネーク属
Contia
1種

大きさ：小型で、約45センチメートルまで。
分布：北米西部。
生息環境：通常は水辺の開けた林や草原。
食物：ナメクジ。
繁殖法：卵生。

種：
シャープテールスネーク
Contia tenuis

スムーズヘビ属
Coronella
2種

大きさ：小型。
分布：ヨーロッパ、北アフリカ（*C. girondica*のみ）。
生息環境：乾燥地からじめじめした土地まで、また山岳から低地まで、さまざま。
食物：おもにトカゲだが、巣穴にいる齧歯類も食べる。
繁殖法：ヨーロッパスムーズヘビ *C.austriaca*は胎生、クチワスムーズヘビ *C.girondica*は卵生。

種：
ヨーロッパスムーズヘビ
Coronella austriaca
クチリスムーズヘビ
Coronella girondica

ネバーマンヘビ属
Crisantophis
1種

大きさ：中型で細い。
分布：メキシコ。
生息環境：乾燥した森林。
食物：わかっていない。
繁殖法：卵生と考えられている。

種：
ネバーマンヘビ
Crisantophis nevermanni

ヘラルドヘビ属
Crotaphopeltis
5種

大きさ：中型。
分布：アフリカ大陸の南半分。
生息環境：じめじめした沼地。
食物：カエル、ヒキガエル。
繁殖法：卵生。
備考：口の後方に向いた牙があるが、人間にとって危険はないとされる。

種：
Crotaphopeltis acarina
Crotaphopeltis barotseensis
Crotaphopeltis degeni
クチベニヘビ
Crotaphopeltis hotamboeia
Crotaphopeltis tornieri

ウンムリンヘビ属
Cryophis
1種

大きさ：中型。
分布：メキシコ。
生息環境：わかっていない。
食物：わかっていない。
繁殖法：わかっていない。
備考：希少でわからない点が多い。

種：
ウンムリンヘビ
Cryophis hallbergi

チビオオカミヘビ属
Cryptolycus
1種

大きさ：小型。
分布：モザンビーク。
生息環境：わかっていない。
食物：ミミズトカゲ。
繁殖法：卵生。

種：
チビオオカミヘビ
Cryptolycus nanus

フィリピンイヌバヘビ属
Cyclocorus
2種

大きさ：小型。
分布：フィリピン。
生息環境：朽木や植生の下。
食物：ほかのヘビと考えられている。
繁殖法：わかっていない。
備考：わからない点が多い。

種：
ミツボシイヌバヘビ
Cyclocorus lineatus
Cyclocorus nuchalis

アオヘビ属
Cyclophiops
5種

大きさ：中型で細い。
分布：中国、インドシナ半島、琉球列島。
生息環境：森林。
食物：おもに無脊椎動物を食べると考えられている。
繁殖法：卵生。

種：
Cyclophiops doriae
タイワンアオヘビ
Cyclophiops major
Cyclophiops multicinctus
リュウキュウアオヘビ
Cyclophiops semicarinatus
サキシマアオヘビ
Cyclophiops herminae

ダーリングトンヘビ属
Darlingtonia
1種

大きさ：小型。
分布：ハイチ。
生息環境：わかっていない。
食物：小型のカエル。
繁殖法：わかっていない。

種：
ダーリングトンヘビ
Darlingtonia haetiana

タマゴヘビ属
Dasypeltis
6種

大きさ：中型で、約1メートルまで。
分布：アフリカ中央部・南部。
生息環境：乾燥した半砂漠から森林まで、さまざま。
食物：鳥類の卵を丸飲みし、のどの中で割る。
繁殖法：卵生。
備考：同じ地域に分布する有毒のアダー類の外見や行動を擬態することが多い。特殊化した餌に適応した形態を備えている。

種：
クロタマゴヘビ
Dasypeltis atra
Dasypeltis fasciata
チャイロタマゴヘビ
Dasypeltis inornata
Dasypeltis medici
Dasypeltis palmarum
アフリカタマゴヘビ
Dasypeltis scabra (pp. 70-71)

ブロンズヘビ属
Dendrelaphis
19種

大きさ：中型〜大型で、細い。
分布：インド、スリランカ、ミャンマー、中国南部、インドシナ半島、東南アジア、インドネシアの島々、オーストラリア北部。
生息環境：森林に生息し、樹上生活に高度に適応しているが、水にも入る。
食物：おもにトカゲ、両生類だが、魚類も食べる。
繁殖法：卵生。

種：
Dendrelaphis bifrenalis
Dendrelaphis calligastra
スジオブロンズヘビ
Dendrelaphis caudolineatus
ブルーブロンズヘビ
Dendrelaphis cyanochloris
ニシキブロンズヘビ
Dendrelaphis formosus
Dendrelaphis gastrostictus
Dendrelaphis gorei
Dendrelaphis grandoculis
Dendrelaphis humayuni
Dendrelaphis lorentzi
Dendrelaphis meeki
Dendrelaphis oliveri
Dendrelaphis papuensis
Dendrelaphis pictus
アラフラブロンズヘビ
Dendrelaphis punctulata
Dendrelaphis salomonis
ハスオビブロンズヘビ
Dendrelaphis striatus
Dendrelaphis subocularis
セバブロンズヘビ
Dendrelaphis tristis

カメルーンシゲミヘビ属
Dendrolycus
1種

大きさ：わかっていない。
分布：コンゴ民主共和国（旧ザイール）。
生息環境：森林。
食物：わかっていない。
繁殖法：わかっていない。

種：
　カメルーンシゲミヘビ
　　Denrolycus elapsoides

コエダヘビ属
Dendrophidion
8種

大きさ：小型で非常に細い。
分布：中南米（メキシコからボリビア北部）。
生息環境：じめじめした低地林。おもに地上で活動するが、樹木にのぼることもある。
食物：齧歯類、トカゲ、カエル。
繁殖法：卵生と考えられている。

種：
　Dendrophidion bivittatus
　Dendrophidion boshelli
　Dendrophidion brunneus
　Dendrophidion dendrophis
　Dendrophidion nuchalis
　Dendrophidion paucicarinatus
　Dendrophidion percarinatus
　Dendrophidion vinitor

クビワヘビ属
Diadophis
1種

大きさ：非常に多様で、亜種によって小型から中型のものがある。
分布：北米。
生息環境：さまざま。乾燥地にも湿潤な土地にも生息し、岩、倒木、ごみの下にいることがある。
食物：ミミズやナメクジなどの無脊椎動物、小型両生類、小型爬虫類。大型の個体は巣穴の齧歯類を食べることもある。
繁殖法：卵生。

種：
　クビワヘビ
　　Diadophis punctatus

ナンベイカエルクイヘビ属
Diaphorolepis
2種

大きさ：やや大型。
分布：パナマ、コロンビア、エクアドル。
生息環境：わかっていないが、地上生と考えられている。
食物：わかっていない。
繁殖法：卵生と考えられている。

種：
　Diaphorolepis laevis
　Diaphorolepis wagneri

マダラヘビ属
Dinodon
7種

大きさ：小型でずんぐりしている。
分布：ミャンマー、中国南部、日本、インドシナ半島北部。
生息環境：じめじめした森林。
食物：よくわかっていないが、両生類、魚類と考えられている。
繁殖法：卵生。

種：
　キイロマダラ
　　Dinodon flavozonatum
　Dinodon gammiei
　シロマダラ
　　Dinodon orientale
　バラマダラ
　　Dinodon rosozonatum
　アカマダラ
　　Dinodon rufozonatum
　アカマタ
　　Dinodon semicarinatum
　Dinodon septentrionae

ゲバンデスラング属
Dipsadoboa
6種

大きさ：小型で細い。
分布：アフリカ。
生息環境：森林。樹上生。
食物：ヤモリ、カエル。
繁殖法：卵生。
備考：後牙類だが、人間にとって危険はない。夜行性。

種：
　Dipsadoboa aulicus
　Dipsadoboa duchesnii
　Dipsadoboa elongata
　Dipsadoboa shrevei
　Dipsadoboa unicolor
　Dipsadoboa werneri

マイマイヘビ属
Dipsas
33種

大きさ：細長い。
分布：中南米（メキシコからブラジルにかけて）。
生息環境：多雨林。多くが樹上生。
食物：カタツムリとナメクジを食べるために適応した特殊な構造の顎をもっており、頭が四角張っている。
繁殖法：卵生。
備考：樹上生活に適応して、体が側偏している。鮮やかな色彩の種もある。

種：
　ウスビタイマイマイヘビ
　　Dipsas albifrons
　Dipsas articulata
　Dipsas bicolor
　Dipsas boettgeri
　Dipsas brevifacies
　ケーツビーマイマイヘビ
　　Dipsas catesbyi
　Dipsas chaparensis
　Dipsas copei
　Dipsas ellipsifera
　Dipsas gaigeae
　Dipsas gracilis
　Dipsas incerta
　Dipsas indica
　Dipsas infrenalis
　Dipsas latifasciata
　Dipsas latifrontalis
　Dipsas longicaudata
　Dipsas maxillaris
　Dipsas neivai
　Dipsas oreas
　Dipsas pavonina
　Dipsas perijanensis
　Dipsas peruana
　Dipsas poecilolepis
　Dipsas polylepis
　Dipsas pratti
　Dipsas sanctijoannis
　Dipsas schunkii
　Dipsas temporalis
　Dipsas tenuissima
　ブチマイマイヘビ
　　Dipsas variegata
　Dipsas vermiculata
　Dipsas viguieri

ブチクチバシヘビ属
Dipsina
1種

大きさ：小型で細い。
分布：アフリカ南部・南西部。
生息環境：岩のある乾燥した砂地。
食物：トカゲ。
繁殖法：卵生。
備考：吻部は鉤のように曲がっており、眼が大きい。

種：
　ブチクチバシヘビ
　　Dipsina multimaculata

ブームスラング属
Dispholidus
1種

大きさ：大型だが細い。
分布：サハラ砂漠以南のアフリカ全域。
生息環境：森林。樹上生。
食物：昼行性で、おもにカメレオンを食べるが、それ以外のトカゲ類も食べる。餌動物は毒牙で咬みついて捕らえる。
繁殖法：卵生。1回に25個までの卵を産む。
備考：人間の死亡例がある数少ない後牙類ヘビのひとつ。

種：
　ブームスラング
　　Dispholidus typus (pp. 110-11)

オビコダマヘビ属
Ditaxodon
1種

大きさ：わかっていない。
分布：ブラジル。
生息環境：わかっていない。
食物：わかっていない。
繁殖法：わかっていない。
備考：極めて希少で、わからない点が多い。

種：
　オビコダマヘビ
　　Ditaxodon taeniatus

ゲンキヘビ属
Ditypophis
1種

大きさ：小型。
分布：アラビア半島沖の孤島であるソコトラ島。
生息環境：ソコトラ島は乾燥地域だが、この属のヘビが好んで生息する環境は詳しくはわかっていない。
食物：わかっていない。
繁殖法：わかっていない。
備考：希少でわからない点が多い。

種：
　ゲンキヘビ
　　Ditypophis vivax

クロエリサンゴアカヘビ属
Drepanoides
1種

大きさ：小型。
分布：南米。
生息環境：森林。地上および葉積層に生息する。
食物：わかっていない。
繁殖法：わかっていない。
備考：サンゴヘビのような鮮やかな色彩をもつ。

種：
　クロエリサンゴアカヘビ
　　Drepanoides anomalus

キバシリヘビ属
Dromicodryas
2種

大きさ：小型で細い。
分布：マダガスカル。
生息環境：森林。
食物：トカゲと考えられている。
繁殖法：卵生と考えられている。
備考：昼行性。

種：
　ベルニアキバシリ
　　Dromicodryas bernieri
　ヨスジキバシリ
　　Dromicodryas quadrilineatus

ナミヘビ科

ハシリヘビ属
Dromicus
8種

大きさ：小型〜中型で、細い。
分布：ガラパゴス諸島、西インド諸島。
生息環境：さまざま。
食物：トカゲ、両生類、小型哺乳類などさまざま。
繁殖法：卵生。
備考：昼行性で活発。*Liophis*属に分類される場合もある。

種：
- *Dromicus angustilineatus*
- *Dromicus calliaemus*
- *Dromicus chamissonis*
- *Dromicus exiguum*
- *Dromicus funereum*
- *Dromicus inca*
- *Dromicus polylepis*
- *Dromicus tachymenoides*

ドロハシリヘビ属
Dromophis
2種

大きさ：やや長いが、細い。
分布：熱帯アフリカ。
生息環境：森林、じめじめした土地。
食物：カエル、小型哺乳類。
繁殖法：わかっていない。

種：
- *Dromophis lineatus*
- *Dromophis praeornatus*

ニンフヘビ属
Dryadophis→
ムチモリヘビ属 *Mastigodryas*を参照

クリボー属
Drymarchon
1種

大きさ：大型で、2.5メートルに達する場合がある。
分布：北米、中米、南米北部。
生息環境：乾燥したマツ林からパルメットヤシの低木林、熱帯林までさまざま。
食物：魚類、カエル、爬虫類、鳥類、哺乳類。
繁殖法：卵生。
備考：分布地域に応じて変化に富んだ色彩をもつ。昼行性でしばしば日光浴をする。

種：
- クリボー
  Drymarchon corais (pp. 98-99)

モリレーサー属
Drymobius
4種

大きさ：やや長く、細い。
分布：北米（テキサス州南部）から中米を経て南米まで。
生息環境：さまざま。
食物：おもに両生類。
繁殖法：卵生。
備考：昼行性。

種：
- ミドリモリレーサー
  Drymobius chloraticus
- スペクルレーサー
  Drymobius margaritiferus
- *Drymobius melanotropis*
- *Drymobius rhombifer*

キノボリレーサー属
Drymoluber
2種

大きさ：細長い。
分布：北米、中米、南米（テキサス州南部からペルー）。
生息環境：さまざま。
食物：おもにトカゲ。
繁殖法：卵生。

種：
- *Drymoluber brazili*
- *Drymoluber dichrous*

キノボリアトバ属
Dryocalamus
6種

大きさ：小型。
分布：スリランカ、インド、東南アジア、フィリピン。
生息環境：森林。樹上生。
食物：無脊椎動物、カエル、トカゲと考えられている。
繁殖法：わかっていない。
備考：わかっていない点が多い。夜行性。

種：
- *Dryocalamus davisonii*
- *Dryocalamus gracilis*
- ニンフキノボリアトバ
  Dryocalamus nympha
- *Dryocalamus philippinus*
- バイカキノボリアトバ
  Dryocalamus subannulatus
- *Dryocalamus tristrigatus*

クビナガヘビ属
Dryophiops
2種

大きさ：小型（*D.philippina*）〜中型。
分布：東南アジア、フィリピン。
生息環境：森林。樹上生。
食物：小型のトカゲ。
繁殖法：クビナガヘビ*D.rubescens*は胎生だが、もう1種についてはわかっていない。

種：
- *Dryophiops philippina*
- クビナガヘビ
  Dryophiops rubescens

ナメクジクイ属
Duberria
2種

大きさ：小型で、約40センチメートルまで。
分布：アフリカ南部。
生息環境：じめじめした土地の草の間、倒木の下。
食物：ナメクジ、カタツムリ。
繁殖法：胎生。
備考：人目につかない。

種：
- ナンアナメクジクイ
  Duberria lutrix
- *Duberria variegata*

ナンベイハヤシヘビ属
Echinanthera
12種

大きさ：小型。
分布：南米。
生息環境：わかっていない。
食物：わかっていない。
繁殖法：わかっていない。
備考：かつてマツバヤシヘビ属*Rhadinea*に分類されていた数種を含む。

種：
- *Echinanthera affinis*
- *Echinanthera amoenus*
- *Echinanthera bilineata*
- *Echinanthera brevirostris*
- *Echinanthera cephalomaculata*
- *Echinanthera cephalostriata*
- *Echinanthera cyanopleura*
- *Echinanthera melanostigma*
- *Echinanthera occipitalis*
- *Echinanthera persimilis*
- *Echinanthera poecilopogon*
- *Echinanthera undulata*

ヒメレーサー属
Eirenis
18種

大きさ：小型。
分布：北アフリカからトルコ、中東を経て、インド北西部まで。
生息環境：岩などのがれきの間。
食物：無脊椎動物、小型のトカゲ。
繁殖法：わかっている範囲では胎生。
備考：人目につかない。つい最近記載されたばかりの種もあり、いくつかの種についてはわからない点が多い。

種：
- *Eirenis africana*
- *Eirenis aurolineatus*
- *Eirenis barani*
- *Eirenis collaris*
- *Eirenis coronella*
- *Eirenis coronelloides*
- *Eirenis decemlineata*
- *Eirenis eiselti*
- *Eirenis frenatus*
- *Eirenis hakkariensis*
- *Eirenis iranica*
- *Eirenis levantinus*
- フタモンヒメレーサー
  Eirenis lineomaculata
- *Eirenis modestus*
- *Eirenis persicus*
- *Eirenis punctatolineatus*
- *Eirenis rothii*
- *Eirenis thospitis*

タマゴヌスミ属
Elachistodon
1種

大きさ：小型。
分布：インド。
生息環境：わかっていない。
食物：アフリカのタマゴヘビ属*Dasypeltis*と同様、鳥類の卵。
繁殖法：卵生と考えられている。
備考：非常に希少でわからない点が多い。

種：
- インドタマゴヌスミ
  Elachistodon westermanni

ナメラ属
Elaphe
33種

大きさ：小型〜大型で、約45センチメートルから2メートル以上まで。
分布：北米と中米（5種）、ヨーロッパ、アジア。
生息環境：森林、沼地、多雨林、洞穴、山地、砂漠に至るさまざまな環境。
食物：大部分の種は小型哺乳類と鳥類を食べるが、両生類、トカゲ、おそらく無脊椎動物を食べる種もある。
繁殖法：卵生だが、中国に分布する半水生のミズナメラ*E.rufodorsata*だけは異なるので、ミズナメラをこの属に分類するのは適当ではないだろう。
備考：この属の分類については早急に見直す必要がある。一部の種はすでにサバクナメラ属*Bogertophis*、キノボリナメラ属*Gonyosoma*、ドウキョウナメラ属*Senticolis*へ移された。インドネシアの*E.enganensis*という種もこの属の種として認められる場合があるが、一般的にはチモールナメラ*E.subradiata*の亜種とされる。

種：
- スナゴヘビ
  Elaphe bairdi (pp. 74-75)
- フタモンナメラ
  Elaphe bimaculata
- *Elaphe cantoris*
- シュウダ
  Elaphe carinata
- アオダイショウ
  Elaphe climacophora
- ジムグリ
  Elaphe conspicillata
- ダビドナメラ
  Elaphe davidi
- サラサナメラ
  Elaphe dione
- ウラルナメラ
  Elaphe erythrura
- ヨルナメラ
  Elaphe flavirufa

ヘビ名便覧

オグロナメラ
　Elaphe flavolineata
コーンスネーク
　Elaphe guttata (pp. 72-73)
トリンケットヘビ
　Elaphe helena
ホジソンナメラ
　Elaphe hodgsoni
コーカシアナメラ
　Elaphe hohenackeri
レナードナメラ
　Elaphe leonardi
クスシヘビ
　Elaphe longissima
タカサゴナメラ
　Elaphe mandarina (pp. 78-79)
ツマベニナメラ
　Elaphe moellendorffi
アメリカネズミヘビ
　Elaphe obsoleta
　Elaphe perlacea
　Elaphe persica
ベニナメラ
　Elaphe porphyracea
シマヘビ
　Elaphe quadrivirgata
タイリクシマヘビ
　Elaphe quatuorlineata
ホウシャナメラ
　Elaphe radiata
ミズナメラ
　Elaphe rufodorsata
ハシゴヘビ
　Elaphe scalaris
カラダイショウ
　Elaphe schrenckii
ヒョウモンヘビ
　Elaphe situla (pp. 96-97)
チモールナメラ
　Elaphe subradiata
スジオナメラ
　Elaphe taeniura
キツネヘビ
　Elaphe vulpina

スンダサンチヘビ属
Elapoidis
1種

大きさ：小型。
分布：ボルネオ島、スマトラ島、ジャワ島。
生息環境：じめじめした丘陵や山地。地中生。
食物：わかっていない。
繁殖法：卵生。

種：
　スンダサンチヘビ
　　Elapoidis fusca

ワカレヘビ属
Elapomojus
1種

大きさ：小型。
分布：ブラジル。
生息環境：森林。
食物：わかっていない。
繁殖法：わかっていない。
備考：希少でわからない点が多い。

種：
　ワカレヘビ
　　Elapomojus dimidiatus

エリクビヘビ属
Elapomorphus
12種

大きさ：小型。
分布：南米。
生息環境：さまざま。地中生で人目につかない。
食物：ミミズなどの無脊椎動物と考えられている。
繁殖法：わかっていない。
備考：わかっていない点が多い。

種：
　Elapomorphus bilineatus
　Elapomorphus bollei
　Elapomorphus dimidiatus
　Elapomorphus lemniscatus
　Elapomorphus lepidus
　Elapomorphus mertensi
　Elapomorphus nasutus
　Elapomorphus punctatus
　Elapomorphus quinquelineatus
　Elapomorphus spegazzinii
　Elapomorphus tricolor
　Elapomorphus wuchereri

エラポチヌスヘビ属
Elapotinus
1種

大きさ：小型。
分布：熱帯アフリカ。
生息環境：わかっていない。
食物：わかっていない。
繁殖法：わかっていない。
備考：希少で、わかっていることがほとんどない。この属とほかの属のヘビとの関係もいまだにわかっていない。

種：
　エラポチヌスヘビ
　　Elapotinus picteti

フルグラーヘビ属
Emmochliophis
1種

大きさ：小型。
分布：エクアドル。
生息環境：アンデス山脈の山腹の森林地帯。
食物：わかっていない。
繁殖法：わかっていない。
備考：1個体の標本しかなく、詳しいことはほとんどわかっていない。

種：
　フルグラーヘビ
　　Emmochliophis fugleri

ミズヘビ属
Enhydris
21種

大きさ：大部分が小型だが、オオミズヘビE.bocourtiiは1メートルを超える。
分布：インド、中国、東南アジア、ニューギニア、オーストラリア北部。
生息環境：完全に水生。池、沼、丘陵の沢に生息する。
食物：魚類、カエルとその幼生（オタマジャクシ）。
繁殖法：胎生で、水中で出産する。
備考：体形は円筒状で、体鱗はなめらかで光沢がある。眼が上向きについている。

種：
　キテンミズヘビ
　　Enhydris albomaculata
　マダラミズヘビ
　　Enhydris alternans
　ベネットミズヘビ
　　Enhydris bennetti
　オオミズヘビ
　　Enhydris bocourtii
　シナミズヘビ
　　Enhydris chinensis
　ボルネオミズヘビ
　　Enhydris doriae
　デュスミアミズヘビ
　　Enhydris dussumieri
　スジミズヘビ
　　Enhydris enhydris
　セマクチミズヘビ
　　Enhydris indica
　カンボジアミズヘビ
　　Enhydris innominata
　フチドリミズヘビ
　　Enhydris jagorii
　オナガミズヘビ
　　Enhydris longicauda
　スミツキミズヘビ
　　Enhydris maculosa
　マタンナミズヘビ
　　Enhydris matannensis
　パハンミズヘビ
　　Enhydris pahangensis
　パキスタンミズヘビ
　　Enhydris pakistanica
　ハイイロミズヘビ
　　Enhydris plumbea
　キスジミズヘビ
　　Enhydris polylepis
　キエリミズヘビ
　　Enhydris punctata
　シーボルトミズヘビ
　　Enhydris sieboldi
　スミスミズヘビ
　　Enhydris smithi

エヌリウスヘビ属
Enulius
3種

大きさ：小型で細い。
分布：中米、南米北部。
生息環境：乾燥した森林、多湿な森林。地中生。
食物：わかっていないが、無脊椎動物と考えられている。
繁殖法：わかっていない。
備考：わかっていない点が多い。

種：
　キエリエヌリウス
　　Enulius flavitorques
　　Enulius oligostichus
　　Enulius sclateri

トカゲオイヘビ属
Eremiophis
6種

大きさ：大型で細い。
分布：北アフリカ、中東。
生息環境：開けた乾燥地。
食物：おもにトカゲ。
繁殖法：卵生。
備考：かつてはレーサー属*Coluber*に分類されていた。昼行性で動きがすばやい。

種：
　Eremiophis bholanathi
　Eremiophis gracilis
　Eremiophis karelini
　Eremiophis ravergieri
　Eremiophis rhodorhachis
　Eremiophis ventromaculatus

ノーチェヘビ属
Eridiphas
1種

大きさ：小型～中型。
分布：メキシコのバハカリフォルニア。
生息環境：乾燥した岩場。
食物：おもにトカゲ。
繁殖法：卵生。

種：
　ノーチェヘビ
　　Eridiphas slevini

ヒゲミズヘビ属
Erpeton
1種

大きさ：中型。
分布：タイ、インドシナ半島。
生息環境：完全に水生。
食物：魚類。水生植物の茂みに潜み、餌動物を待ち伏せする。
繁殖法：胎生。水中で出産。
備考：胴体の横断面はほぼ長方形で、頭部は平たく、吻には2つの肉質の突起がある。腹板は退縮して、細く盛り上がった畝のようになっている。

種：
　ヒゲミズヘビ
　　Erpeton tentaculatum

カガヤキヘビ属
Erythrolamprus
6種

大きさ：小型。
分布：中南米。
生息環境：森林。地上生。

食物：爬虫類。
繁殖法：卵生。
備考：サンゴヘビに似た色鮮やかな横帯をもつ。後牙類だが、人間にとって危険はない。

種：
エスクラピアカガヤキヘビ
　Erythrolamprus aesculapii
　Erythrolamprus bauperthuisii
フタオビカガヤキヘビ
　Erythrolamprus bizona
　Erythrolamprus guentheri
　Erythrolamprus mimus
　Erythrolamprus pseudocorallus

エテリッジヘビ属
Etheridgeum
1種

大きさ：小型。
分布：スマトラ島。
生息環境：わかっていない。
食物：わかっていない。
繁殖法：わかっていない。
備考：1924年に記載された1個体の標本しかない。

種：
エテリッジヘビ
　Etheridgeum pulchrum

ドロヘビ属
Farancia
2種

大きさ：大型で、2メートルに達する場合もある。
分布：北米（フロリダ州とその周辺の州）。
生息環境：半水生。沼、水路、湖やその周辺に生息し、植物に覆われた場所にいることが多い。
食物：カエル、オタマジャクシ、ウナギ類、アンフューマ属*Amphiuma*の有尾両生類（ウナギに似ている）。
繁殖法：卵生。地中の産卵巣に卵を産む。

種：
ヒムネドロヘビ
　Farancia abacura
ニジドロヘビ
　Farancia erytrogramma

カギバナヘビ属
Ficimia
6種

大きさ：小型。
分布：北米、中米（テキサス州南部からホンジュラス北部まで）。
生息環境：乾燥した半砂漠から森林まで、さまざま。
食物：おもにクモ類、ムカデ類。
繁殖法：卵生。
備考：後牙類だが、人間にとって危険はない。1個体しか標本がない種が2種ある。

種：
　Ficimia olivacea
ユカタンカギバナ
　Ficimia publia
　Ficimia ramirezi
　Ficimia ruspator
メキシコカギバナ
　Ficimia streckeri
　Ficimia variegata

フサクチヘビ属
Fimbrios
1種

大きさ：小型。
分布：東南アジア。
生息環境：森林で、地上生と考えられている。
食物：わかっていない。
繁殖法：わかっていない。
備考：希少でわからない点が多い。下顎の一部にふさ状の鱗があるが、その機能はわかっていない。夜行性。

種：
フサクチヘビ
　Fimbrios klossi

カニクイミズヘビ属
Fordonia
1種

大きさ：小型。
分布：東南アジア、フィリピン、ニューギニア、オーストラリア北部の沿岸。
生息環境：海岸の干潟、マングローブの森。
食物：カニを絞め殺してから少しずつ食べる。
繁殖法：胎生。
備考：非常に特殊化した種。

種：
カニクイミズヘビ
　Fordonia leucobalia

ミネオヘビ属
Gastropyxis
1種

大きさ：中型だが、非常に細い。
分布：熱帯アフリカ。
生息環境：森林。
食物：カエル。
繁殖法：わかっていない。
備考：アフリカデメヘビ属*Hapsidophrys*に分類される場合もある。

種：
ミネオヘビ
　Gastropyxis smaragdina

テワーンテペクヘビ属
Geargas
1種

大きさ：小型。
分布：メキシコ。
生息環境：わかっていないが、地中生と考えられている。
食物：わかっていない。
繁殖法：わかっていない。
備考：希少でわからない点が多い。

種：
テワーンテペクヘビ
　Geargas redimitus

アフリカモリヘビ属
Geodipsas
6種

大きさ：中型。
分布：西アフリカ（*G.depressiceps*）、東アフリカ（*G.vauerecegae*）、マダガスカル。
生息環境：おもに地上で活動するが、低木で発見された例もある。
食物：わかっていない。
繁殖法：わかっていない。
備考：希少でわからない点が多い。夜行性。

種：
　Geodipsas depressiceps
　Geodipsas laphystia
　Geodipsas procterae
　Geodipsas vauerecegae
　Geodipsas vinckei
　Geodipsas zenyi

ジメンヘビ属
Geophis
41種

大きさ：小型で細い。
分布：中米、南米北部（メキシコ北部からコロンビア）。
生息環境：さまざま。地上生。
食物：ミミズなどの体の柔らかい無脊椎動物。
繁殖法：わかっている範囲では卵生。
備考：おもに夜間に活動する。41種を掲載したが、そのうち多くは単なる変異型であって、正しい種数はこれよりかなり少ない可能性が高い。

種：
　Geophis alasukai
　Geophis anocularis
　Geophis betaniensis
　Geophis bicolor
　Geophis blanchardi
アカスジジメンヘビ
　Geophis brachycephalus
　Geophis cancellatus
　Geophis carinosus
　Geophis chalybeus
　Geophis championi
　Geophis downsi
　Geophis dubius
　Geophis duellmani
　Geophis dugesii
　Geophis dunni
　Geophis fulvoguttatus
キバナジメンヘビ
　Geophis godmani
　Geophis hoffmanni
　Geophis immaculatus
　Geophis incomptus
　Geophis isthmicus
　Geophis laticinctus
　Geophis laticollaris
　Geophis latifrontalis
　Geophis maculiferus
　Geophis mutitorques
　Geophis nasalis
　Geophis nigrocinctus
　Geophis omiltemanus
　Geophis petersii
　Geophis pyburni
　Geophis rhodogaster
　Geophis rostralis
　Geophis russatus
　Geophis ruthveni
　Geophis sallaei
　Geophis semiannulatus
　Geophis semidoliatus
　Geophis sieboldi
　Geophis tarascae
　Geophis zeledoni

ツツミズヘビ属
Gerarda
1種

大きさ：小型。
分布：スリランカ、インド、ミャンマー、タイそれぞれの沿岸や河口。
生息環境：マングローブの森。水中生活に高度に適応している。
食物：わかっていない。魚類と考えられている。
繁殖法：胎生。

種：
ツツミズヘビ
　Gerarda prevostiana

ゴメスヘビ属
Gomesophis
1種

大きさ：小型。
分布：ブラジル。
生息環境：わかっていない。
食物：わかっていない。
繁殖法：わかっていない。

種：
ゴメスヘビ
　Gomesophis brasiliensis

マメスベハダヘビ属
Gongylosoma
3種

大きさ：小型。
分布：東南アジア（インドネシア、マレー半島、タイ）。
生息環境：丘陵地の雨林、水辺が多い。
食物：無脊椎動物、両生類、トカゲ。
繁殖法：卵生と考えられている。
備考：かつてはスベハダヘビ属*Liopeltis*に分類されていた。

種：
　Gongylosoma baliodeirum
　Gongylosoma longicauda

ヘビ名便覧

Gongylosoma scripta

ニシアフリカツチヘビ属
Gonionotophis

3種

大きさ：小型。
分布：西アフリカ。
生息環境：多雨林。
食物：カエルと考えられている。
繁殖法：わかっていない。

種：
Gonionotophis brussauxi
Gonionotophis grantii
Gonionotophis klingi

ニジキノボリヘビ属
Gonyophis

1種

大きさ：大型。
分布：マレー半島、ボルネオ島。
生息環境：丘陵の森林地帯。
食物：トカゲ、小型哺乳類と考えられている。
繁殖法：卵生と考えられている。
備考：類似しているトビヘビ属*Chrysopelea*に近い。

種：
ニジキノボリヘビ
Gonyophis margaritatus

キノボリナメラ属
Gonyosoma

4種

大きさ：大型。
分布：東南アジア。
生息環境：森林。樹上生活に高度に適応している。
食物：カエル、トカゲ、鳥類、小型哺乳類。
繁殖法：卵生。
備考：大部分の種は鮮やかな緑色をしている。かつてはナメラ属*Elaphe*に含められていた。

種：
スジメアオナメラ
Gonyosoma frenata
ヤンセンナメラ
Gonyosoma janseni
ホソツラナメラ
Gonyosoma oxycephalum
(pp. 106-7)
ミドリナメラ
Gonyosoma prasina

グレイヘビ属
Grayia

4種

大きさ：大型。
分布：西アフリカ。
生息環境：半水生。
食物：魚類と考えられている。
繁殖法：卵生と考えられている。
備考：わかっていない点が多い。

種：
Grayia caesar
Grayia ornata
Grayia smythii
Grayia tholloni

ハナエグレヘビ属
Gyalopion

2種

大きさ：小型。
分布：中米、南米北部。
生息環境：乾燥地。
食物：おもにクモ類。
繁殖法：卵生。
備考：サバクハナエグレヘビ*G. quadrangularis*は鮮やかな赤色で、白と黒のサンゴヘビを擬態している。2種とも夜行性。英語では近縁のカギバナヘビ属*Ficimia*と同じ名（hook-nosed snakes）で呼ばれる。

種：
セイブハナエグレヘビ
Gyalopion canum
サバクハナエグレヘビ
Gyalopion quadrangularis

オビレーサー属
Haemorrhois

5種

大きさ：中型。
分布：アフリカ北東部（ソマリア、ケニア北部）。
生息環境：わかっていない。
食物：わかっていない。
繁殖法：わかっていない。
備考：希少でわからない点が多い。

種：
Haemorrhois caudalineata
Haemorrhois citernii
Haemorrhois keniensis
ソマリアレーサー
Haemorrhois somalicus
Haemorrhois taylori

セイロンジムグリヘビ属
Haplocercus

1種

大きさ：小型。
分布：スリランカ。
生息環境：森林。朽木の下にいることが多い。
食物：ミミズ。
繁殖法：卵生。

種：
セイロンジムグリ
Haplocercus ceylonensis

アフリカデメヘビ属
Hapsidophrys

1種

大きさ：中型で細い。
分布：熱帯アフリカ。
生息環境：森林。樹上生活に高度に適応している。
食物：カエル。
繁殖法：わかっていない。

種：
アフリカデメヘビ
Hapsidophrys lineatus

ウワメヘビ属
Helicops

15種

大きさ：小型。
分布：南米。
生息環境：水生、半水生。
食物：魚類と考えられている。
繁殖法：胎生だが、*H.angulatus*は産卵する場合がある。

種：
ソバオウワメヘビ
Helicops angulatus
タツノオウワメヘビ
Helicops carinicaudus
Helicops danieli
Helicops gomesi
Helicops hagmanni
Helicops hogei
ヒョウモンウワメヘビ
Helicops leopardinus
Helicops modestus
Helicops pastazae
Helicops petersi
Helicops pictiventris
Helicops polylepis
Helicops scalaris
ミスジウワメヘビ
Helicops trivittatus
Helicops yacu

タイヨウヘビ属
Helophis

1種

大きさ：わかっていない。
分布：コンゴ民主共和国（旧ザイール）。
生息環境：わかっていない。
食物：わかっていない。
繁殖法：わかっていない。
備考：標本が非常に少ない。

種：
タイヨウヘビ
Helophis schoutedeni

キノカワヘビ属
Hemirhagerrhis

2種

大きさ：小型。
分布：アフリカ。
生息環境：樹木のある草原。樹上生。
食物：トカゲ。
繁殖法：卵生。
備考：夜行性で、昼間は樹皮のすきまに隠れている。

種：
Hemirhagerrhis kelleri
モパニーヘビ
Hemirhagerrhis nototaenia

シシバナヘビ属
Heterodon

3種

大きさ：小型〜中型で、1メートル近くになり、体はずんぐりしている。
分布：北米。
生息環境：さまざまだが、乾燥地の砂質土壌にいることが多い。
食物：おもにヒキガエルだが、地上に営巣する鳥類、小型哺乳類も食べる。
繁殖法：卵生。
備考：驚くと胴体を平らにして噴気音を発し、攻撃するふりをするが、追いつめられると死んだふりをする。

種：
セイブシシバナヘビ
Heterodon nasicus (pp. 94-95)
トウブシシバナヘビ
Heterodon platyrhinos
ナンブシシバナヘビ
Heterodon simus

マラガシーソリハナヘビ属
Heteroliodon

1種

大きさ：小型。
分布：マダガスカル。
生息環境：わかっていない。
食物：わかっていない。
繁殖法：わかっていない。

種：
マラガシーソリハナヘビ
Heteroliodon occipitalis

ハナワカレミズヘビ属
Heurnia

1種

大きさ：小型で、1メートル未満。
分布：ニューギニア。
生息環境：半水生。
食物：魚類。
繁殖法：胎生。
備考：ミズヘビ属*Enhydris*と近縁。

種：
ハナワカレミズヘビ
Heurnia ventromaculata

ルソンヘビ属
Hologerrhum

1種

大きさ：小型。
分布：フィリピンのルソン島。
生息環境：わかっていない。
食物：わかっていない。

ナミヘビ科

繁殖法：わかっていない。

種：
　ルソンヘビ
　　Hologerrhum philippinum

ヒロクチミズヘビ属
Homalopsis
1種

大きさ：中型。
分布：インド、ミャンマー、インドシナ半島、東南アジア。
生息環境：淡水、汽水。
食物：魚類、カエル。漁業の妨げになる場合がある。
繁殖法：胎生。

種：
　ヒロクチミズヘビ
　　Homalopsis buccata

キイロノセヘビ属
Hormonotus
1種

大きさ：わかっていない。
分布：西アフリカ。
生息環境：わかっていない
食物：わかっていない。
繁殖法：わかっていない。

種：
　キイロノセヘビ
　　Hormonotus modestus

カコミメヘビ属
Hydrablabes
2種

大きさ：小型。
分布：ボルネオ島。
生息環境：森林。地中生。
食物：わかっていない。
繁殖法：わかっていない。
備考：希少でわからない点が多い。

種：
　Hydrablabes periops
　Hydrablabes praefrontalis

ヒドラヘビ属
Hydraethiops
2種

大きさ：小型。
分布：中央アフリカ。
生息環境：半水生。
食物：両生類、魚類と考えられている。
繁殖法：わかっていない。
備考：アフロユウダ属*Afronatrix*と類縁関係にあるが、それ以外はわかっていない点が多い。

種：
　Hydraethiops laevis
　Hydraethiops melanogaster

ミズコブラモドキ属
Hydrodynastes
2種

大きさ：大型で太い。
分布：南米。
生息環境：半水生。
食物：カエル、ヒキガエル。小型哺乳類も食べる。
繁殖法：卵生。

種：
　Hydrodynastes bicinctus
　Hydrodynastes gigas

ミズバナヘビ属
Hydromorphus
3種

大きさ：小型。
分布：中米。
生息環境：わかっていない。
食物：わかっていない。
繁殖法：卵生と考えられている。
備考：人目につかず、わかっていない点が多い。

種：
　Hydromorphus clarki
　Hydromorphus concolor
　Hydromorphus dunni

ミズモグリ属
Hydrops
2種

大きさ：中型。
分布：南米北部からアンデス山脈東部まで。
生息環境：水中生活に高度に適応している。
食物：両生類、魚類。
繁殖法：卵生と考えられている。

種：
　マーティミズモグリ
　　Hydrops martii
　サンカクミズモグリ
　　Hydrops triangularis

ウィルソンヘビ属
Hypoptophis
1種

大きさ：小型。
分布：中米。
生息環境：わかっていない。
食物：わかっていない。
繁殖法：わかっていない。

種：
　ウィルソンヘビ
　　Hypoptophis wilsoni

ナイトスネーク属
Hypsiglena
2種

大きさ：小型。
分布：北米、中米。
生息環境：さまざまだが、ふつう乾燥した岩場。
食物：トカゲを夜間に捕食する。小型のヘビ、哺乳類も食べる。
繁殖法：卵生。

種：
　Hypsiglena tanzeri
　スポットナイトスネーク
　　Hypsiglena torquata

イスパニオラネコヘビ属
Hypsirhynchus
1種

大きさ：中型で太い。
分布：ハイチ。
生息環境：わかっていない。
食物：トカゲ、特にアノールトカゲ属*Anolis*。
繁殖法：わかっていない。

種：
　イスパニオラネコヘビ
　　Hypsirhynchus ferox

キバナヘビ属
Ialtris
3種

大きさ：中型で細い。
分布：イスパニョーラ島（ハイチおよびドミニカ共和国）。
生息環境：わかっていない。
食物：わかっていない。
繁殖法：卵生と考えられている。
備考：後牙類だが、人間にとって危険はない。

種：
　Ialtris agyrtes
　Ialtris dorsalis
　Ialtris parishi

ヘラバヘビ属
Iguanognathus
1種

大きさ：小型。
分布：スマトラ島。
生息環境：わかっていない。
食物：わかっていない。
繁殖法：わかっていない。
備考：希少な種で、採集例が少ない。

種：
　ヘラバヘビ
　　Iguanognathus werneri

マルガシラツルヘビ属
Imantodes
6種

大きさ：約1メートルに達するが、非常に細長い。
分布：中南米。
生息環境：完全に樹上生。昼間はアナナス類の植物に隠れ、夜間に捕食する。
食物：葉や枝の突端で休息しているトカゲやカエル。
繁殖法：卵生。卵は細長く、1回の産卵数は少ない。
備考：後牙類だが、人間にとって危険はない。頭部は幅広く、吻は丸く、眼が大きい。一部の種では非常に大型の背板が背側中央を走っている。

種：
　マルガシラツルヘビ
　　Imantodes cenchoa
　ナカヌケツルヘビ
　　Imantodes gemmistratus
　Imantodes inornatus
　Imantodes lentiferus
　Imantodes phantasma
　ゴクボソツルヘビ
　　Imantodes tenuissimus

スベセタカヘビ属
Internatus
2種

大きさ：小型。
分布：東南アジア（インドネシア、マレーシア、タイ）。
生息環境：森林。
食物：カタツムリ。
繁殖法：卵生。
備考：かつてはセダカヘビ属*Pareas*に分類されていた。

種：
　Internatus laevis
　Internatus malaccanus

ウシサシヘビ属
Ithycyphus
5種

大きさ：やや大型で、約1.5メートルまで。
分布：マダガスカル。
生息環境：森林。樹上生活に高度に適応している。
食物：カエル、カメレオンなどのトカゲ。
繁殖法：卵生。
備考：後牙類だが、人間にとって危険はない。

種：
　Ithycyphus blanci
　ミズベウシサシ
　　Ithycyphus goudoti
　オスアカウシサシ
　　Ithycyphus miniatus
　Ithycyphus oursi
　Ithycyphus perineti

キングヘビ属
Lampropeltis
8種

大きさ：小型〜やや大型。
分布：北米、中米、南米。
生息環境：砂漠、山地、森林。
食物：トカゲ、ヘビ、鳥類、哺乳類。
繁殖法：卵生。
備考：数種は色鮮やかな偽サンゴヘビで、赤、黒、白の輪紋をもつ。生息環境により、昼行性と夜行性の種がある。

種：
- ハイオビキングヘビ
  Lampropeltis alterna (p. 84)
- プレーリーキングヘビ
  Lampropeltis calligaster
- コモンキングヘビ
  Lampropeltis getula (pp. 82-83)
- グレーキングヘビ
  Lampropeltis mexicana (p. 85)
- シロハナキングヘビ
  Lampropeltis pyromelana (pp. 86-87)
- ルスベンキングヘビ
  Lampropeltis ruthveni
- ミルクヘビ
  Lampropeltis triangulum (pp. 88-89)
- ヤマキングヘビ
  Lampropeltis zonata

イエヘビ属
Lamprophis
14種

大きさ：小型〜中型。
分布：アフリカ、セーシェル諸島（*L. geometricus*）。
生息環境：砂漠から森林、人家の周辺までさまざま。
食物：トカゲ、小型哺乳類。獲動物を絞め殺すタイプのヘビで力が強い。
繁殖法：卵生。

種：
- *Lamprophis abyssinicus*
- オーロライエヘビ
  Lamprophis aurora
- *Lamprophis erlangeri*
- *Lamprophis fiskii*
- チャイロイエヘビ
  Lamprophis fuliginosus (pp.104-5)
- *Lamprophis fuscus*
- *Lamprophis geometricus*
- *Lamprophis guttatus*
- オリーブイエヘビ
  Lamprophis inornatus
- *Lamprophis lineatus*
- *Lamprophis maculatus*
- *Lamprophis olivaceus*
- *Lamprophis swazicus*
- *Lamprophis virgatus*

テングキノボリヘビ属
Langaha
3種

大きさ：長く、非常に細い。
分布：マダガスカル。
生息環境：多雨林。完全に樹上生。
食物：トカゲ、特にヤモリ。
繁殖法：卵生。1回の産卵数は少ない。
備考：吻端の付属器は、雌では木の葉のように偏平だが、雄では細長くとがっている。2種は雌の眼の上に大型の鱗板が張り出している。おもに早朝に活動する。

種：
- *Langaha alluaudi*
- テングキノボリ
  Langaha madagascariensis
- *Langaha pseudoalluaudi*

ノハラツヤヘビ属
Leimadophis
3種

大きさ：小型。
分布：中南米。
生息環境：多雨林などの湿度が高い環境。
食物：魚類、カエル、オタマジャクシ、トカゲ。
繁殖法：卵生。
備考：後牙類だが、人間にとって危険はない。*Liophis*属に含められる場合もある。

種：
- *Leimadophis atahuallpae*
- *Leimadophis pygmaeus*
- *Leimadophis simonsii*

ブタハナスベヘビ属
Leioheterodon
3種

大きさ：大型でがっしりしている。
分布：マダガスカル。
生息環境：乾燥した森林。
食物：両生類。上に反った吻を使って掘り出すこともある。
繁殖法：卵生。

種：
- シモフリブタハナスベヘビ
  Leioheterodon geayi
- オオブタハナスベヘビ
  Leioheterodon madagascariensis
- ムジブタハナスベヘビ
  Leioheterodon modestus

ネコメヘビ属
Leptodeira
9種

大きさ：大部分は小型で細い。
分布：北米、中米、南米（テキサス州からアルゼンチン北部、パラグアイまで）。
生息環境：さまざま。おもに地上生だが、低木にのぼることもある。
食物：カエル、カエル、ヒキガエル、オタマジャクシ。キタネコメヘビ *L. septentrionalis*（おそらくほかの種も）は、木の葉に産卵するアマガエルの卵をもっぱら食べる。
繁殖法：卵生。
備考：後牙類だが、人間にとって危険はない。

種：
- エリボシネコメヘビ
  Leptodeira annulata
- *Leptodeira bakeri*
- *Leptodeira frenata*
- マダラネコメヘビ
  Leptodeira maculata
- *Leptodeira nigrofasciata*
- *Leptodeira punctata*
- *Leptodeira rubricata*
- キタネコメヘビ
  Leptodeira septentrionalis
- *Leptodeira splendida*

シロセスジヘビ属
Leptodrymus
1種

大きさ：やや大型。
分布：中米。
生息環境：山地の多雨林。
食物：わかっていない。
繁殖法：わかっていない。
備考：希少で生態はわかっていない。

種：
- シロセスジヘビ
  Leptodrymus pulcherrimus

パロットヘビ属
Leptophis
10種

大きさ：大型で細い。
分布：中南米（メキシコ北西部からアルゼンチン、パラグアイまで）。
生息環境：高地を含むさまざまな環境。樹上生の種もある。
食物：両生類、トカゲ、ヘビ、小型鳥類とその卵、小型哺乳類。
繁殖法：卵生。
備考：背面は鮮やかな緑色であることが多い。後牙類だが、人間にとって危険はない。驚くと、口を大きく開けて鮮やかな青色の口の中を見せる。昼行性。

種：
- ムチパロットヘビ
  Leptophis ahaetulla
- *Leptophis cupreus*
- *Leptophis depressirostris*
- *Leptophis diplotropis*
- *Leptophis mexicanus*
- *Leptophis modestus*
- *Leptophis nebulosus*
- *Leptophis riveti*
- *Leptophis santamartensis*
- *Leptophis stimsoni*

ボルネオホソオヘビ属
Lepturophis
1種

大きさ：大型。
分布：インドネシア、マレーシア（ボルネオ島を含む）、タイ。
生息環境：低地の多雨林。沢の近く、植物が密生した場所にいることが多い。
食物：カエル、トカゲ、鳥類。
繁殖法：卵生と考えられている。

種：
- ボルネオホソオヘビ
  Lepturophis albofuscus

ヌマチヘビ属
Limnophis
1種

大きさ：小型で、約60センチメートルまで。
分布：アフリカ南部。
生息環境：沼地。半水生。
食物：魚類、両生類。
繁殖法：卵生。

種：
- ヌマチヘビ
  Limnophis bicolor

イヘリングヘビ属
Lioheterophis
1種

大きさ：小型。
分布：ブラジル。
生息環境：じめじめした場所。
食物：カエル。
繁殖法：わかっていない。

種：
- イヘリングヘビ
  Lioheterophis iheringi

スベハダヘビ属
Liopeltis
9種

大きさ：小型で細い。
分布：南アジア、東南アジア。
生息環境：大半が地上生で、熱帯雨林、耕地、農園に生息する。
食物：無脊椎動物、両生類、トカゲと考えられている。
繁殖法：卵生。
備考：掲載した種の一部の帰属については論争がある。

種：
- *Liopeltis calamaria*
- *Liopeltis frenatus*
- *Liopeltis hamptoni*
- *Liopeltis multicinctus*
- *Liopeltis nicobariensis*
- *Liopeltis philipinus*
- *Liopeltis rappi*
- *Liopeltis stoliczkae*
- ホオスジスベハダヘビ
  Liopeltis tricolor

ナミヘビ科

コハダヘビ属
Liophidium
8種
大きさ：小型。
分布：マダガスカル（7種）、コモロ諸島（*L.mayottensis*）。
生息環境：砂地や林床。
食物：わかっていない。
繁殖法：わかっていない。
備考：わかっていない点が多い。*L. apperti*は1個体、*L.therezieni*は2個体の標本しかない。

種：
- *Liophidium apperti*
- *Liophidium chabaudi*
- *Liophidium mayottensis*
- *Liophidium rhodogaster*
- *Liophidium therezieni*
- *Liophidium torquatum*
- *Liophidium trilineatum*
- *Liophidium vaillanti*

ツヤヘビ属
Liophis
59種
大きさ：小型〜やや大型。
分布：中南米、西インド諸島。
生息環境：さまざま。
食物：おもにトカゲだが、カエル、魚類も食べる。
繁殖法：卵生。
備考：後牙類だが、人間にとって危険はない。昼行性。一部の種（*L. coralliventris*、*L.flavifrenatus*、*L.lineatus*、*L.paucidens*）は*Lygophis*属として分類される場合もある。

種：
- *Liophis albiceps*
- *Liophis albiventris*
- *Liophis almadensis*
- *Liophis amarali*
- *Liophis amazonicus*
- *Liophis andinus*
- *Liophis anomalus*
- *Liophis atraventer*
- *Liophis bimaculatus*
- *Liophis brazili*
- オビアカハラツヤヘビ
  Liophis breviceps
- *Liophis canaima*
- *Liophis carajascinsis*
- *Liophis ceii*
- *Liophis chrysostomus*
- *Liophis cobella*
- *Liophis coralliventris*
- *Liophis cursor*
- *Liophis dilepis*
- ヤドクガエルクイ
  Liophis epinephalus
- *Liophis festae*
- *Liophis flavifrenatus*
- *Liophis fraseri*
- *Liophis frenatus*
- *Liophis guentheri*
- *Liophis ingeri*
- ジーガーツヤヘビ
  Liophis jaegeri
- *Liophis joberti*
- *Liophis juliae*
- *Liophis leucogaster*
- *Liophis lineatus*
- *Liophis longiventris*
- *Liophis maryellenae*
- *Liophis melanauchen*
- *Liophis melanostigma*
- *Liophis melanotus*
- *Liophis meridionalis*
- *Liophis miliaris*
- *Liophis mossoroensis*
- *Liophis obtusus*
- *Liophis oligolepis*
- *Liophis ornatus*
- *Liophis paucidens*
- *Liophis perfuscus*
- キララツヤヘビ
  Liophis poecilogyrus
- *Liophis problematicus*
- *Liophis pseudocobella*
- *Liophis purpurans*
- *Liophis reginae*
- *Liophis sagittifer*
- *Liophis steinbachi*
- *Liophis subocularis*
- *Liophis taeniurus*
- *Liophis triscalis*
- ヌマチツヤヘビ
  Liophis typhlus
- *Liophis vanzolinii*
- *Liophis viridis*
- *Liophis williamsi*
- *Liophis zweifeli*

スベウロコヘビ属
Liopholidophis
10種
大きさ：細長い。
分布：マダガスカル。
生息環境：沼地から森林や伐採地まで、さまざま。
食物：おもにカエル。
繁殖法：卵生。
備考：最近発見されたばかりの種も数種ある。

種：
- *Liopholidophis dolicocercus*
- *Liopholidophis epistibes*
- *Liopholidophis grandidieri*
- *Liopholidophis infrasignatus*
- *Liopholidophis lateralis*
- *Liopholidophis pinguis*
- *Liopholidophis pseudolateralis*
- *Liopholidophis rhadinaea*
- *Liopholidophis sexlineatus*
- *Liopholidophis stumpffi*

オオカミヘビ属
Lycodon
26種
大きさ：小型〜中型。
分布：アジア。
生息環境：村落、農場などさまざま。地上生だが、わずかに樹上生の性質を示すものもいる。
食物：トカゲ、ヘビだが、ほかの餌動物も食べる。
繁殖法：わかっている範囲では卵生。
備考：この属の分類は混乱している。以下に掲載した種数は多すぎるかもしれない。

種：
- *Lycodon alcalai*
- モトイオオカミヘビ
  Lycodon aulicus
- *Lycodon bibonius*
- *Lycodon butleri*
- *Lycodon capucinus*
- *Lycodon chrysoprateros*
- *Lycodon dumerili*
- *Lycodon effraenis*
- *Lycodon fasciatus*
- *Lycodon flavomaculatus*
- *Lycodon florensis*
- *Lycodon jara*
- *Lycodon kundui*
- ラオスオオカミヘビ
  Lycodon laoensis
- *Lycodon mackinnoni*
- *Lycodon muelleri*
- *Lycodon osmanhilli*
- *Lycodon paucifasciatus*
- *Lycodon ruhstrati*
- *Lycodon solivagus*
- *Lycodon stormi*
- *Lycodon striatus*
- シロオビオオカミヘビ
  Lycodon subcinctus
- *Lycodon tessellatus*
- *Lycodon tiwarii*
- *Lycodon travancoricus*

ミズギワヘビ属
Lycodonomorphus
6種
大きさ：中型。
分布：アフリカ。
生息環境：半水生。
食物：魚類、カエル、オタマジャクシ。
繁殖法：卵生。

種：
- *Lycodonomorphus bicolor*
- *Lycodonomorphus laevissimus*
- *Lycodonomorphus leleupi*
- *Lycodonomorphus rufulus*
- *Lycodonomorphus subtaeniatus*
- *Lycodonomorphus whytii*

シベットヘビ属
Lycodryas
3種
大きさ：細長い。
分布：インド洋地域。
生息環境：わかっていない。
食物：トカゲ、カエル。
繁殖法：卵生と考えられている。
備考：かつてこの属に分類されていたマダガスカルの数種は、最近マラガシーホソヘビ属*Stenophis*へ移された。

種：
- *Lycodryas maculatus*
- *Lycodryas sanctijohannis*
- *Lycodryas seychellensis*

セーシェルヘビ属
Lycognathophis
1種
大きさ：中型。
分布：セーシェル諸島。
生息環境：地上生と思われる。
食物：わかっていない。
繁殖法：わかっていない。
備考：わからない点が非常に多い。

種：
- セーシェルヘビ
  Lycognathophis seychellensis

ヴォルフスラング属
Lycophidion
15種
大きさ：小型。
分布：アフリカ。
生息環境：わかっていない。
食物：トカゲ、ヘビ。
繁殖法：卵生。
備考：長い前牙から英語ではWolf Snakesと呼ばれる。

種：
- *Lycophidion capense*
- *Lycophidion depressirostre*
- *Lycophidion hellmichi*
- *Lycophidion irroratum*
- *Lycophidion laterale*
- *Lycophidion meleagre*
- *Lycophidion namibianum*
- *Lycophidion ornatum*
- *Lycophidion polylepis*
- *Lycophidion pygmaeum*
- *Lycophidion semiannule*
- *Lycophidion semicinctum*
- *Lycophidion taylori*
- *Lycophidion uzungwense*
- *Lycophidion variegatum*

ソリハナヘビ属
Lystrophis
6種
大きさ：小型〜中型だが、ずんぐりしている。
分布：南米。
生息環境：さまざま。
食物：ヒキガエルと考えられている。
繁殖法：卵生。
備考：一部の種は色鮮やかで、同じ地域に分布する有毒のサンゴヘビに擬態しているらしい。吻は上向きに反っている。

種：
- *Lystrophis dorbignyi*
- *Lystrophis histricus*
- *Lystrophis matogrossiensis*
- *Lystrophis natteri*
- *Lystrophis pulcher*
- サンゴソリハナヘビ
  Lystrophis semicinctus

キリサキヘビ属
Lytorhynchus
7種

大きさ：小型。
分布：北アフリカ、中東、中央アジア。
生息環境：砂丘や礫砂漠などの乾燥地。
食物：ヤモリやその他のトカゲ。
繁殖法：卵生。
備考：吻端板は大型で、北米のハナアテヘビ属 *Phyllorhynchus*（キリサキヘビ属と同様の環境に生息し、同様の餌動物を食べるらしい）の吻端板と形が似ている。

種：
 Lytorhynchus diadema
 Lytorhynchus gaddi
 Lytorhynchus gasperetti
 Lytorhynchus kennedyi
 メナードキリサキ
  Lytorhynchus maynardi
 Lytorhynchus paradoxus
 Lytorhynchus ridgewayi

ヤマヒメヘビ属
Macrocalamus
3種

大きさ：小型。
分布：マレー半島。
生息環境：山地の森林。
食物：ミミズやナメクジと考えられている。
繁殖法：卵生。

種：
 Macrocalamus jasoni
 Macrocalamus lateralis
 Macrocalamus tweediei

ハブモドキ属
Macropisthodon
4種

大きさ：中型。
分布：インド、スリランカ、中国南部、東南アジアの一部地域。
生息環境：野原、草原。
食物：おもにカエル。
繁殖法：卵生。
備考：後牙類だが毒はない。幅の広い頭部と斑紋で、同じ地域に分布するマムシ属 *Agkistrodon* の危険な毒ヘビに擬態している。

種：
 Macropisthodon flaviceps
 Macropisthodon plumbicolor
 Macropisthodon rhodomelas
 ハブモドキ
  Macropisthodon rudis

ナガレヒバァ属
Macropophis
4種

大きさ：小型～中型。
分布：フィリピン。
生息環境：半水生。山地の沢で見られることが多い。
食物：両生類、魚類と考えられている。
繁殖法：わかっていない。
備考：オーストラアジアヒバァ属 *Tropidonophis* に分類される場合もある。

種：
 Macropophis barbouri
 Macropophis dendrophiops
 Macropophis halmaherica
 Macropophis hypomela

ズキンヘビ属
Macroprotodon
1種

大きさ：小型。
分布：西ヨーロッパ、北アフリカ、中東の一部地域。
生息環境：乾燥した岩場。
食物：動きが鈍いトカゲを捕食する。
繁殖法：卵生。
備考：後牙類だが、人間にとって危険はない。完全に夜行性。

種：
 ズキンヘビ
  Macroprotodon cucullatus

アリノハハヘビ属
Madagascarophis
4種

大きさ：中型でずんぐりしている。
分布：マダガスカル。
生息環境：地表、樹木ややぶの中など、さまざま。
食物：カエル、カメレオンなどのトカゲ、ヘビ、鳥類。
繁殖法：卵生。1回の産卵数は少ない。
備考：雨の後にもっとも活発に活動する。

種：
 Madagascarophis citrinus
 ゴノメアリノハハ
  Madagascarophis colubrina
 Madagascarophis meridionalis
 Madagascarophis ocellatus

モンペリエヘビ属
Malpolon
2種

大きさ：大型で、2メートル以上に達する。
分布：南ヨーロッパ、北アフリカ、中東。
生息環境：さまざまだが、低木が密生した乾燥した丘陵の中腹や、半砂漠に多い。
食物：トカゲ、ほかのヘビを日中に捕食する。
繁殖法：卵生。
備考：後牙類で、よく咬みつく。咬まれても生命に危険はないが、吐き気、局所的な痛み、腫れが起こる場合がある。

種：
 モイラヘビ
  Malpolon moilensis
 モンペリエヘビ
  Malpolon monspessulanus

シワビタイヘビ属
Manolepis
1種

大きさ：小型。
分布：メキシコ。
生息環境：わかっていない。
食物：わかっていない。
繁殖法：わかっていない。

種：
 シワビタイヘビ
  Manolepis putnami

ムチヘビ属
Masticophis
10種

大きさ：細長い。
分布：北米、中米、南米北部。
生息環境：砂漠、疎林、海岸。
食物：トカゲ、ヘビ、小型哺乳類。
繁殖法：卵生。
備考：昼行性で、すばやく動いて獲物を捕まえる。よく咬みつくが、人間にとって危険はない。

種：
 Masticophis anthonyi
 Masticophis aurigulus
 フタスジムチヘビ
  Masticophis bilineatus
 バシャムチヘビ
  Masticophis flagellum
 ワキスジムチヘビ
  Masticophis lateralis
 Masticophis mentovarius
 Masticophis pulchericeps
 ショットムチヘビ
  Masticophis schotti
 Masticophis stigodryas
 シマムチヘビ
  Masticophis taeniatus

ムチモリヘビ属
Mastigodryas
12種

大きさ：中型で細い。
分布：中南米（メキシコからアルゼンチン）。
生息環境：さまざまだが、開けた土地に多い。
食物：両生類、トカゲ、ヘビ、鳥類、小型哺乳類。
繁殖法：卵生。
備考：昼行性。4種についてはニンフヘビ属 *Dryadophis* とされることがある。

種：
 アマラルニンフヘビ
  Mastigodryas amarali
 Mastigodryas bifossatus
 Mastigodryas boddaerti
 Mastigodryas bruesi
 Mastigodryas cliftoni
 ダニエルムチモリヘビ
  Mastigodryas danieli
 Mastigodryas dorsalis
 Mastigodryas heathii
 ヘリトリニンフヘビ
  Mastigodryas melanolomus
 Mastigodryas pleei
 Mastigodryas pulchriceps
 Mastigodryas sanguiventris

ファイルヘビ属
Mehelya
10種

大きさ：中型～大型。
分布：サハラ砂漠以南のアフリカ。
生息環境：草原、森林、岩の多い山地など、さまざま。
食物：おもにトカゲ、ヘビ。
繁殖法：卵生。1回の産卵数は少ない。
備考：胴体は細く、横断面は三角形で、体鱗はでこぼこしている。

種：
 ケープファイルヘビ
  Mehelya capensis
 Mehelya crossi
 Mehelya egbensis
 Mehelya guirali
 Mehelya laurenti
 Mehelya nyassae
 Mehelya poensis
 Mehelya riggenbachi
 Mehelya stenophthalmus
 Mehelya vernayi

シンリンヘビ属
Meizodon
2種

大きさ：小型。
分布：熱帯アフリカ。
生息環境：わかっていない。
食物：トカゲ、カエル。
繁殖法：卵生。
備考：あと2種がこの属とされる場合もあるが、それらは一般的には *M. semiornatus* の亜種とされる。

種：
 Meizodon coronatus
 Meizodon semiornatus

シェブロンヘビ属
Micropisthodon
1種

大きさ：中型で細い。
分布：マダガスカル。
生息環境：わかっていないが、樹上生と考えられている。
食物：トカゲ、カエルと考えられている。
繁殖法：卵生。
備考：少数の標本しかない。昼行性と考えられている。

ナミヘビ科

種：
シェブロンヘビ
Micropisthodon ochraceus

イナヅマヘビ属
Mimophis
1種

大きさ：小型で細い。
分布：マダガスカル。
生息環境：森林や開けた地域。地上生。
食物：トカゲと考えられている。
繁殖法：わかっていないが、卵生と考えられている。

種：
イナヅマヘビ
Mimophis mahfalensis

ミヤマキバヘビ属
Montaspis
1種

大きさ：小型。
分布：南アフリカのナタール州ドラケンズバーグ山脈。
生息環境：高木の生育限界（高度3000メートル付近）より上にある湿潤な地域。
食物：カエル。
繁殖法：わかっていない。
備考：少数の標本に基づいて、最近記載されたばかり。

種：
ミヤマキバヘビ
Montaspis gilvomaculata

マイヤーズヘビ属
Myersophis
1種

大きさ：やや大型。
分布：フィリピンのバナウエ。
生息環境：森林。
食物：わかっていない。
繁殖法：わかっていない。
備考：希少で標本数が少ない。

種：
マイヤーズヘビ
Myersophis alpestris

マンガルミズヘビ属
Myron
1種

大きさ：小型。
分布：ニューギニア、オーストラリア最北部。
生息環境：干潟、マングローブの森。
食物：カニ、小魚。
繁殖法：胎生。

種：
マンガルミズヘビ
Myron richardsonii

ユウダモドキ属
Natriciteres
3種

大きさ：小型で細い。
分布：熱帯アフリカ。
生息環境：沼地や湿原。
食物：カエル。
繁殖法：卵生。
備考：捕食者に尾を捕まえられると、尾を自分で切り離すことができる。

種：
Natriciteres fuliginoides
オリーブユウダモドキ
Natriciteres olivacea
Natriciteres variegata

ユウダ属
Natrix
4種

大きさ：中型～大型。
分布：ヨーロッパ、西アジア、北アフリカ。
生息環境：水中、じめじめした土地。
食物：おもに両生類、魚類だが、ヨーロッパヤマカガシは小型哺乳類、鳥類も食べる。
繁殖法：卵生。ヨーロッパヤマカガシは複数個体が1カ所に産卵することがある。
備考：最近記載されたN.megalocephalaの生態についてはわかっていない点が多い。

種：
クサリヤマカガシ
Natrix maura
Natrix megalocephala
ヨーロッパヤマカガシ
Natrix natrix (pp. 68-69)
ダイスヤマカガシ
Natrix tessellata

ミズベヘビ属
Nerodia
7種

大きさ：中型～大型で、ずんぐりしている。
分布：北米南東部、メキシコのバハカリフォルニア。
生息環境：水生、半水生で、沼地、湖、沿岸の湿地に生息する。
食物：おもに両生類、魚類。
繁殖法：胎生。一部の種は1回に100頭近く出産する。
備考：一部の種はいくつかの亜種に分類されるが、そのような亜種が独立の種とみなされる場合もある。

種：
アオミズベヘビ
Nerodia cyclopion
ムジハラミズベヘビ
Nerodia erythrogaster
ナンブミズベヘビ
Nerodia fasciata (pp. 90-91)
ハーターミズベヘビ
Nerodia harteri
ダイヤミズベヘビ
Nerodia rhombifera
キタミズベミズベヘビ
Nerodia sipedon
チャイロミズベヘビ
Nerodia taxispilota

コーヒーヘビ属
Ninia
11種

大きさ：小型。
分布：中南米。
生息環境：葉積層。
食物：無脊椎動物、小型のトカゲ、カエル。
繁殖法：卵生。
備考：6種しか認められない場合もある。

種：
Ninia atrata
Ninia celata
Ninia cerroensis
クビワコーヒーヘビ
Ninia diademata
Ninia espinali
Ninia hudsoni
マダラコーヒーヘビ
Ninia maculata
Ninia oxynota
Ninia pavimentata
Ninia psephota
セバコーヒーヘビ
Ninia sebae

オオバナヘビ属
Nothopsis
1種

大きさ：小型。
分布：中米。
生息環境：じめじめした森林。おそらく水生か半水生。
食物：わかっていない。
繁殖法：わかっていない。

種：
オオバナヘビ
Nothopsis rugosus

ククリィヘビ属
Oligodon
71種

大きさ：小型～中型で、ずんぐりしている。
分布：アジア（中東から中央アジア、インド、ミャンマー、中国南部を経てマレー半島まで）。
生息環境：さまざま。
食物：両生類、小型哺乳類などさまざまだが、特に爬虫類の卵。
繁殖法：わかっている種ではすべて卵生。
備考：吻はわずかに上向きに反っている。口の奥にある長い湾曲した牙（分布域の一部に暮らすグルカ人の兵士が用いるククリィ刀に似ている）を、爬虫類の鱗を咬み切ったり身を守るために使うが、人間にとって危険はない。夜行性の種も昼行性の種もある。

種：
メンカブリククリィ
Oligodon affinis
シロオビククリィ
Oligodon albocinctus
Oligodon ancorus
リングククリィ
Oligodon annulifer
オビククリィ
Oligodon arnensis
バロンククリィ
Oligodon barroni
ベニククリィ
Oligodon bellus
クビワザリククリィ
Oligodon bitorquatus
タンビククリィ
Oligodon brevicauda
ペンククリィ
Oligodon calamarius
クサリククリィ
Oligodon catenatus
シナククリィ
Oligodon chinensis
ハイイロククリィ
Oligodon cinereus
Oligodon cruentatus
クダククリィ
Oligodon cyclurus
セスジククリィ
Oligodon dorsalis
Oligodon dorsolateralis
デュルハイムククリィ
Oligodon durheimi
エバハートククリィ
Oligodon eberhardti
ベニハラククリィ
Oligodon erythrogaster
Oligodon erythrorhachis
エベレットククリィ
Oligodon everetti
アカセスジククリィ
Oligodon formosanus
ハンプトンククリィ
Oligodon hamptoni
ムジククリィ
Oligodon inornatus
Oligodon jacobi
ジョインソンククリィ
Oligodon joynsoni
クルミククリィ
Oligodon juglandifer
Oligodon kunmigeosis
ラクロワククリィ
Oligodon lacroixi
Oligodon lungshenensis
Oligodon macrurus
ホシククリィ
Oligodon maculatus
マクドゥーガルククリィ
Oligodon mcdougalli
アオハラククリィ
Oligodon melaneus
クロオビククリィ
Oligodon melanozonatus
Oligodon meyerinkii
Oligodon modestum
ムオークククリィ
Oligodon mouhoti

ヘビ名便覧

タタイククリィ
Oligodon multizonatus
Oligodon nikhili
ニンシャンククリィ
Oligodon ningshaanensis
Oligodon notospilus
ジャノメククリィ
Oligodon ocellatus
ヤスジククリィ
Oligodon octolineatus
ハラアカスジククリィ
Oligodon ornatus
パーキンスククリィ
Oligodon perkinsi
ヒラズククリィ
Oligodon planiceps
Oligodon praefrontalis
Oligodon propinquus
ウルワシククリィ
Oligodon pulcherrimus
スオウククリィ
Oligodon purpuraescens
ヨスジククリィ
Oligodon quadrilineatus
ヒシガタククリィ
Oligodon rhombifer
ヤジルシククリィ
Oligodon signatus
アヤククリィ
Oligodon splendidus
Oligodon subcarinatus
ハラスジククリィ
Oligodon sublineatus
Oligodon taeniatus
Oligodon taeniolatus
Oligodon theobaldi
ネックレスククリィ
Oligodon torquatus
トラバンコアククリィ
Oligodon travancoricus
ミスジククリィ
Oligodon trilineatus
ヒトイロククリィ
Oligodon unicolor
Oligodon venustus
セグロククリィ
Oligodon vertebralis
Oligodon waandersi
Oligodon woodmasoni

アメリカアオヘビ属
Opheodrys
2種

大きさ：小型で非常に細い。
分布：北米。
生息環境：草その他の下生え。地上生。
食物：クモ、イモ虫などの無脊椎動物。
繁殖法：2種とも卵生だが、スムーズアオヘビ*O.vernalis*の孵卵期間は非常に短く、生息地によっては胎生である可能性もある。
備考：昼行性。スムーズアオヘビ*O.vernalis*はLiochlorophis属として別に分類される場合もある。ほかにメキシコに分布する2種が認められる場合もある。

種：
ラフアオヘビ
Opheodrys aestivus (pp. 80-81)

スムーズアオヘビ
Opheodrys vernalis

ハナレヘビ属
Opisthoplus
1種

大きさ：わかっていない。
分布：ブラジル。
生息環境：わかっていない。
食物：わかっていない。
繁殖法：わかっていない。
備考：希少で人目につかないヘビで、ほとんど何もわかっていない。

種：
ハナレヘビ
Opisthoplus degener

サワヘビ属
Opisthotropis
14種

大きさ：小型〜中型。
分布：中国南部、インドシナ半島、フィリピン、琉球。
生息環境：水生、半水生。
食物：魚類、両生類、淡水生の小エビ、ミミズ。
繁殖法：卵生と考えられている。
備考：非常に希少でわからない点が多い。

種：
Opisthotropis alcalai
Opisthotropis andersonii
トラフサワヘビ
Opisthotropis balteatus
Opisthotropis guangxiensis
Opisthotropis jacobi
キクザトサワヘビ
Opisthotropis kikuzatoi
Opisthotropis kuatunensis
Opisthotropis lateralis
Opisthotropis latouchii
Opisthotropis maxwelli
Opisthotropis praemaxillaris
Opisthotropis rugosus
Opisthotropis spenceri
Opisthotropis typica

ミヤマクキヘビ属
Oreocalamus
1種

大きさ：小型。
分布：ボルネオ島、マレー半島の高度1000〜1800メートルの狭い地域。
生息環境：わかっていない。
食物：わかっていない。
繁殖法：わかっていない。
備考：標本が少ない希少種で、ほとんど何もわかっていない。

種：
ミヤマクキヘビ
Oreocalamus hanitschi

アメリカツルヘビ属
Oxybelis
5種

大きさ：細長い。
分布：北米、中米、南米（テキサス州からボリビア、ペルーまで）。
生息環境：森林。樹上生。
食物：おもにトカゲ。
繁殖法：卵生。
備考：後牙類でよく咬みつくが、人間にとって危険はないとされる。

種：
チャイロツルヘビ
Oxybelis aeneus
ミドリオビツルヘビ
Oxybelis argenteus
Oxybelis brevirostris
ハラスジツルヘビ
Oxybelis fulgidus
Oxybelis wilsoni

カンボクヘビ属
Oxyrhabdium
2種

大きさ：やや大型。
分布：フィリピン。
生息環境：地中生。朽木や葉積層によく見られる。
食物：わかっていない。
繁殖法：わかっていない。
備考：よく見られるが、生態はほとんどわかっていない。

種：
Oxyrhabdium leporinum
Oxyrhabdium modestum

ホソヤブヘビ属
Oxyrhopus
13種

大きさ：中型でやや細い。
分布：中南米（メキシコからペルー）。
生息環境：低地の森林。地上生。
食物：両生類、トカゲ、ヘビ、小型哺乳類。
繁殖法：卵生。
備考：赤と黒、または赤と黒と白の太い横帯があり、同じ地域に分布する有毒のサンゴヘビに擬態していると考えられる。おもに夜行性。

種：
Oxyrhopus clathratus
Oxyrhopus doliatus
Oxyrhopus fitzingeri
キバナホソヤブヘビ
Oxyrhopus formosus
Oxyrhopus guibei
Oxyrhopus leucomelas
Oxyrhopus marcapatae
カオグロホソヤブヘビ
Oxyrhopus melanogenys
Oxyrhopus occipitalis
ペトラホソヤブヘビ
Oxyrhopus petola
ヒシモンホソヤブヘビ
Oxyrhopus rhombifer

Oxyrhopus trigeminus
Oxyrhopus venezuelanus

ザラツキヘビ属
Parahelicops
2種

大きさ：小型。
分布：東南アジア（タイ、ベトナム）。
生息環境：わかっていない。
食物：わかっていない。
繁殖法：わかっていない。
備考：非常に希少でわからない点が多い。

種：
アンナンザラツキヘビ
Parahelicops annamensis
Parahelicops boonsongi

ニセヤマカガシ属
Pararhabdophis
1種

大きさ：中型。
分布：東南アジア。
生息環境：わかっていない。
食物：わかっていない。
繁殖法：わかっていない。

種：
ニセヤマカガシ
Pararhabdophis chapaensis

マルクチヘビ属
Pararhadinea
2種

大きさ：小型。
分布：マダガスカル。
生息環境：葉積層中で、地中生と考えられている。
食物：わかっていない。
繁殖法：わかっていない。
備考：標本が非常に少ない。

種：
Pararhadinea albignaci
Pararhadinea melanogaster

セタカヘビ属
Pareas
16種

大きさ：小型。
分布：中国南部、ボルネオ島などの東南アジア。
生息環境：じめじめした森林や農園。
食物：ナメクジ、カタツムリ。頭蓋と顎は餌動物を殻から引っ張り出せるように変形している。
繁殖法：卵生。

種：
Pareas boulengeri
Pareas carinatus
シナセタカ
Pareas chinensis

ナミヘビ科

Pareas formosensis
Pareas hamptoni
イワサキセタカ
  Pareas iwasakii
Pareas kuangtungensis
Pareas macularius
ツユダマセタカ
  Pareas margaritophorus
Pareas monticola
Pareas nuchalis
Pareas stanleyi
Pareas tamdaoensis
Pareas tropidonatus
Pareas vertebralis
Pareas yunnanensis

コダマヘビ属
Philodryas

25種

大きさ：やや長いが、細い。
分布：南米。
生息環境：森林。樹上生。
食物：カエル、トカゲ、ヘビ、鳥類、コウモリ。
繁殖法：卵生。
備考：昼行性。P.lividumはかつてPlatyinion属として分類されていた。

種：
  ミドリコダマヘビ
    Philodryas aestivus
  アルナルドコダマヘビ
    Philodryas arnaldoi
  Philodryas baroni
  Philodryas bolivianus
  Philodryas borelli
  Philodryas burmeisteri
  Philodryas carbonelli
  Philodryas chamissonis
  Philodryas elegans
  Philodryas inca
  Philodryas laticeps
  Philodryas latirostris
  Philodryas lividum
  マトグロソコダマヘビ
    Philodryas mattogrossensis
  Philodryas nattereri
  アカスジコダマヘビ
    Philodryas olfersii
  Philodryas oligolepis
  Philodryas patagoniensis
  Philodryas psammophideus
  Philodryas pseudoserra
  Philodryas serra
  Philodryas simonsii
  Philodryas tachymenoides
  Philodryas varius
  フカミドリコダマヘビ
    Philodryas viridissimus

ヤブコノミ属
Philothamnus

17種

大きさ：小型で細い。
分布：アフリカ大陸の南半分。
生息環境：さまざまだが、必ず植物が茂っている場所。
食物：おもにカエル。
繁殖法：卵生。

種：
  Philothamnus angolensis
  Philothamnus battersbyi
  Philothamnus bequaerti
  Philothamnus carinatus
  Philothamnus dorsalis
  Philothamnus girardi
  Philothamnus heterodermus
  Philothamnus heterolepidotus
  Philothamnus hoplogaster
  Philothamnus hughesi
  Philothamnus irregularis
  Philothamnus macrops
  ナタールヤブコノミ
    Philothamnus natalensis
  Philothamnus nitidus
  Philothamnus ornatus
  ソバカスヤブコノミ
    Philothamnus punctatus
  ブチヤブコノミ
    Philothamnus semivariegatus

ヒョットコヘビ属
Phimophis

5種

大きさ：小型。
分布：中南米。
生息環境：地中生。
食物：おもに無脊椎動物と考えられている。
繁殖法：卵生。
備考：吻が上向きに反っているが、その理由はわかっていない。

種：
  Phimophis guerini
  Phimophis guianensis
  Phimophis iglesiasi
  Phimophis lineaticollis
  Phimophis vittatus

ハナアテヘビ属
Phyllorhynchus

2種

大きさ：小型。
分布：北米西部（ソノラ砂漠）。
生息環境：乾燥地。
食物：小型のトカゲ（特にヤモリ）とその卵。
繁殖法：卵生。
備考：吻端板が変形していることから、英語ではLeaf-nosed snakes（鼻が葉の形をしたヘビの意）と呼ばれる。

種：
  クラカケハナアテ
    Phyllorhynchus browni
  セマダラハナアテ
    Phyllorhynchus decurtatus

パインヘビ属
Pituophis

5種

大きさ：中型〜大型で、ずんぐりとして筋肉質。
分布：北米、中米。
生息環境：砂漠からマツ林や耕地まで、さまざま。
食物：リスやウサギの大きさまでの小型哺乳類。
繁殖法：卵生。
備考：驚くと大きな噴気音を発し、一部の種はひどく咬みつく。ルイジアナパインヘビP.ruthveniは北米でももっとも希少なヘビのひとつである。

種：
  ゴファーヘビ
    Pituophis catenifer
  メキシコゴファーヘビ
    Pituophis deppei
  Pituophis lineaticollis
  パインヘビ
    Pituophis melanoleucus (pp.92-93)
  ルイジアナパインヘビ
    Pituophis ruthven

クビモンヘビ属
Plagiopholis

5種

大きさ：小型。
分布：中国、ミャンマー、タイ。
生息環境：地上生であること以外はわかっていない。
食物：わかっていない。
繁殖法：わかっていない。

種：
  Plagiopholis blakewayi
  Plagiopholis delacouri
  Plagiopholis nuchalis
  Plagiopholis styani
  Plagiopholis unipostocularis

タマキヘビ属
Pliocercus

6種

大きさ：中型。
分布：南米（アマゾン川流域）。
生息環境：低地の多雨林。
食物：おもにカエル。
繁殖法：卵生。

種：
  Pliocercus andrewsi
  Pliocercus annellatus
  Pliocercus arubricus
  Pliocercus dimidiatus
  サンゴタマキヘビ
    Pliocercus elapoides
  Pliocercus euryzonus

カメルーンレーサー属
Poecilopholis

1種

大きさ：小型。
分布：西アフリカ（カメルーン）。
生息環境：わかっていない。
食物：わかっていない。
繁殖法：わかっていない。
備考：非常に希少でわからない点が多い。

種：
  カメルーンレーサー
    Poecilopholis cameronensis

コテハナヘビ属
Prosymna

15種

大きさ：小型で細い。
分布：アフリカ大陸の南半分。
生息環境：さまざまだが、ふつうは乾燥地の柔らかい砂地の中。
食物：爬虫類の卵。
繁殖法：卵生。卵は細長く、1回の産卵数は少ない。
備考：夜行性。

種：
  アヤフヤコテハナ
    Prosymna ambigua
  Prosymna angolensis
  Prosymna bivittata
  Prosymna frontalis
  Prosymna greigerti
  Prosymna janii
  Prosymna maleagris
  Prosymna ornatissima
  Prosymna pitmani
  Prosymna ruspolii
  Prosymna semifasciata
  Prosymna somalica
  サンデバールコテハナ
    Prosymna sundevalli
  Prosymna varius
  Prosymna visseri

チャマダラヘビ属
Psammodynastes

2種

大きさ：小型。
分布：インドネシアの島々、フィリピン諸島などの東南アジア。
生息環境：森林。
食物：トカゲ、カエル。
繁殖法：胎生。
備考：頭部は厚みがあり、角張っている。眼は大きく、瞳孔は垂直で、クサリヘビ科にとてもよく似ている。夜行性。

種：
  Psammodynastes pictus
  チャマダラ
    Psammodynastes pulverulentus

アレチヘビ属
Psammophis

23種

大きさ：小型〜やや大型で、細い。
分布：アフリカ、中東。P.condanarusはミャンマーとタイ、モンゴルアレチヘビP.lineolatusは中国西部に分布する。
生息環境：さまざまだが、ふつうは開けた草原、砂漠、耕地。
食物：おもにトカゲを非常にすばやく追いかけて捕まえる。
繁殖法：卵生。

ヘビ名便覧

備考：後牙類。人間が大型種の一部に咬まれると、局所的な痛みと腫れが起こる場合がある。

種：
　Psammophis aegyptius
　コビトアレチヘビ
　　Psammophis angolensis
　Psammophis ansorgii
　Psammophis biseriatus
　Psammophis brevirostris
　Psammophis condanarus
　Psammophis crucifer
　Psammophis elegans
　ジャラアレチヘビ
　　Psammophis jallae
　Psammophis leightoni
　Psammophis leithii
　モンゴルアレチヘビ
　　Psammophis lineolatus
　Psammophis longifrons
　Psammophis notostictus
　Psammophis phillipsi
　Psammophis pulcher
　シモフリアレチヘビ
　　Psammophis punctulatus
　Psammophis rukwae
　ショカーアレチヘビ
　　Psammophis schokari
　オリーブアレチヘビ
　　Psammophis sibilans
　ハラスジアレチヘビ
　　Psammophis subtaeniatus
　Psammophis tanganicus
　Psammophis trigrammus

ヒツジウチ属
Psammophylax
3種

大きさ：小型〜中型。
分布：アフリカ南部。
生息環境：草原、低木林。
食物：カエル、トカゲ、小型哺乳類。
繁殖法：さまざま。ミスジヒツジウチ*P. tritaeniatus*と*P.rhombeatus*は卵生だが、*P.variabilis*は卵生と胎生の両群がある。
備考：後牙類。猛毒を少量産生するが、人間にとって危険はないとされる（この属はアフリカーンス語で「羊殺し」と呼ばれるが、ヒツジにとっても危険はないとされる）。

種：
　Psammophylax rhombeatus
　ミスジヒツジウチ
　　Psammophylax tritaeniatus
　Psammophylax variabilis

アガシーヘビ属
Pseudablabes
1種

大きさ：小型。
分布：南米。
生息環境：わかっていない。
食物：わかっていない。
繁殖法：わかっていない。

種：
　アガシーヘビ
　　Pseudablabes agassizii

モグラヘビ属
Pseudaspis
1種

大きさ：大型で、2メートルを超える。
分布：アフリカ南部。
生息環境：草原、低木林、砂漠、丘陵の中腹などの開けた土地。
食物：小型哺乳類。
繁殖法：胎生。まれに1回で100頭も出産することがある。

種：
　モグラヘビ
　　Pseudaspis cana

ムスラナモドキ属
Pseudoboa
4種

大きさ：中型。
分布：中南米。
生息環境：多雨林。おもに地上で活動する。
食物：トカゲ、ヘビ、小型哺乳類。
繁殖法：卵生。卵をアリの巣に産みつけることもある。
備考：後牙類だが、人間にとって危険はない。夜行性。

種：
　カンムリムスラナモドキ
　　Pseudoboa coronata
　Pseudoboa haasi
　Pseudoboa neuwiedii
　Pseudoboa nigra

ヤマノイエヘビ属
Pseudoboodon
3種

大きさ：小型〜中型。
分布：エチオピアの高地。
生息環境：わかっていない。
食物：わかっていない。
繁殖法：わかっていない。
備考：イエヘビ属*Lamprophis*に近縁と考えられるが、希少でわからない点が多い。

種：
　Pseudoboodon boehmi
　Pseudoboodon gascae
　Pseudoboodon lemniscatus

カッパヘビ属
Pseudoeryx
1種

大きさ：やや大型。
分布：ブラジル、パラグアイ。
生息環境：水生。
食物：魚類、両生類と考えられている。
繁殖法：わかっていない。
備考：生態は事実上わかっていない。

種：
　カッパヘビ
　　Pseudoeryx plicatilis

カギバナモドキ属
Pseudoficimia
1種

大きさ：小型。
分布：メキシコ。
生息環境：わかっていない。
食物：わかっていない。
繁殖法：わかっていない。
備考：希少でほとんど何もわかっていない。外見が似ているカギバナヘビ属*Ficimia*と似た習性をもつと推測されている。

種：
　カギバナモドキ
　　Pseudoficimia frontalis.

ニセネコメヘビ属
Pseudoleptodeira
2種

大きさ：小型。
分布：メキシコ。
生息環境：地上生であること以外はわかっていない。
食物：トカゲ、カエルと考えられている。
繁殖法：卵生。

種：
　Pseudoleptodeira latifasciata
　Pseudoleptodeira uribei

ハダカメヘビ属
Pseudorabdion
11種

大きさ：小型。
分布：東南アジア。
生息環境：森林の葉積層などの堆積物中。
食物：ミミズなどの体の柔らかい無脊椎動物と考えられている。
繁殖法：卵生と考えられている。

種：
　シロウナジハダカメヘビ
　　Pseudorabdion albonuchalis
　Pseudorabdion ater
　アカエリハダカメヘビ
　　Pseudorabdion collaris
　Pseudorabdion eiselti
　ナガツラハダカメヘビ
　　Pseudorabdion longiceps
　Pseudorabdion mcnamarae
　Pseudorabdion montanum
　Pseudorabdion oxycephalum
　Pseudorabdion sarasinorum
　Pseudorabdion saravacensis
　Pseudorabdion taylor

サンカクヘビ属
Pseudotomodon
1種

大きさ：中型。
分布：アルゼンチン西部。
生息環境：わかっていない。
食物：わかっていない。
繁殖法：胎生。
備考：非常に希少でわからない点が多い。

種：
　サンカクヘビ
　　Pseudotomodon trigonatus

ハスカイヘビ属
Pseudoxenodon
11種

大きさ：小型〜中型。
分布：中国、東南アジア。
生息環境：地上生。
食物：トカゲ、カエル。
繁殖法：卵生と考えられている。

種：
　オビハスカイ
　　Pseudoxenodon bambusicola
　Pseudoxenodon baramensis
　Pseudoxenodon dorsalis
　Pseudoxenodon fukienensis
　Pseudoxenodon inornatus
　Pseudoxenodon jacobsonii
　Pseudoxenodon karlschmidti
　オオメハスカイ
　　Pseudoxenodon macrops
　Pseudoxenodon popei
　Pseudoxenodon stejnegeri
　Pseudoxenodon striaticaudatus

マラガシークチキヘビ属
Pseudoxyrhopus
10種

大きさ：小型。
分布：マダガスカル。
生息環境：わかっていないが、地中生と考えられている。朽木その他の堆積物の下で見つかることが多い。
食物：一部の種はカエルを食べると考えられる。
繁殖法：わかっていない。

種：
　Pseudoxyrhopus ambreensis
　Pseudoxyrhopus ankafinaensis
　Pseudoxyrhopus heterurus
　Pseudoxyrhopus imerinae
　Pseudoxyrhopus kely
　Pseudoxyrhopus microps
　Pseudoxyrhopus punctatus
　Pseudoxyrhopus quinquelineatus
　Pseudoxyrhopus sokosoko
　Pseudoxyrhopus tritaeniatus

フクラミヘビ属
Pseustes
3種

大きさ：細長い。

ナミヘビ科

分布：トリニダード島を含む中南米。
生息環境：森林。地上生だが、獲物を追いかけて低木などにのぼることもある。
食物：鳥類、トカゲ、両生類。
繁殖法：卵生。

種：
チャイロフクラミヘビ
Pseustes poecilonotus

Pseustes sexcarinatus

サルファーヘビ
Pseustes sulphureus

ミミズクイヘビ属
Psomophis
3種

大きさ：小型。
分布：中南米。
生息環境：森林、特に葉積層や朽木の中。
食物：ミミズ。
繁殖法：卵生。
備考：1994年に記載された。かつてはマツバヤシヘビ属*Rhadinaea*に分類されていた。

種：
Psomophis genimaculatus
Psomophis jobertsi
Psomophis obtusus

ナンダ属
Ptyas
5種

大きさ：大型～非常に大型で、力が強い。
分布：アジア。
生息環境：さまざま。村落や市街地の周辺で見られることもある。
食物：齧歯類、両生類、トカゲ、ヘビ、鳥類。
繁殖法：卵生。
備考：昼行性。皮取引きのため大量に殺されており、かつては豊富に生息していた地域から消えつつある。かつてこの属に分類されていた4種（オオカサントウ*P.carinatus*、カサントウ*P. dhumnades*、*P.fuscus*、ミドリカサントウ*P.nigromarginatus*）は現在、カサントウ属*Zaocys*に分類されている。

種：
Ptyas dipsas
ヒメナンダ
Ptyas korros
Ptyas luzonensis
ナンダ
Ptyas mucosus
Ptyas tornieri

ヌマノキバ属
Ptychophis
1種

大きさ：小型。
分布：ブラジル。

生息環境：湿地。半水生。
食物：カエル、魚類。
繁殖法：胎生。
備考：後牙類で、人間にとって危険な可能性がある。

種：
ヌマノキバ
Ptychophis flavovirgatus

パイソンモドキ属
Pythonodipsas
1種

大きさ：小型で、約60センチメートルまで。
分布：ナミビア、アンゴラ。
生息環境：岩砂漠。
食物：小型のトカゲ、齧歯類。
繁殖法：わかっていない。
備考：ナミヘビ科には珍しく、頭部の鱗板が小型に細かく分かれている。鼻孔は上向き。大きな後牙をもつが、人間にとって危険はないとされる。昼間は砂の中に隠れ、変わった植物であるサバクオモトの根もとで見つかることが多い。

種：
パイソンモドキ
Pythonodipsas carinata

セレベスハナトガリ属
Rabdion
1種

大きさ：小型。
分布：スラウェシ島。
生息環境：わかっていない。
食物：わかっていない。
繁殖法：わかっていない。
備考：希少でわからない点が多い。

種：
セレベスハナトガリ
Rabdion forsteni

ザリガニクイ属
Regina
4種

大きさ：小型～中型。
分布：北米。
生息環境：常に水辺に生息する。
食物：甲殻類、昆虫の水生の幼虫。クイーンザリガニクイ*R.septemvittata*は食物が極端に特殊化したヘビのひとつで、脱皮直後のザリガニだけを食べる。
繁殖法：胎生。
備考：外見の似たミズベヘビ属*Nerodia*と近縁。

種：
シマザリガニクイ
Regina alleni
グラハムザリガニクイ
Regina grahami
ツヤザリガニクイ
Regina rigida

クイーンザリガニクイ
Regina septemvittata

ヤマカガシ属
Rhabdophis
17種

大きさ：中型で、ふつう1メートル未満。
分布：中央アジア、東南アジア、インド、中国、日本。
生息環境：池、沼、冠水した地域、流れのゆるやかな河川。
食物：魚類、カエル。
繁殖法：卵生。
備考：後牙類で危険。少なくともひとつの種（ヤマカガシ*R.tigrinus*）では、人間が死亡した例がある。

種：
Rhabdophis angeli
Rhabdophis auriculata
Rhabdophis callichroma
Rhabdophis ceylonensis
Rhabdophis chrysargoides
Rhabdophis chrysargos
Rhabdophis conspicillatus
Rhabdophis himalayanus
Rhabdophis leonardi
Rhabdophis lineata
Rhabdophis murudensis
ホソオビヤマカガシ
Rhabdophis nigrocinctus
Rhabdophis nuchalis
Rhabdophis spilogaster
アカクビヤマカガシ
Rhabdophis subminiatus
Rhabdophis swinhonis
ヤマカガシ
Rhabdophis tigrinus

サオヘビ属
Rhabdops
2種

大きさ：小型。
分布：インド、ミャンマー北部、中国。
生息環境：わかっていない。
食物：無脊椎動物と考えられている。
繁殖法：わかっていない。

種：
キバラサオヘビ
Rhabdops bicolor
Rhabdops olivaceus

ブラジルトリクイヘビ属
Rhachidelus
1種

大きさ：やや大型で1メートルを超え、ずんぐりしている。
分布：ブラジル、アルゼンチン。
生息環境：森林。地上生。
食物：おもに鳥類。
繁殖法：卵生。
備考：昼行性。

種：
ブラジルトリクイヘビ
Rhachidelus brazili

マツバヤシヘビ属
Rhadinaea
43種

大きさ：小型。
分布：北米、中米、南米。ノースカロライナ州（*R.flavilata*）からアルゼンチンまで。
生息環境：さまざまだが、じめじめした森林の倒木や堆積物の下に多い。
食物：ミミズその他の無脊椎動物、カエル、カエルの卵、小型爬虫類。
繁殖法：卵生。1回の産卵数は少ない。
備考：人目につかない。分類の正当性が疑われる種もある。

種：
Rhadinaea altamontana
Rhadinaea anochoreta
Rhadinaea beui
Rhadinaea bogertorum
Rhadinaea calligaster
Rhadinaea cuneata
Rhadinaea decipiens
Rhadinaea decorata
Rhadinaea dumerilli
Rhadinaea flavilata
Rhadinaea forbesi
Rhadinaea fulviceps
Rhadinaea fulvivittis
Rhadinaea gaigeae
Rhadinaea godmani
Rhadinaea guentheri
Rhadinaea hannsteini
Rhadinaea hempsteadae
Rhadinaea hesperia
Rhadinaea kanalchutchan
Rhadinaea kinkelini
Rhadinaea lachrymans
Rhadinaea lateristriga
Rhadinaea laureata
Rhadinaea macdougalli
Rhadinaea marcellae
Rhadinaea montana
Rhadinaea montecristi
Rhadinaea multilineata
Rhadinaea myersi
Rhadinaea omiltemana
Rhadinaea pachyura
Rhadinaea pilonaorum
Rhadinaea pinicola
Rhadinaea posadasi
Rhadinaea pulveriventris
Rhadinaea quinquelineata
Rhadinaea sargenti
Rhadinaea schistosa
Rhadinaea serperaster
Rhadinaea stadelmani
Rhadinaea taeniata
Rhadinaea vermiculaticeps

サンガクヘビ属
Rhadinophanes
1種

大きさ：小型。
分布：南米。
生息環境：わかっていない。
食物：わかっていない。
繁殖法：わかっていない。
備考：希少でわからない点が多い。

ヘビ名便覧

種：
　サンガクヘビ
　　Rhadinophanes monticola

オオメキヘビ属
Rhamnophis
2種

大きさ：小型。
分布：西アフリカ、中央アフリカ。
生息環境：熱帯の森林。
食物：わかっていない。
繁殖法：わかっていない。
備考：非常に希少でわからない点が多い。

種：
　Rhamnophis aethiopissa
　Rhamnophis batesii

クチバシヘビ属
Rhamphiophis
4種

大きさ：中型～大型で、ずんぐりしている。
分布：アフリカ。
生息環境：乾燥した低木林。
食物：爬虫類、鳥類、小型哺乳類。
繁殖法：卵生。

種：
　Rhamphiophis acutus
　Rhamphiophis maradiensis
　アカクチバシヘビ
　　Rhamphiophis oxyrhynchus
　Rhamphiophis rubropunctatus

ワモンヘビ属
Rhinobothryum
2種

大きさ：大型で細く、頭部が丸い。
分布：中南米。
生息環境：森林。樹上生。
食物：わかっていない。
繁殖法：わかっていない。
備考：同じ地域に生息するサンゴヘビ科のアレンサンゴヘビ*Micrurus alleni*に似た鮮やかな横帯がある。夜行性。

種：
　ボバルワモンヘビ
　　Rhinobothryum bovallii
　ツルワモンヘビ
　　Rhinobothryum lentiginosum

トガリヒメヘビ属
Rhinocalamus
1種

大きさ：小型。
分布：東南アジア。
生息環境：さまざま。地中生。
食物：ミミズなどの体の柔らかい無脊椎動物。
繁殖法：卵生。

種：
　トガリヒメヘビ
　　Rhinocalamus dimidiatus

ハナナガヘビ属
Rhinocheilus
1種

大きさ：中型で、1メートル近くまで。
分布：北米、メキシコ北部。
生息環境：乾燥地。地上生。
食物：おもにトカゲだが、ヘビ、小型哺乳類、鳥類も食べる。
繁殖法：卵生。
備考：大部分は夜行性。亜種の*R. lecontei antonii*は別種の可能性もある。

種：
　ハナナガヘビ
　　Rhinocheilus lecontei

サバクモグリ属
Rhynchocalamus
8種

大きさ：小型で細い。
分布：中東。
生息環境：乾燥地。
食物：無脊椎動物、小型爬虫類。
繁殖法：卵生と考えられている。
備考：本属の種数については混乱があり、掲載種の一部は誤りである可能性がある。

種：
　Rhynchocalamus arabicus
　Rhynchocalamus dorsolateralis
　Rhynchocalamus eberhardti
　ハシグロサバクモグリ
　　Rhynchocalamus melanocephalus
　Rhynchocalamus phaenochalinus
　Rhynchocalamus propinquis
　Rhynchocalamus satunini
　Rhynchocalamus violaceus

テングヘビ属
Rhynchophis
1種

大きさ：中型。
分布：中国、ベトナム北部。
生息環境：森林。樹上生。
食物：わかっていない。
繁殖法：わかっていない。
備考：体は細く、鮮やかな緑色。頭部の幅は狭く、吻端には上向きで角のような肉質の奇妙な突起がある。

種：
　テングヘビ
　　Rhynchophis boulengeri

パッチノーズヘビ属
Salvadora
7種

大きさ：約1メートルに達し、細い。
分布：北米、中米。
生息環境：乾燥した砂質の岩場。
食物：おもにトカゲ、ヘビ。
繁殖法：卵生。
備考：昼行性で、動きがすばやい。

種：
　Salvadora bairdi
　ビッグベンドパッチノーズ
　　Salvadora deserticola
　マウンテンパッチノーズ
　　Salvadora grahamiae
　Salvadora hexalepis
　Salvadora intermedia
　Salvadora lemniscata
　Salvadora mexicana

サフェンヘビ属
Saphenophis
5種

大きさ：小型。
分布：南米（コロンビア、エクアドル、ペルー）。
生息環境：湿度が高い森林。
食物：わかっていない。
繁殖法：わかっていない。
備考：希少でわからない点が多い。一部の種はかつて*Lygophis*属として分類されていた。

種：
　Saphenophis antioquiensis
　Saphenophis atahuallpae
　Saphenophis boursieri
　Saphenophis sneiderni
　Saphenophis tristriatus

ソメワケヘビ属
Scaphiodontophis
4種

大きさ：小型。
分布：中南米。
生息環境：森林。
食物：トカゲ、ヘビと考えられている。
繁殖法：卵生。

種：
　ワモンソメワケヘビ
　　Scaphiodontophis annulatus
　Scaphiodontophis carpicinctus
　Scaphiodontophis dugandi
　ミヤビソメワケヘビ
　　Scaphiodontophis venustissimus

シンリンクチバシヘビ属
Scaphiophis
2種

大きさ：1メートルまで。
分布：中央アフリカ、西アフリカ。
生息環境：わかっていない。
食物：わかっていない。
繁殖法：卵生。

種：
　Scaphiophis albopunctatus
　Scaphiophis raffreyi

ジムシヘビ属
Scolecophis
1種

大きさ：小型で細い。
分布：中米。
生息環境：森林。
食物：ムカデ類。
繁殖法：卵生。
備考：色鮮やかな斑紋の偽サンゴヘビ。

種：
　ジムシヘビ
　　Scolecophis atrocinctus

スワンプスネーク属
Seminatrix
1種

大きさ：小型。
分布：米国東南部。
生息環境：よどんだ水。特に浮遊植物に覆われている場所。
食物：魚類、カエル、オタマジャクシ、サラマンダー、ヒル。
繁殖法：胎生。

種：
　スワンプスネーク
　　Seminatrix pygaea

ドウキョウナメラ属
Senticolis
1種

大きさ：長く、2メートルまでだが、非常に細い。
分布：北米、中米。
生息環境：森林。半樹上生。
食物：トカゲ、鳥類、小型哺乳類。
繁殖法：卵生。
備考：かつてはナメラ属*Elaphe*に分類されていた。

種：
　ドウキョウナメラ
　　Senticolis triaspis

シボンヘビ属
Sibon
15種

大きさ：小型。非常に長くなる場合もあるが、非常に細く、頭部が丸い。
分布：中南米。
生息環境：森林。樹上生活に適応している。
食物：ナメクジ、カタツムリ。顎は食物に合わせて特殊化している。
繁殖法：卵生。

種：
　Sibon annulata
　Sibon annuliferus
　Sibon anthracops
　Sibon argus
　Sibon carri
　ワカレシボンヘビ
　　Sibon dimidiata

ナミヘビ科

Sibon dunni
クチナガシボンヘビ
　Sibon fasciata
　Sibon fischeri
　Sibon longifrenis
　Sibon nebulata
　Sibon philippii
　Sibon sanniola
フトオビシボンヘビ
　Sibon sartorii
　Sibon zweifeli

ヤリガタヘビ属
Sibynomorphus
10種

大きさ：小型。
分布：南米。
生息環境：森林、伐採地。
食物：ナメクジ、カタツムリ。
繁殖法：卵生と考えられている。

種：
　Sibynomorphus inaequifasciatus
　Sibynomorphus lavillai
ハクトウヤリガタヘビ
　Sibynomorphus mikanii
　Sibynomorphus neuwiedi
　Sibynomorphus oneilli
フクラミヤリガタヘビ
　Sibynomorphus turgidus
　Sibynomorphus vagrans
　Sibynomorphus vagus
　Sibynomorphus ventrimaculatus
　Sibynomorphus williamsi

フルートヘビ属
Sibynophis
10種

大きさ：小型で細い。
分布：インド、スリランカ、中国南部、東南アジア。
生息環境：森林。
食物：わかっていない。
繁殖法：卵生。
備考：人目につかず、わかっていない点が多い。

種：
　Sibynophis bistrigatus
　Sibynophis bivittatus
　Sibynophis chinensis
クビワフルートヘビ
　Sibynophis collaris
キジマフルートヘビ
　Sibynophis geminatus
　Sibynophis grahami
ズグロヘビ
　Sibynophis melanocephalus
　Sibynophis sagittarius
　Sibynophis subpunctatus
　Sibynophis triangularis

ハナサキヘビ属
Simophis
2種

大きさ：小型で細い。
分布：ブラジル。
生息環境：野原、伐採地。
食物：わかっていない。
繁殖法：わかっていない。

種：
サンゴハナサキ
　Simophis rhinostoma
　Simophis rhodei

シナユウダ属
Sinonatrix
5種

大きさ：やや大型で、約1メートルまで。
分布：中国、ベトナム。
生息環境：沼地、湿原、水たまり。
食物：魚類、両生類。
繁殖法：判明している範囲では胎生。

種：
ヒシモンユウダ
　Sinonatrix aequifasciata
アカハラユウダ
　Sinonatrix annularis
　Sinonatrix bellula
　Sinonatrix dunni
　Sinonatrix percarinata

マドルミヘビ属
Siphlophis
5種

大きさ：小型～中型。
分布：中南米。
生息環境：森林。樹上生。
食物：カエル、トカゲ。
繁殖法：卵生。
備考：後牙類で、人間が咬まれると局所的な痛みと腫れが起こる場合がある。夜行性。

種：
オイランマドルミ
　Siphlophis cervinus
　Siphlophis leucocephalus
　Siphlophis longicaudatus
　Siphlophis pulcher
　Siphlophis worontzowi

ソノラヘビ属
Sonora
4種

大きさ：小型。
分布：北米、メキシコ。
生息環境：乾燥地。
食物：昆虫、クモ類、サソリ。
繁殖法：卵生。
備考：斑紋は変化に富んでおり、色が異なる亜種が別種とみなされる場合もある。

種：
オトゲヘビ
　Sonora aemula
　Sonora episcopa
ハナオソノラヘビ
　Sonora michoacanensis
グランドソノラヘビ
　Sonora semiannulata

オタマヘビ属
Sordellina
1種

大きさ：小型。
分布：ブラジル。
生息環境：水辺のじめじめした土地。
食物：カエル、オタマジャクシ。
繁殖法：卵生。

種：
オタマヘビ
　Sordellina punctata

アザムキヘビ属
Spalerosophis
6種

大きさ：やや大型で、1メートル以上に達する。
分布：北アフリカ、中東。
生息環境：砂漠、低木林。
食物：齧歯類、鳥類、おそらくトカゲ。
繁殖法：卵生。

種：
アレナリウスヘビ
　Spalerosophis arenarius
ミケヘビ
　Spalerosophis atriceps
ディアデマヘビ
　Spalerosophis diadema
　Spalerosophis dolichospilus
　Spalerosophis josephscorteccii
　Spalerosophis microlepis

フミキリヘビ属
Spilotes
1種

大きさ：大型で、2メートルを超える。
分布：メキシコからアルゼンチンまでの中南米。
生息環境：さまざまだが、乾燥した森林が多い。樹上生活に高度に適応している。人家の近くに生息することもある。
食物：両生類、爬虫類、鳥類、鳥類の卵、コウモリその他の哺乳類。
繁殖法：卵生。
備考：体は幅が狭く、黒と黄色の鮮やかな斑紋があり、背中に目立つ隆起が走っている。よく知られたふつうに見られるヘビで、激しく咬みついて身を守るが、人間には無害。

種：
フミキリヘビ
　Spilotes pullatus

スレートヘビ属
Stegonotus
10種

大きさ：中型～大型。
分布：フィリピンとニューギニアを含む東南アジア、オーストラリア北部。
生息環境：さまざま。
食物：魚類、カエル、オタマジャクシ。
繁殖法：卵生。

種：
　Stegonotus batjanensis
　Stegonotus borneensis
　Stegonotus cucullatus
　Stegonotus diehli
　Stegonotus dumerilii
　Stegonotus guentheri
　Stegonotus heterurus
　Stegonotus modestus
　Stegonotus muelleri
　Stegonotus parvus

シベットヘビ属
Stenophis
15種

大きさ：細長い。
分布：マダガスカル。
生息環境：森林。樹上生活に高度に適応している。
食物：わかっていないが、樹上生のトカゲと考えられている。
繁殖法：わかっている範囲では胎生。
備考：新種がいくつかある。一部の種は標本が少数しかない。

種：
　Stenophis arctifasciatus
　Stenophis betsileanus
　Stenophis capuroni
　Stenophis carleti
　Stenophis citrinus
　Stenophis gaimardi
　Stenophis graniliceps
　Stenophis guentheri
　Stenophis iarakaensis
　Stenophis inopinae
　Stenophis inornatus
　Stenophis jaosoloa
　Stenophis pseudograniliceps
　Stenophis tulearensis
　Stenophis variabilis

サソリクイ属
Stenorrhina
2種

大きさ：中型で太い。
分布：中米、南米北部。メキシコからエクアドルまで。
生息環境：低地の森林、草原。
食物：無脊椎動物、特にクモ、サソリ。
繁殖法：卵生。

種：
　Stenorrhina degenhardtii
　Stenorrhina freminvillei

ショートテールスネーク属
Stilosoma
1種

大きさ：小型で非常に細い。
分布：フロリダ州中央部。
生息環境：乾燥した砂地のマツ林。地

中生。
食物：小型のヘビ、トカゲ。
繁殖法：卵生。

種：
ショートテールスネーク
Stilosoma extenuatum

カノコヘビ属
Stoliczkaia
2種

大きさ：小型。
分布：インド（S.khasiensis）、ボルネオ島。
生息環境：山地。
食物：わかっていない。
繁殖法：わかっていない。
備考：希少種で、生態や類縁関係についてはわかっていない点が多い。

種：
ボルネオカノコヘビ
Stoliczkaia borneensis

インドカノコヘビ
Stoliczkaia khasiensis

ブラウンヘビ属
Storeria
4種

大きさ：小型。
分布：北米、中米。カナダからホンジュラスまで。
生息環境：じめじめした農園、公園、野原、丘陵の中腹など。
食物：ナメクジ、カタツムリ、昆虫などの無脊椎動物。
繁殖法：胎生。

種：
デケイヘビ
Storeria dekayi

Storeria hidalgoensis

アカハラブラウンヘビ
Storeria occipitomaculata

Storeria storerioides

コオロギヘビ属
Symphimus
2種

大きさ：小型で、約50センチメートルまで。細い。
分布：メキシコ。
生息環境：乾燥した森林、じめじめした森林。
食物：昆虫、特にバッタ、コオロギ。
繁殖法：卵生と考えられている。
備考：樹上生の性質も備える。

種：
Symphimus leucostomus

Symphimus mayae

メキシコタンビヘビ属
Sympholis
1種

大きさ：小型。
分布：メキシコ。
生息環境：乾燥した森林や低木林。地中生。
食物：トカゲと考えられている。
繁殖法：わかっていない。
備考：人目につかず、わかっていない点が非常に多い。

種：
メキシコタンビヘビ
Sympholis lippiens

スナドリヘビ属
Synophis
3種

大きさ：小型～中型。
分布：コロンビア、エクアドル。
生息環境：じめじめした場所。
食物：トカゲと考えられている。
繁殖法：卵生。

種：
Synophis bicolor
Synophis lasallei
Synophis miops

ハヤヘビ属
Tachymenis
7種

大きさ：小型。
分布：南米北西部。
生息環境：乾燥地。
食物：トカゲと考えられている。
繁殖法：胎生。

種：
Tachymenis affinis
Tachymenis attenuata
Tachymenis chilensis
Tachymenis elongata
ハイイロハヤヘビ
Tachymenis peruviana
Tachymenis surinamensis
Tachymenis tarmensis

セルバヘビ属
Taeniophallus
5種

大きさ：小型。
分布：南米。
生息環境：わかっていない。
食物：わかっていない。
繁殖法：わかっていない。
備考：わかっていない点が多い。一部の種はごく最近記載された。

種：
Taeniophallus affinis
Taeniophallus bilineatus
Taeniophallus brevirostris
Taeniophallus occipitalis
Taeniophallus persimilis

マジリニセネコメ属
Tantalophis
1種

大きさ：小型。
分布：メキシコ南部中央。
生息環境：高地のマツの雲霧林。
食物：わかっていない。
繁殖法：わかっていない。
備考：希少でわからない点が多い。

種：
マジリニセネコメ
Tantalophis discolor

ボウシヘビ属
Tantilla
60種

大きさ：非常に小型で細い。
分布：北米、中米、南米。米国中部からアルゼンチンまで。
生息環境：砂漠から森林まで、さまざま。
食物：昆虫とその幼虫。
繁殖法：卵生。1回に1～3個産卵する。
備考：種は多いが、すべて外見がよく似ており、ふつう体は茶色で頭頂部に帽子状の黒い部分がある。いくつかの種は分布域が狭い。人目につかず、おもに夜行性で、昼間は岩、倒木、堆積物の下に隠れている。

種：
Tantilla albiceps
Tantilla alticola
Tantilla andinista
Tantilla armillata
Tantilla atriceps
Tantilla bairdi
Tantilla bocourti
Tantilla brevicauda
Tantilla brevis
Tantilla briggsi
Tantilla calamarina
Tantilla canula
Tantilla capistrata
Tantilla cascadae
Tantilla coronadoi
ナントウボウシヘビ
Tantilla coronata
Tantilla cucullata
Tantilla cuesta
アナホリボウシヘビ
Tantilla cuniculator
Tantilla deppei
Tantilla deviatrix
Tantilla equatoriana
Tantilla excubitor
Tantilla flavilineata
Tantilla fraseri
Tantilla gracilis
スミスボウシヘビ
Tantilla hobartsmithi
Tantilla insulamontana
Tantilla jani
Tantilla lempira
Tantilla longifrontalis
Tantilla melanocephala
Tantilla mexicana
Tantilla miniata
Tantilla miyatai
Tantilla moesta
Tantilla morgani
Tantilla nigra
プレーンズボウシヘビ
Tantilla nigriceps
Tantilla oaxacae
Tantilla oolitica
ピーターズボウシヘビ
Tantilla petersi
セイブボウシヘビ
Tantilla planiceps
フロリダボウシヘビ
Tantilla relicta
Tantilla reticulata
ビッグベンドボウシヘビ
Tantilla rubra
Tantilla schistosa
Tantilla semicincta
Tantilla shawi
Tantilla slavensi
Tantilla striata
Tantilla supracincta
Tantilla taeniata
Tantilla tayrae
Tantilla tecta
Tantilla trilineata
Tantilla vermiformis
Tantilla virgata
Tantilla wilcoxi
Tantilla yaquia

ヒメボウシヘビ属
Tantillita
3種

大きさ：非常に小型。
分布：中米。
生息環境：低地の森林。
食物：無脊椎動物。
繁殖法：卵生。
備考：外見が似ているボウシヘビ属Tantillaと近縁。

種：
Tantillita brevissima
Tantillita canula
Tantillita lintoni

シノビヘビ属
Telescopus
16種

大きさ：中型だが細い。
分布：アフリカ、ヨーロッパのバルカン地方（カクレシノビヘビT.fallax）、近東。
生息環境：さまざまだが、ふつう乾燥した岩場。
食物：トカゲ、小型齧歯類。
繁殖法：卵生。
備考：後牙類だが、人間にとって危険はない。完全に夜行性。

種：
ナミブシノビヘビ
Telescopus beetzi

Telescopus dhara
カクレシノビヘビ
Telescopus fallax

Telescopus gabesiensis
Telescopus gezirae

ナミヘビ科

Telescopus guentheri
Telescopus guidimakensis
Telescopus hoogstraali
Telescopus iberus
Telescopus nigriceps
Telescopus obtusus
Telescopus pulcher
Telescopus rhinopoma
トラフシノビヘビ
　Telescopus semiannulatus
Telescopus tessellatus
ニシアフリカシノビヘビ
　Telescopus variegatus

フルーストーファーヘビ属
Tetralepis
1種

大きさ：小型。
分布：ジャワ島。
生息環境：山地の冷涼な森林。
食物：わかっていない。
繁殖法：わかっていない。
備考：希少でわからない点が多い。

種：
フルーストーファーヘビ
　Tetralepis fruhstorferi

ヤブノヌシヘビ属
Thamnodynastes
6種

大きさ：小型〜中型で、ずんぐりしている。
分布：南米。
生息環境：森林。地上生または樹上生。
食物：トカゲと考えられている。
繁殖法：胎生。
備考：後牙類。人間が咬まれると局所的な痛みと腫れが起こることがある。おもに夜行性。

種：
Thamnodynastes chaquensis
Thamnodynastes chimanta
Thamnodynastes pallidus
Thamnodynastes rutilus
スベヤブノヌシ
　Thamnodynastes strigatus
スジヤブノヌシ
　Thamnodynastes strigilis

ガーターヘビ属
Thamnophis
28種

大きさ：小型〜やや大型で、1メートルを超える場合もある。細い。
分布：北米、中米。
生息環境：ふつうじめじめした場所に生息し、水辺にいることが多い。
食物：ミミズ、魚類、両生類、オタマジャクシ、ときに小型哺乳類。
繁殖法：胎生。一部の種は1回に最高100頭も出産する。
備考：昼行性。

種：
Thamnophis angustirostris
Thamnophis atratus
マルガシラガーター
　Thamnophis brachystoma
Thamnophis butleri
Thamnophis chrysocephalus
Thamnophis couchii
Thamnophis cyrtopsis
サマヨイガーター
　Thamnophis elegans
ジョッキガーター
　Thamnophis eques
Thamnophis exsul
Thamnophis fulvus
オオガーター
　Thamnophis gigas
Thamnophis godmani
ハモンドガーター
　Thamnophis hammondii
チェッカーガーター
　Thamnophis marcianus (pp. 100-1)
Thamnophis melanogaster
Thamnophis mendax
ノースウェストガーター
　Thamnophis ordinoides
ニシリボンヘビ
　Thamnophis proximus
プレーンズガーター
　Thamnophis radix
ホソツラガーター
　Thamnophis rufipunctatus
リボンヘビ
　Thamnophis sauritus
Thamnophis scalaris
Thamnophis scaliger
コモンガーター
　Thamnophis sirtalis (pp. 102-3)
Thamnophis sumichrasti
バハガーター
　Thamnophis valida
Thamnophis vicinus

バードスネーク属
Thelotornis
2種

大きさ：2メートル近くに達し、非常に細く、小枝のように見える。
分布：サハラ砂漠以南のアフリカ。
生息環境：多雨林、低木のある草原。完全に樹上生。
食物：トカゲ、鳥類。
繁殖法：卵生。
備考：頭部は細長くとがっており、眼は大きく、瞳孔は鍵穴形。昼行性。

種：
Thelotornis capensis
Thelotornis kirtlandii

オンセンヘビ属
Thermophis
1種

大きさ：かなり小型。
分布：チベット。
生息環境：標高約4500メートルの山岳。
食物：わかっていない。
繁殖法：わかっていない。

種：
オンセンヘビ
　Thermophis baileyi

アフリカキヘビ属
Thrasops
3種

大きさ：大型。
分布：熱帯アフリカ。
生息環境：森林。樹上生。
食物：カエル、トカゲ、小型哺乳類。
繁殖法：卵生。

種：
Thrasops aethiopissa
Thrasops flavifularis
ジャクソンキヘビ
　Thrasops jacksonii
Thrasops occidentalis

トルーカヘビ属
Toluca
4種

大きさ：小型。
分布：メキシコ中部。
生息環境：山地の森林。
食物：わかっていない。
繁殖法：わかっていない。

種：
Toluca amphistricha
Toluca conica
Toluca lineata
Toluca megalodon

ハワカレヘビ属
Tomodon
2種

大きさ：小型。
分布：ブラジル、アルゼンチン。
生息環境：森林。
食物：わかっていない。
繁殖法：わかっていない。

種：
ジグザグハワカレ
　Tomodon dorsatus
モンハワカレ
　Tomodon ocellatus

アフリカオオガシラ属
Toxicodryas
2種

大きさ：わかっていない。
分布：西アフリカ、中央アフリカ。
生息環境：わかっていない。
食物：わかっていない。
繁殖法：わかっていない。
備考：非常に希少でわからない点が多い。

種：
Toxicodryas blandingii
Toxicodryas pulverulenta

ザラコシヘビ属
Trachischium
5種

大きさ：小型。
分布：インド北部、ミャンマー。
生息環境：森林。地上生と考えられている。
食物：わかっていない。
繁殖法：わかっていない。
備考：夜行性と考えられている。

種：
Trachischium fuscum
Trachischium guentheri
Trachischium laeve
Trachischium monticola
Trachischium tenuiceps

ヌマオカメヘビ属
Tretanorhinus
4種

大きさ：小型。
分布：中米から南米北部、西インド諸島。
生息環境：浅くて植物の多い水中。クロマスクヌマオカメヘビ *T.nigroluteus* は海中を泳いでいた例がある。
食物：魚類、カエル、オタマジャクシ。
繁殖法：夜行性。

種：
Tretanorhinus mocquardi
クロマスクヌマオカメ
　Tretanorhinus nigroluteus
Tretanorhinus taeniatus
Tretanorhinus variabilis

サンリンホオヘビ属
Trimetopon
6種

大きさ：小型。
分布：中米。
生息環境：多雨林。
食物：わかっていない。
繁殖法：わかっていない。

種：
Trimetopon barbouri
Trimetopon gracile
Trimetopon pliolepis
Trimetopon simile
Trimetopon slevini
Trimetopon viquezi

ミツバヘビ属
Trimorphodon
2種

大きさ：中型で、約1メートルまで。細い。
分布：北米、中米。
生息環境：乾燥した砂質の土地で、岩のすきまにいることが多い。
食物：おもにトカゲだが、ヘビ、小型哺乳類（コウモリなど）も食べることがある。
繁殖法：卵生。

備考：後牙類だが、人間にとって危険はない。タテゴトヘビ T.biscutatus の亜種のいくつかは独立の種とされる場合がある。

種：
　タテゴトヘビ
　　Trimorphodon biscutatus
　　Trimorphodon tau

オビヒモヘビ属
Tripanurgos
1種

大きさ：中型で、体は非常に細く、側偏している。
分布：トリニダード島を含む中米、南米。
生息環境：森林。おもに樹上生。
食物：おもにカエル。
繁殖法：卵生。

種：
　オビヒモヘビ
　　Tripanurgos compressus

ラインスネーク属
Tropidoclonion
1種

大きさ：小型。
分布：北米。
生息環境：草原、畑地、公園、荒地などさまざま。
食物：ミミズ。
繁殖法：胎生。

種：
　ラインスネーク
　　Tropidoclonion lineatum

セラコダマヘビ属
Tropidodryas
2種

大きさ：中型で、約1メートルまで。
分布：ブラジル南部。
生息環境：森林。樹上生と考えられている。
食物：カエル、トカゲ、鳥類、小型哺乳類。
繁殖法：わかっていない。

種：
　Tropidodryas pseudoserra
　セラコダマヘビ
　　Tropidodryas serra

オーストララジアヒバァ属
Tropidonophis
12種

大きさ：中型で、約1.2メートルまで。
分布：ニューギニア、ボルネオ島。1種（オーストラリアヒバァ T.mairii）はオーストラリア北部にも分布。
生息環境：半水生。沼地、湿原、水たまり、溝など。
食物：おもに魚類、カエルだが、小型のトカゲを食べることもある。
繁殖法：卵生。
備考：この属の分類については混乱がある。一部の種は旧属名であるナガレヒバァ属 *Macropophis* とされる場合もあるが、この便覧ではナガレヒバァ属はフィリピン諸島に分布する4種とした。ボルネオ島に分布する T.flavifrons および T.muruensis は、ユウダ属 *Natrix* に分類される場合もある。その他にも、過去に別のさまざまな属に分類されていた種がある。

種：
　Tropidonophis aenigmaticus
　Tropidonophis elongatus
　Tropidonophis flavifrons
　オーストラリアヒバァ
　　Tropidonophis mairii
　Tropidonophis montanus
　Tropidonophis multiscutellatus
　Tropidonophis muruensis
　Tropidonophis novaeguinea
　Tropidonophis parkeri
　Tropidonophis picturata
　Tropidonophis statisticus
　Tropidonophis truncata

ヒヨケヘビ属
Umbrivaga
3種

大きさ：小型。
分布：南米北部。
生息環境：地上生。
食物：わかっていない。
繁殖法：わかっていない。
備考：わかっていない点が多い。

種：
　Umbrivaga mertensi
　Umbrivaga pyburni
　Umbrivaga pygmaea

コズエヘビ属
Uromacer
4種

大きさ：中型〜大型で、細い。
分布：イスパニョーラ島と周辺諸島。
生息環境：森林。
食物：トカゲ、特にアノールトカゲ属 *Anolis*。
繁殖法：卵生と考えられている。

種：
　ケーツビーコズエヘビ
　　Uromacer catesbyi
　Uromacer frenatus
　Uromacer oxyrhynchus
　Uromacer wetmorei

カレエダヘビ属
Uromacerina
1種

大きさ：中型で細い。
分布：ブラジル。
生息環境：森林。樹上生と考えられている。
食物：樹上生のトカゲ。
繁殖法：卵生と考えられている。
備考：わかっていない点が多い。

種：
　カレエダヘビ
　　Uromacerina ricardinii

アーススネーク属
Virginia
3種

大きさ：小型。約30センチメートル以下。
分布：北米南東部。
生息環境：じめじめした場所の岩や堆積物の下。
食物：ミミズ。
繁殖法：胎生。
備考：人目につかない。マウンテンアーススネーク V.pulchra はスムーズアーススネーク V.valeriae の亜種の可能性がある。

種：
　マウンテンアーススネーク
　　Virginia pulchra
　ラフアーススネーク
　　Virginia striatula
　スムーズアーススネーク
　　Virginia valeriae

ワグラーヘビ属
Waglerophis
1種

大きさ：中型でずんぐりしている。
分布：南米。
生息環境：森林のじめじめした場所。
食物：両生類、特にヒキガエル。
繁殖法：卵生。
備考：長い後牙でヒキガエルの体を刺す。毒の人間に対する効果はわかっていない。

種：
　ワグラーヘビ
　　Waglerophis merremi

ウォールヘビ属
Wallophis
1種

大きさ：小型。
分布：インド。
生息環境：わかっていない。
食物：わかっていない。
繁殖法：卵生。
備考：かつてはスムーズヘビ属 *Coronella* に分類されていた。この属にはもう1種 W.bella があるとされることもあるが、この便覧ではククリヘビ属 *Oligodon* にベニククリ O.bellus として分類した。

種：
　ウォールヘビ
　　Wallophis brachyura

キッコウヘビ属
Xenelaphis
2種

大きさ：大型で、2メートル以上に達する。
分布：タイ、マレー半島、ボルネオ島、ジャワ島。
生息環境：半水生。沼地。
食物：おもにカエル。
繁殖法：卵生。
備考：わかっていない点が多い。

種：
　Xenelaphis ellipsifer
　Xenelaphis hexagonotus

ソウカダ属
Xenochrophis
9種

大きさ：中型で、一部の種は1メートル以上に達する。
分布：アフガニスタンから東南アジア、インドネシアの島々まで。ソウカダ X.piscator はこの属の分布域全体に見られるが、それ以外の種の分布域はもっと狭い。
生息環境：水辺近くのじめじめした土地が多い。
食物：魚類、両生類。
繁殖法：卵生。
備考：後牙類で、咬まれると痛いが重傷には至らない。

種：
　Xenochrophis asperrimus
　Xenochrophis cerasogaster
　Xenochrophis flavipunctatus
　Xenochrophis maculatus
　ソウカダ
　　Xenochrophis piscator
　Xenochrophis punctulatus
　Xenochrophis sanctijohannis
　Xenochrophis trianguligerus
　クロスジソウカダ
　　Xenochrophis vittatus

ミツウロコヘビ属
Xenodermus
1種

大きさ：小型で、約70センチメートルまで。
分布：マレー半島、ジャワ島、スマトラ島、ボルネオ島。
生息環境：半水生または半地中生で、じめじめした森林、沼地、水田、潅漑用水路などに生息する。
食物：カエル。
繁殖法：卵生。
備考：動きが鈍い奇妙な種で、ほかのナミヘビ科のヘビとの類縁関係がはっきりしない。

種：
　ミツウロコヘビ
　　Xenodermus javanicus

ヒラタヘビ属
Xenodon
7種

大きさ：中型〜大型で、太い。
分布：中南米（メキシコからアルゼンチン）。
生息環境：多雨林、特に水の流れに沿った場所。
食物：ヒキガエル。
繁殖法：卵生。
備考：後牙類で気性が荒く、咬まれると痛いが、特に危険はないと考えられている。

種：
　Xenodon bertholdi
　ギュンターヒラタヘビ
　　Xenodon guentheri
　Xenodon neuwiedii
　エダガシラヒラタヘビ
　　Xenodon rabdocephalus
　クロオビヒラタヘビ
　　Xenodon severus
　Xenodon suspectus
　Xenodon werneri

トゲアゴヘビ属
Xenophidion
2種

大きさ：小型。
分布：ボルネオ島のサバ州（*X. acanthognathus*）、マレーシアのセランゴール州（シェーファートゲアゴヘビ *X. schaeferi*）。
生息環境：おもに多雨林。
食物：ミミズ、昆虫とその幼虫。
繁殖法：卵生と考えられている。
備考：1995年に記載されたばかりで、まだわからない点が多い。

種：
　Xenophidion acanthognathus
　シェーファートゲアゴヘビ
　　Xenophidion schaeferi

カワリウロコヘビ属
Xenopholis
3種

大きさ：小型で細い。
分布：南米のアマゾン川流域。
生息環境：じめじめした森林。
食物：おもにカエル。
繁殖法：わかっていないが、卵生である可能性が高い。

種：
　Xenopholis reticulatus
　ハシゴカワリウロコ
　　Xenopholis scalaris
　Xenopholis undulatus

ホソバナヘビ属
Xylophis
2種

大きさ：小型。
分布：インド南部。
生息環境：半地中生と考えられている。
食物：わかっていない。
繁殖法：わかっていない。
備考：人目につかず、わかっていない点が多い。

種：
　Xylophis perroteti
　Xylophis stenorhynchus

カサントウ属
Zaocys
4種

大きさ：大型。
分布：インド北部、ミャンマー、中国、東南アジア。
生息環境：森林、荒地、村落の周辺。
食物：鳥類、小型哺乳類。
繁殖法：卵生。
備考：ナンダ属*Ptyas*に分類される場合もある。

種：
　オオカサントウ
　　Zaocys carinatus
　カサントウ
　　Zaocys dhumnades
　Zaocys fuscus
　ミドリカサントウ
　　Zaocys nigromarginatus

モールバイパー科

8属62種

謎の多いモールバイパー科のヘビは、一般に小型から中型で、体形は細く円筒状で、なめらかで光沢がある体鱗をもつ。色は地味なものが多様で、そのことが分類上の混乱を招いている。一部の種は折り畳み式の毒牙と猛毒をもつが、それ以外の種は人間にとって危険はない。

この科のヘビは地中にトンネルを掘って生息する。食物はおもに爬虫類、特にミミズトカゲだが、ムカデクイ属*Aparallactus*のヘビはムカデ類を食べる。繁殖法がわかっている種はすべて卵生だが、胎生の可能性がある例外が1種ある（*Amblyodipsas concolor*）。

この科のヘビは、中東に分布する1種を除いてすべてアフリカに分布する。この科のヘビは、過去にナミヘビ科、クサリヘビ科、コブラ科に分類されたことがあった。さまざまな俗名があるため、誤解を招きやすい。アフリカのピエロヘビ属*Homoroselaps*はこの科に分類される場合もあるが、今のところコブラ科に分類されている。

ムラサキヘビ属
Amblyodipsas
9種

大きさ：小型。
分布：サハラ砂漠以南のアフリカ。
生息環境：さまざま。もろい土壌の地中に生息する。
食物：地中生の爬虫類、両生類、小型哺乳類。
繁殖法：卵生だが、*A.concolor*は例外で、ある種の条件下では胎生である可能性がある。
備考：有毒で、溝のある毒牙を眼の下に1対もつが、人間にとって危険はない。

種：
　Amblyodipsas concolor
　Amblyodipsas dimidiata
　Amblyodipsas katangensis
　Amblyodipsas microphthalma
　ツヤムラサキヘビ
　　Amblyodipsas polylepis
　Amblyodipsas rodhaini
　Amblyodipsas teitana
　Amblyodipsas unicolor
　セムラサキヘビ
　　Amblyodipsas ventrimaculata

ムカデクイ属
Aparallactus
11種

大きさ：小型で、約60センチメートルまで。
分布：サハラ砂漠以南のアフリカ。
生息環境：地中生で、砂質の土壌、朽木、空になったシロアリの巣、その他の堆積物中に生息する。
食物：ムカデ類。
繁殖法：卵生。1回の産卵数は少ない。
備考：有毒だが、人間にとって危険はない。

種：
　ケープムカデクイ
　　Aparallactus capensis
　クロムカデクイ
　　Aparallactus guentheri
　Aparallactus jacksonii
　Aparallactus lineatus
　アミメムカデクイ
　　Aparallactus lunulatus
　Aparallactus modestus
　Aparallactus moeruensis
　Aparallactus niger
　Aparallactus nigriceps
　Aparallactus turneri
　Aparallactus werneri

モールバイパー属
Atractaspis
16種

大きさ：小型〜中型。
分布：アフリカ、中東（*A.engaddensis*）。
生息環境：さまざま。もろい土壌や砂質の土壌中に生息する。
食物：小型脊椎動物。トカゲ（特にスキンク科）、ヘビ、巣穴にいる齧歯類。
繁殖法：卵生。
備考：毒牙は大きく、部分的に折り畳むことが可能で、猛毒をもつ。口を開けずに毒牙を口の横から出して獲物を刺すことができるため、安全な取扱いが難しく、人間が死亡した例がある。この属に属する種はすべて外見が似ており、種数はここに掲載したものより多い可能性がある。18種以上とする専門家もいる。

種：
　Atractaspis aterrima
　Atractaspis battersbyi
　ビブロンモールバイパー
　　Atractaspis bibronii
　Atractaspis boulengeri
　Atractaspis coalescens
　コンゴモールバイパー
　　Atractaspis congica
　Atractaspis corpulenta
　ダホメイモールバイパー
　　Atractaspis dahomeyensis
　Atractaspis duerdeni
　Atractaspis engaddensis
　Atractaspis engdahli
　カワリモールバイパー
　　Atractaspis irregularis
　Atractaspis leucomelas
　Atractaspis microlepidota
　Atractaspis reticulata
　Atractaspis scorteccii

マルオヘビ属
Chilorhinophis
3種

大きさ：小型。
分布：中央アフリカ。
生息環境：森林。地中生。
食物：ミミズトカゲなど地中生の爬虫類を食べると考えられている。
繁殖法：わかっていない。
備考：上顎前部付近に毒牙がある。

種：
　バトラーマルオヘビ
　　Chilorhinophis butleri
　カーペンターマルオヘビ
　　Chilorhinophis carpenteri
　リボンマルオヘビ
　　Chilorhinophis gerardi

ナタールクロヘビ属
Macrelaps
1種

大きさ：中型。
分布：南アフリカ。
生息環境：沿岸の低木林地の葉積層。地中生。
食物：爬虫類、両生類、小型哺乳類。
繁殖法：卵生。
備考：咬まれると危険なおそれがある。

種：
　ナタールクロヘビ
　　Macrelaps microlepidotus

ヘビ名便覧

ヒメアスプ属
Micrelaps
4種

大きさ：小型。
分布：中央アフリカ。
生息環境：地中生であること以外はわかっていない。
食物：地中生の爬虫類とその卵を食べると考えられている。
繁殖法：卵生と考えられている。

種：
　Micrelaps bicoloratus
　Micrelaps boettgeri
　Micrelaps muelleri
　Micrelaps vaillanti

ツヤドクヘビ属
Polemon
13種

大きさ：小型。
分布：西アフリカ、中央アフリカ。
生息環境：地中生。
食物：わかっていない。
繁殖法：わかっていない。
備考：希少で人目につかず、ほかのヘビとの類縁関係や生態はよくわかっていない。過去に多くの種が*Cyanodontophis*属、*Elapocalamus*属、*Miodon*属に分類されていた。

種：
　Polemon acanthias
　Polemon barthii
　Polemon bocourti
　Polemon christyi
　Polemon collaris
　Polemon fulvicollis
　Polemon gabonensis
　Polemon gracilis
　Polemon griseiceps
　Polemon leopoldi
　Polemon neuwiedi
　Polemon notatus
　Polemon robustus

クサビハナヘビ属
Xenocalamus
5種

大きさ：小型で、約80センチメートルまで。非常に細い。
分布：アフリカ中部・南部。
生息環境：砂質土壌。地中生。
食物：ミミズトカゲ。
繁殖法：卵生。
備考：有毒だが、咬んだ例はなく、人間にとって危険はない。

種：
　フタイロクサビハナ
　　Xenocalamus bicolor
　ホソクサビハナ
　　Xenocalamus mechowii
　Xenocalamus michellii
　Xenocalamus sabiensis
　Xenocalamus transvaalensis

コブラ科
60属291種

　コブラ科のヘビの外見は、近縁であることが確かなナミヘビ科のヘビに似ている。両科の違いはおもに歯牙にある。つまり、コブラの仲間は固定された1対の中空の前牙をもち、それで毒液を注入する。
　この便覧では、陸生コブラを先に述べ、次に海生コブラについて述べる。

陸生コブラ
43属228種

　この科には映画やマンガの蛇使いでおなじみの典型的なフードをもつコブラ以外に、数多くの色鮮やかなヘビが含まれている。これらはサンゴヘビとして知られ、アメリカ、アフリカ、オーストラリアに分布する。また、地味な褐色のヘビも数種含まれ、これらはおもにオーストラリアに分布する。陸生コブラと海生コブラ（ウミヘビ）との分類上の関係については、現在もさまざまな説がある。
　マンバ属、アマガサヘビ属、タイパン属、ブラックスネーク属、オーストラリアカパーヘッド属、タイガースネーク属もこの科の猛毒ヘビの例である。ウミヘビ属、エラブウミヘビ属（別科に分類される場合がある）も猛毒をもつが、人間と対決する機会はめったにない。この科のその他の属の多くは、一般におとなしくて目立たないヘビである。
　コブラは世界の多くの地域に分布するが、南半球の方が多い。オーストラリアには特にたくさんの種が分布し、クサリヘビ科がまったく分布せず、ナミヘビ科もほとんど分布しないことを埋め合わせている。

デスアダー属
Acanthophis
3種

大きさ：中型だが、非常に太い。
分布：オーストラリア、ニューギニア。
生息環境：さまざま。
食物：トカゲ、鳥類、小型哺乳類。
繁殖法：胎生。
備考：非常に危険なヘビで、生態学的には、同じ地域に分布していないクサリヘビ科に相当する位置を占める。ニューギニアにもう1種分布している可能性があるが、まだ記載されていない。

種：
　コモンデスアダー
　　Acanthophis antarcticus
　ノザンデスアダー
　　Acanthophis praelongus (pp.118–
　　19)
　サバクデスアダー
　　Acanthophis pyrrhus

サンゴコブラ属
Aspidelaps
2種

大きさ：小型で、約80センチメートルまで。
分布：アフリカ南部。
生息環境：乾燥地で、砂質土壌に多い。
食物：両生類、トカゲ、ヘビ、小型哺乳類。
繁殖法：卵生。
備考：咬まれても死亡することはめったにない。

種：
　サンゴコブラ
　　Aspidelaps lubricus
　ハナイタコブラ
　　Aspidelaps scutatus

アスプモドキ属
Aspidomorphus
3種

大きさ：小型で、約40センチメートルまで。
分布：ニューギニア、モルッカ諸島。
生息環境：森林。朽木や植物その他の堆積物の中。
食物：わかっていない。
繁殖法：わかっていないが、卵生と考えられている。
備考：希少で人目につかず、その生態や毒の効果はよくわかっていない。

種：
　クビスジアスプモドキ
　　Aspidomorphus lineaticollis
　ミュラーアスプモドキ
　　Aspidomorphus muelleri
　シュレーゲルアスプモドキ
　　Aspidomorphus schlegeli

オーストラリアカパーヘッド属
Austrelaps
3種

大きさ：大型で、約1.7メートルまで。
分布：タスマニアを含むオーストラリア南東部。
生息環境：湿度が高い場所。
食物：両生類、爬虫類。
繁殖法：胎生。
備考：非常に危険だが、ふつう攻撃的ではない。3つの種がひとつの種の変異種とみなされる場合もある。

種：
　カンガルーカパーヘッド
　　Austrelaps labialis
　ハイランドカパーヘッド
　　Austrelaps ramsayi
　ローランドカパーヘッド
　　Austrelaps superbus

ミズコブラ属
Boulengerina
2種

大きさ：やや大型で、ずんぐりしている。
分布：中央アフリカ。
生息環境：水生。
食物：魚類。
繁殖法：卵生。
備考：人間にとって危険な可能性もあるが、ふつうはおとなしい。

種：
　ワモンミズコブラ
　　Boulengerina annulata
　コンゴミズコブラ
　　Boulengerina christyi

アマガサヘビ属
Bungarus
12種

大きさ：中型〜大型。体は細くて円筒状か、横断面が側偏しているかまたは三角形。
分布：アジア（インド、スリランカから中国南部、東南アジアまで）。
生息環境：さまざまで、人家付近に生息することも多い。地上生。
食物：ヘビ。
繁殖法：卵生。
備考：猛毒で命取りになることもあり。夜行性。

種：
　Bungarus andamanensis
　Bungarus bungaroides
　インドアマガサ
　　Bungarus caeruleus
　Bungarus candidus
　セイロンアマガサ
　　Bungarus ceylonicus
　マルオアマガサ
　　Bungarus fasciatus
　ベニアマガサ
　　Bungarus flaviceps
　Bungarus lividus
　Bungarus magnimaculatus
　タイワンアマガサ
　　Bungarus multicinctus
　クロアマガサ
　　Bungarus niger
　Bungarus sindanus

クラウンスネーク属
Cacophis
3種

大きさ：小型で、約75センチメートルまで。
分布：オーストラリア東部。
生息環境：さまざま。葉や堆積物の下。
食物：わかっていない。
繁殖法：卵生。
備考：人目につかず、わかっていない点が多い。毒は弱く、人間にとって危険はないと考えられている。

種：
　ホワイトクラウンスネーク

コブラ科

Cacophis harriettae
ドワーフクラウンスネーク
Cacophis krefftii
ゴールデンクラウンスネーク
Cacophis squamulosus

ベニヘビ属
Calliophis
11種

大きさ：小型で細い。
分布：南アジア、東南アジア。
生息環境：森林。
食物：爬虫類、特に地中性の種類。
繁殖法：卵生と考えられている。
備考：人目につかない。ほかのヘビとの類縁関係はよくわかっていない。毒は人間にとって危険ではないと考えられている。

種：
Calliophis beddomei
Calliophis bibroni
Calliophis calligaster
ソロバンベニヘビ
　Calliophis gracilis
リュウキュウベニヘビ
　Calliophis japonicus
Calliophis kelloggi
ワモンベニヘビ
　Calliophis macclellandi
ホシベニヘビ
　Calliophis maculiceps
ズグロベニヘビ
　Calliophis melanurus
Calliophis nigrescens
ザウテルヘイ
　Calliophis sauteri

ムチコブラ属
Demansia
8種

大きさ：小型～中型で、細い。
分布：オーストラリア、ニューギニア南部。
生息環境：砂漠から多雨林まで、さまざま。
食物：カエル、トカゲ、爬虫類の卵。
繁殖法：卵生。
備考：小型なので人間にとって大きな危険はないとされる。昼行性で動きがすばやい。*D.calodera*および*D.rufescens*の2種は*D.olivaceae*の亜種とされる場合もある。

種：
クロムチコブラ
　Demansia atra
Demansia calodera
Demansia olivacea
Demansia papuensis
Demansia psammophis
Demansia rufescens
Demansia simplex
Demansia torquata

マンバ属
Dendroaspis
4種

大きさ：中型～大型で、4メートルに達する場合もある。細い。
分布：熱帯アフリカ、アフリカ南部。
生息環境：森林、樹木が散在する草原。ブラックマンバ*D.polylepis*は地上生、残り3種は緑色で樹上生。
食物：鳥類、小型哺乳類。
繁殖法：卵生。
備考：人間にとって非常に危険だが、ふつう攻撃的ではない。昼行性。

種：
ヒガシグリーンマンバ
　Dendroaspis angusticeps
ジェイムソンマンバ
　Dendroaspis jamesoni
ブラックマンバ
　Dendroaspis polylepis
ニシグリーンマンバ
　Dendroaspis viridis (pp. 120-21)

デニソンヘビ属
Denisonia
2種

大きさ：小型で、60センチメートルまで。ずんぐりしている。
分布：オーストラリア東部。
生息環境：疎林地域。
食物：おもにカエル。
繁殖法：*D.maculata*は胎生、*D.devisi*についてはわかっていない。
備考：人間にとって命取りになることはないが、危険。夜行性で人目につかない。

種：
Denisonia devisi
Denisonia maculata

ヒバカリモドキ属
Drysdalia
4種

大きさ：小型で細い。
分布：オーストラリア南部。
生息環境：わかっていない。
食物：スキンク科などのトカゲ。
繁殖法：わかっている範囲では胎生。
備考：人間にとって危険はないとされる。夜行性で人目につかない。

種：
カンムリヒバカリモドキ
　Drysdalia coronata
シロクチヒバカリモドキ
　Drysdalia coronoides
マスターズヒバカリモドキ
　Drysdalia mastersii
Drysdalia rhodogaster

バーディック属
Echiopsis
2種

大きさ：小型。
分布：オーストラリア南部。
生息環境：乾燥地。
食物：カエル、トカゲ、鳥類、小型哺乳類。
繁殖法：*E.curta*は胎生、ズグロバーティック*E.atriceps*についてはわかっていない。
備考：人間にとって危険はないとされる。ズグロバーティックは希少でわからない点が多い。夜行性。

種：
ズグロバーティック
　Echiopsis atriceps
Echiopsis curta

ヒメチャヘビ属
Elapognathus
1種

大きさ：小型で、40センチメートルまで。
分布：オーストラリア南西部。
生息環境：沼の水辺。
食物：わかっていない。
繁殖法：胎生と考えられている。
備考：人間にとって危険はないとされる。

種：
ヒメチャヘビ
　Elapognathus minor

アリノスヘビ属
Elapsoidea
8種

大きさ：小型～中型だが、1種は1メートルを超える。
分布：サハラ砂漠以南のアフリカ。
生息環境：乾燥地から森林までさまざま。
食物：おもに爬虫類だが、両生類、小型哺乳類も食べる。
繁殖法：卵生。
備考：人間にとって危険はないとされる。幼体は色鮮やかでサンゴヘビに似ていることがある。ソマリアに分布する*E.chelazzii*は2個体の標本しかない。*E.broadleyi*は1997年に記載されたばかり。

種：
Elapsoidea broadleyi
Elapsoidea chelazzii
Elapsoidea guentheri
Elapsoidea laticincta
Elapsoidea loveridgei
Elapsoidea nigra
Elapsoidea semiannulata
Elapsoidea sundevallii

ヒウナジヘビ属
Furina
5種

大きさ：小型で、まれに1メートルに達する（*F.tristis*）。
分布：オーストラリア、ニューギニア（*F.tristis*）。
生息環境：砂漠から農園まで、さまざま。
食物：小型のトカゲと考えられている。
繁殖法：わかっている範囲では卵生。
備考：人間にとって危険はないとされる。

種：
Furina barnardi
Furina diadema
Furina dunmalli
Furina ornata
Furina tristis

リンカルス属
Hemachatus
1種

大きさ：中型で、1.5メートルまで。
分布：アフリカ南部。
生息環境：草原。
食物：おもにヒキガエル。
繁殖法：胎生。
備考：毒液を噴出する非常に危険なヘビで、人が失明するおそれもあるが、死に至ることはほとんどない。

種：
リンカルス
　Hemachatus haemachatus

グレイスネーク属
Hemiaspis
2種

大きさ：小型で、60センチメートルまで。
分布：オーストラリア東部。
生息環境：じめじめした森林、乾燥した森林。
食物：カエル、トカゲ（特にスキンク科）。
繁殖法：胎生。
備考：人間にとって危険はないとされる。昼夜の別なく活動する。

種：
グレイスネーク
　Hemiaspis damelii
クロハラグレイスネーク
　Hemiaspis signata

ピエロヘビ属
Homoroselaps
2種

大きさ：小型で、55センチメートルまで。
分布：アフリカ南部。
生息環境：シロアリの巣に生息することが多い。
食物：スキンク、およびホソメクラヘビやメクラヘビなどの小型のヘビ。
繁殖法：卵生。
備考：鮮やかな体色をもつ。小型なので人間にとって危険はないとされる。かつてはモールバイパー科に分類されていた。*H.dorsalis*は希少で、生態についてはよくわかっていない。

ヘビ名便覧

種：
　Homoroselaps dorsalis
　Homoroselaps lacteus

ミナミオオズヘビ属
Hoplocephalus
3種

大きさ：小型〜中型で、最大90センチメートルまで。
分布：オーストラリア東部。
生息環境：さまざまだが、森林に生息することが多い。H.bungaroidesは岩石の露頭にのみ生息し、はがれ落ちた岩板の下に潜んでいる。
食物：カエル、トカゲ、鳥類、哺乳類。
繁殖法：胎生。
備考：攻撃的で、咬まれると痛いが、毒はほとんどない。

種：
　Hoplocephalus bitorquatus
　キボシオオズヘビ
　　Hoplocephalus bungaroides
　Hoplocephalus stephensii

モリノサメヘビ属
Loveridgelaps
1種

大きさ：中型で、約80センチメートルまで。
分布：ソロモン諸島。
生息環境：森林。沢の近辺が多い。
食物：カエル、トカゲ、ミミズヘビ類。
繁殖法：わかっていない。
備考：希少でわからない点が多い。白と黒の太い横帯がある。人間が咬まれると危険なおそれがある。

種：
　モリノサメヘビ
　　Loveridgelaps elapoides

マタハリヘビ属
Maticora
2種

大きさ：小型（ハラオビマタハリヘビ M.intestinalis）〜大型で、細い。
分布：東南アジア。
生息環境：森林や荒地。半地中生。
食物：ヘビ。
繁殖法：卵生。
備考：色鮮やかで、ふつうはおとなしいが、体長の3分の1にわたる巨大な毒腺があり、潜在的に危険性がある。

種：
　アオマタハリヘビ
　　Maticora bivirgata
　ハラオビマタハリヘビ
　　Maticora intestinalis

イカヘカヘビ属
Micropechis
1種

大きさ：大型で、2メートルに達し、ずんぐりしている。
分布：ニューギニアおよび周辺諸島の一部。
生息環境：森林、沼地、農園。
食物：カエル、トカゲ、ヘビ、小型哺乳類。
繁殖法：わかっていない。
備考：非常に危険で、死亡例が数件ある。

種：
　イカヘカ
　　Micropechis ikaheka

セイブサンゴヘビ属
Microides
1種

大きさ：小型で、約50センチメートルまで。細い。
分布：北米（アリゾナ州からメキシコ北西部まで）。
生息環境：乾燥した砂漠や低木林。
食物：トカゲ、ヘビ。
繁殖法：卵生。
備考：赤、黒、白の鮮やかな横帯がある。危険。

種：
　セイブサンゴヘビ
　　Microides euryxanthus

サンゴヘビ属
Micrurus
60種

大きさ：小型〜やや大型。一部の種は1.5メートルに達する。
分布：北米、中米、南米。
生息環境：乾燥した砂漠から湿度が高い多雨林までさまざまだが、常に地上で活動する。
食物：爬虫類、特にミミズトカゲなどの地中生の種類。
繁殖法：卵生。
備考：体は細く、赤、黒、白または黄色の鮮やかな横帯がある。熱帯に分布する一部の種には青い横帯がある。口は小さく、毒牙は短いが、すべてのサンゴヘビは危険である可能性があり、人間の死亡例が数多くある。ふつう夜行性。以下の一覧には亜種とされる場合がある種も多数含まれている。

種：
　アレンサンゴヘビ
　　Micrurus alleni
　アンカーサンゴヘビ
　　Micrurus ancoralis
　ワモンサンゴヘビ
　　Micrurus annellatus
　ズグロサンゴヘビ
　　Micrurus averyi
　クラカケサンゴヘビ
　　Micrurus bernadi
　ボクールサンゴヘビ
　　Micrurus bocourti
　ボガートサンゴヘビ
　　Micrurus bogerti
　ブラウンサンゴヘビ
　　Micrurus browni
　カタマヨサンゴヘビ
　　Micrurus catamayensis
　クラークサンゴヘビ
　　Micrurus clarki
　クビワサンゴヘビ
　　Micrurus collaris
　ペイントサンゴヘビ
　　Micrurus corallinus
　カザリサンゴヘビ
　　Micrurus decoratus
　ダイアナサンゴヘビ
　　Micrurus diana
　インターバルサンゴヘビ
　　Micrurus diastema
　コビトサンゴヘビ
　　Micrurus dissoleucus
　ベニサンゴヘビ
　　Micrurus distans
　デュメリルサンゴヘビ
　　Micrurus dumerilii
　エレガントサンゴヘビ
　　Micrurus elegans
　クロノセサンゴヘビ
　　Micrurus ephippifer
　ヒモサンゴヘビ
　　Micrurus filiformis
　タンビサンゴヘビ
　　Micrurus frontalis
　クロヒタイサンゴヘビ
　　Micrurus frontifasciatus
　ハーレクィンサンゴヘビ
　　Micrurus fulvius
　ムシクイサンゴヘビ
　　Micrurus hemprichii
　バテイサンゴヘビ
　　Micrurus hippocrepis
　イビボボカサンゴヘビ
　　Micrurus ibiboboca
　ハバヒトシサンゴヘビ
　　Micrurus isozonus
　ランスドルフサンゴヘビ
　　Micrurus langsdorffi
　フトクビワサンゴヘビ
　　Micrurus laticollaris
　ヒロオビサンゴヘビ
　　Micrurus latifasciatus
　リボンサンゴヘビ
　　Micrurus lemniscatus
　ミダレオビサンゴヘビ
　　Micrurus limbatus
　シロボシサンゴヘビ
　　Micrurus margaritiferus
　メデムサンゴヘビ
　　Micrurus medemi
　メルテンスサンゴヘビ
　　Micrurus mertensi
　ツノマベニサンゴヘビ
　　Micrurus mipartitus
　タタイサンゴヘビ
　　Micrurus multifasciatus
　ドウナガサンゴヘビ
　　Micrurus multiscutatus
　アンデスセグロサンゴヘビ
　　Micrurus narduccii
　カスミサンゴヘビ
　　Micrurus nebularis
　チュウベイサンゴヘビ
　　Micrurus nigrocinctus
　パラーサンゴヘビ
　　Micrurus paraensis
　ペルーサンゴヘビ
　　Micrurus peruvianus
　ピーターズサンゴヘビ
　　Micrurus petersi
　ナヤリートサンゴヘビ
　　Micrurus proximans
　プシュケサンゴヘビ
　　Micrurus psyches
　プトウマヨサンゴヘビ
　　Micrurus putumayensis
　バラサンゴヘビ
　　Micrurus pyrrhocryptus
　オクチサンゴヘビ
　　Micrurus remotus
　ロアタンサンゴヘビ
　　Micrurus ruatanus
　サンギルサンゴヘビ
　　Micrurus sangilensis
　ヒメセグロサンゴヘビ
　　Micrurus scutiventris
　オオサンゴヘビ
　　Micrurus spixii
　チョウハンサンゴヘビ
　　Micrurus spurelli
　ヤマスソサンゴヘビ
　　Micrurus steindachneri
　ステュワートサンゴヘビ
　　Micrurus stewarti
　ボルカノサンゴヘビ
　　Micrurus stuarti
　ミズサンゴヘビ
　　Micrurus surinamensis
　アレチサンゴヘビ
　　Micrurus tschudii

フードコブラ属
Naja
17種

大きさ：中型〜大型で、2メートル以上に達する場合もある。やや太い。
分布：アフリカ、アジア。
生息環境：砂漠から森林までさまざまで、野原、農園、人家にも生息する。
食物：非常に適応力があり、魚類、両生類、トカゲ、ヘビ、鳥類、哺乳類を食べる。
繁殖法：卵生。
備考：コブラはすべて危険であり、咬まれると死亡するおそれがある。アフリカとアジアに分布する数種は毒液を噴出することもできる。フードを広げるのは驚いたときに限られる。昼行性の種と夜行性の種がある。かつてはアジアの各種は、広く分布する1種の亜種とされていた。

種：
　タイワンコブラ
　　Naja atra (p. 114)
　アスプコブラ
　　Naja haje
　モノクルコブラ
　　Naja kaouthia (p. 115)
　ニシアフリカドクフキコブラ
　　Naja katiensis
　シンリンコブラ
　　Naja melanoleuca
　ムフェジコブラ
　　Naja mossambica
　インドコブラ
　　Naja naja
　クロクビコブラ
　　Naja nigricollis

コブラ科

ケープコブラ
Naja nivea
オクソスコブラ
Naja oxiana
アカドクフキコブラ
Naja pallida (pp. 112-13)
フィリピンコブラ
Naja philippinensis
アンダマンコブラ
Naja sagittifera
サマールコブラ
Naja samarensis
タイドクフキコブラ
Naja siamensis
インドネシアコブラ
Naja sputatrix
スマトラコブラ
Naja sumatrana

タイガースネーク属
Notechis
2種

大きさ：やや大型で、1.5メートルに達し、ずんぐりしている。
分布：タスマニアを含むオーストラリア南部。
生息環境：沼地から乾燥した岩場まで、さまざま。
食物：おもにカエル、小型哺乳類だが、小さな島に生息するブラックタイガースネーク N.ater は、季節的に豊富となるミズナギドリ科の海鳥の雛にほぼ全面的に依存している。
繁殖法：胎生。
備考：猛毒で、オーストラリアでのヘビによる人命被害の大きな割合を占める。

種：
ブラックタイガースネーク
Notechis ater
タイガースネーク
Notechis scutatus

フィジーヘビ属
Ogmodon
1種

大きさ：小型。
分布：フィジー諸島のひとつ、ビチレブ島。
生息環境：山地の渓谷。地中生で人目につかない。
食物：ミミズなどの体の柔らかい無脊椎動物と考えられている。
繁殖法：わかっていない。
備考：希少種で、生態はよくわかっていない。人間にとって危険である可能性は低い。

種：
フィジーヘビ
Ogmodon vitianus

キングコブラ属
Ophiophagus
1種

大きさ：非常に大型で、5メートルを超える。世界最長の毒ヘビ。
分布：インド、東南アジア、フィリピン。
生息環境：じめじめした森林。荒地や人家近くに生息する場合もある。
食物：ヘビ。
繁殖法：卵生。雌は孵卵期間中ずっと卵のそばを離れない。
備考：猛毒だが、ふつう攻撃的ではない。

種：
キングコブラ
Ophiophagus hannah

タイパン属
Oxyuranus
2種

大きさ：大型で、2.5メートルまで。オーストラリア最大の毒ヘビ。
分布：オーストラリア、ニューギニア。
生息環境：さまざまだが、農園を含む疎林や草地に生息することが多い。
食物：小型哺乳類、特にネズミ。
繁殖法：卵生。
備考：希少。猛毒で気まぐれな性質の極めて危険なヘビ。

種：
フィアススネーク
Oxyuranus microlepidotus
タイパン
Oxyuranus scutellatus

モグリヒメコブラ属
Paranaja
1種

大きさ：小型で、約80センチメートルまで。太い。
分布：西アフリカ。
生息環境：森林、森林の外縁部。
食物：わかっていない。
繁殖法：卵生。
備考：希少でわからない点が多い。人間にとって特に危険はないとされる。

種：
モグリヒメコブラ
Paranaja multifasciata

ブーゲンビルヘビ属
Parapistocalamus
1種

大きさ：小型で、約50センチメートルまで。細い。
分布：ニューギニア、ブーゲンビル島。
生息環境：森林。
食物：わかっていない。
繁殖法：わかっていない。
備考：希少でわからない点が多い。小型なので人間にとって危険な可能性は低い。

種：
ブーゲンビルヘビ
Parapistocalamus hedigeri

ブラックスネーク属
Pseudechis
6種

大きさ：大型で、2メートルまで。
分布：オーストラリア、ニューギニア。
生息環境：熱帯の森林から砂漠まで、さまざま。
食物：カエル、トカゲ、ヘビ、小型哺乳類。
繁殖法：卵生。
備考：猛毒。

種：
マルガスネーク
Pseudechis australis
Pseudechis butleri
コレットスネーク
Pseudechis colletti (pp. 116-17)
Pseudechis guttatus
パプアブラックスネーク
Pseudechis papuanus
アカハラブラックスネーク
Pseudechis porphyriacus

キノボリコブラ属
Pseudohaje
2種

大きさ：大型で、2.5メートルまで。
分布：中央アフリカ、西アフリカ。
生息環境：森林。樹上生活に高度に適応している。
食物：両生類、おそらく小型哺乳類。
繁殖法：卵生。
備考：2種ともにわからない点が多く、人間を咬んだ記録はないが、危険と考えられる。

種：
Pseudohaje goldii
クロキノボリコブラ
Pseudohaje nigra

ブラウンスネーク属
Pseudonaja
7種

大きさ：やや大型で、1.5メートルまで。
分布：オーストラリア、ニューギニア。
生息環境：おもに砂丘、草原などを含む開けた土地に生息するが、樹木がある地域にもいることがある。
食物：カエル、小型のトカゲ、哺乳類。
繁殖法：卵生。
備考：猛毒で、人間にとって極めて危険。

種：
ドューガイト
Pseudonaja affinis
Pseudonaja guttata
Pseudonaja inframacula
Pseudonaja ingrami
Pseudonaja modesta
Pseudonaja nuchalis
コモンブラウンスネーク
Pseudonaja textilis

カクレヘビ属
Rhinoplocephalus
6種

大きさ：小型で、約50センチメートルまで。
分布：オーストラリア、ニューギニア。
生息環境：森林、林地、草原、岩のすきま。
食物：小型のトカゲと考えられている。
繁殖法：わかっている範囲では胎生。
備考：夜行性で人目につかず、目撃されることはめったにない。人間にとって危険である可能性は低い。

種：
Rhinoplocephalus bicolor
Rhinoplocephalus boschmai
Rhinoplocephalus incredibilis
Rhinoplocephalus nigrescens
Rhinoplocephalus nigrostriatus
Rhinoplocephalus pallidiceps

ソロモンヘビ属
Salomonelaps
1種

大きさ：中型で、1メートルをわずかに超える。
分布：ソロモン諸島、ニューギニアのブーゲンビル島。
生息環境：森林。
食物：おもにトカゲ（特にスキンク科）だが、カエルやヘビも食べる。
繁殖法：卵生。
備考：わかっていない点が多い。人間にとって危険な可能性がある。

種：
ソロモンヘビ
Salomonelaps par

フクメンヘビ属
Simoselaps
12種

大きさ：小型で、約60センチメートルまで。
分布：オーストラリア。
生息環境：おもに乾燥した砂地の地下に生息する。
食物：トカゲ、特に地中生のスキンク科。
繁殖法：卵生。
備考：大部分の種には太い横帯がある。人間にとって危険はないとされる。

種：
Simoselaps anomalus
Simoselaps approximans
Simoselaps australis
サバクフクメンヘビ
Simoselaps bertholdi
Simoselaps bimaculatus
Simoselaps calonotus
Simoselaps fasciolatus
Simoselaps incinctus
Simoselaps littoralis
Simoselaps minimus
Simoselaps semifasciatus
Simoselaps warro

カールヘビ属
Suta
9種

大きさ：小型で、大部分は40センチメートルまでだが、*S.ordensis*は75センチメートルになる。
分布：オーストラリア、ニューギニア南部。
生息環境：乾燥地。低木の茂った荒地、林など。
食物：トカゲ（特にスキンク科）、カエル。
繁殖法：わかっている範囲では胎生。
備考：小型なので人間にとって危険な可能性は低いが、咬まれると痛い種もある。

種：
　Suta fasciata
　Suta flagellum
　Suta gouldii
　Suta monachus
　Suta nigriceps
　Suta ordensis
　Suta punctata
　Suta spectabilis
　Suta suta

ドクアシヘビ属
Toxicocalamus
9種

大きさ：小型～中型で、約50センチメートルから1メートル近くまで。
分布：ニューギニア。
生息環境：低地および山地の多雨林、草原、畑地。地中生で人目につかず、葉積層などの森林の堆積物の下に生息する。
食物：ミミズなどの体の柔らかい無脊椎動物とその幼虫。おそらくカエルも食べる。
繁殖法：わかっている範囲では卵生。
備考：わからない点が非常に多いが、人間に害はないと考えられている。

種：
　Toxicocalamus buergersi
　Toxicocalamus grandis
　Toxicocalamus holopelturus
　Toxicocalamus longissimus
　Toxicocalamus loriae
　Toxicocalamus misimae
　Toxicocalamus preussi
　Toxicocalamus spilolepidotus
　Toxicocalamus stanleyanus

ラフスケールスネーク属
Tropidechis
1種

大きさ：中型で、約1メートルに達する場合もある。
分布：オーストラリア東部。
生息環境：森林。
食物：カエル、爬虫類、鳥類、小型哺乳類。
繁殖法：胎生。
備考：攻撃的で、人間にとって危険。

種：
　ラフスケールスネーク
　Tropidechis carinatus

バンディバンディ属
Vermicella
4種

大きさ：小型で、60センチメートルまで。細い。
分布：オーストラリア。
生息環境：さまざま。地中生。
食物：メクラヘビ。
繁殖法：卵生。
備考：黒と白の太い横帯がある。小型なので人間にとって危険はないとされる。*V. intermedia*および*V. vermiformis*は独立の種とされない場合もある。

種：
　バンディバンディ
　Vermicella annulata
　Vermicella intermedia
　Vermicella multifasciata
　Vermicella vermiformis

サバクコブラ属
Walterinnesia
1種

大きさ：中型で、1メートルをわずかに超え、ずんぐりしている。
分布：北アフリカ（シナイ半島）、中東。
生息環境：砂漠。
食物：トカゲ、特にトゲオアガマ属*Uromastyx*のもの。おそらく小型哺乳類も食べる。
繁殖法：卵生。
備考：危険。咬むことはめったにないが、死亡例が知られている。

種：
　サバククロコブラ
　Walterinnesia aegyptia

海生コブラ
17属62種

コブラ科の海生種をHydropheidae科として別科に分類すべきと考える専門家もいれば、この科にオーストラリアの陸生コブラも含め、さらにウミヘビ属とエラブウミヘビ属をそれぞれ亜科として分割すべきであるとする専門家もいる。陸生コブラと海生コブラには大きな違いがいくつかあり、またエラブウミヘビ属とその他のウミヘビに相違点があることも確かだが、この便覧ではこれらをコブラ科としてまとめている。
ウミヘビとエラブウミヘビは猛毒だが、通常はおとなしく、人間が咬まれて死亡した例は比較的少ない。大部分はウナギ類などの魚類を食べるが、一部のスペシャリストのヘビは魚卵だけを食べる。エラブウミヘビ属*Laticauda*は、海中生活への適応度がもっとも低く、岸に上がって産卵する（*L.crockeri*は例外の可能性がある）が、その他の種は完全に水生であり、胎生と考えられている。
コブラ科の海生種はインド洋、太平洋に分布し、オーストラリアの北部沿岸にもっとも多い。大部分の種は珊瑚礁に生息するが、セグロウミヘビ*Pelamis platurus*は大洋を移動する漂流生活を送り、大群で太平洋を中米沿岸まで横断する。この種がついにはパナマ運河を抜け、今のところウミヘビのいないカリブ海地域にすみつくのではないかと懸念されている。

ツノウミヘビ属
Acalyptophis
1種

大きさ：中型～大型。
分布：オーストラリア北部沿岸。
生息環境：礁。
食物：魚類。
繁殖法：胎生。1回に10頭まで出産する。

種：
　ツノウミヘビ
　Acalyptophis peronii

ミナミウミヘビ属
Aipysurus
7種

大きさ：中型～大型で、大部分は1メートル未満だが、オリーブウミヘビ*A. laevis*は2メートルに達することがある。
分布：オーストラリア北部、ニューギニア、ニューカレドニアの沿岸。
生息環境：おもに礁の付近に生息するが、より深い海に多い種もある。
食物：魚類と考えられている。
繁殖法：胎生。1回の出産頭数は少ない。
備考：一部の種は目撃例が非常に少なく、わからない点が多い。

種：
　Aipysurus apraefrontalis
　デュボアトゲオウミヘビ
　Aipysurus duboisi
　マダラミナミウミヘビ
　Aipysurus eydouxii
　Aipysurus foliosquama
　Aipysurus fuscus
　オリーブウミヘビ
　Aipysurus laevis
　Aipysurus tenuis

ハラナシウミヘビ属
Astrotia
1種

大きさ：大型で、2メートルまで。非常に太い。
分布：オーストラリア北部、ニューギニア、東南アジアの沿岸。
生息環境：沿岸海域。
食物：魚類と考えられている。
繁殖法：胎生。

種：
　ハラナシウミヘビ
　Astrotia stokesii

フトウミヘビ属
Disteira
4種

大きさ：やや大型で、1.5メートルに達する種もある。
分布：ペルシャ湾からオーストラリア北部沿岸まで広く分布する。
生息環境：他のウミヘビより深い所。
食物：魚類と考えられている。
繁殖法：胎生。
備考：わかっていない点が多い。トロール網に偶然かかることが多い。

種：
　Disteira kingii
　Disteira major
　Disteira nigrocinctus
　Disteira walli

カメガシラウミヘビ属
Emydocephalus
2種

大きさ：小型で、1メートル未満。
分布：南シナ海、オーストラリア北部。
生息環境：礁。浅い海に多い。
食物：魚卵。
繁殖法：胎生。
備考：歯や毒牙などがない。

種：
　Emydocephalus annulatus
　イイジマウミヘビ
　Emydocephalus ijimae

イボウミヘビ属
Enhydrina
2種

大きさ：中型で、1.2メートルまで。
分布：オーストラリア北部とニューギニア南部の沿岸。
生息環境：港湾や入り江の浅海域。淡水の河川にも遡上する。
食物：魚類。
繁殖法：胎生。
備考：ほかのウミヘビと同様に猛毒だが、干渉されても攻撃的になることは少ない。*E.Zweifeli*は、ニューギニアで採集された1個体の標本に基づいて1985年に記載されたのみ。その生態はイボウミヘビ*E.schistosa*に類似していると推測される。

種：
　イボウミヘビ
　Enhydrina schistosa
　Enhydrina zweifeli

オビウミヘビ属
Ephalophis
1種

大きさ：小型で、50センチメートルまで。
分布：オーストラリア西部ブルーム付近の沿岸。
生息環境：マングローブ、河口の干潟。
食物：わかっていない。おそらく魚類。
繁殖法：胎生。

種：
 オビウミヘビ
  Ephalophis greyi

ウミコブラ属
Hydrelaps
1種

大きさ：小型で、50センチメートルまで。
分布：オーストラリア北部とパプアニューギニア南部の沿岸。
生息環境：干潟、特にマングローブの付近。
食物：おそらく魚類。
繁殖法：胎生。

種：
 ウミコブラ
  Hydrelaps darwiniensis

ウミヘビ属
Hydrophis
30種

大きさ：小型〜大型。約50センチメートルから1.5メートル以上まで。
分布：ペルシャ湾からオーストラリア北岸およびフィリピン諸島北部まで広く分布する。
生息環境：おもに沿岸の浅海だが、もっと深い水域でトロール網にかかった例もある。ミズウミヘビ*H.semperi*は特異なウミヘビで、フィリピンのルソン島にある淡水のタール湖のみに生息する。
食物：魚類、特にウナギ類。
繁殖法：胎生。
備考：大きな属だが、近い将来いくつかの小さな属に細分される可能性が高い。

種：
 Hydrophis atriceps
 Hydrophis belcheri
 Hydrophis bituberculatus
 ブルークウミヘビ
  Hydrophis brooki
 アオワモンウミヘビ
  Hydrophis caerulescens
 Hydrophis cantoris
 Hydrophis coggeri
 マダラウミヘビ
  Hydrophis cyanocinctus
 Hydrophis czeblukovi
 エレガンスウミヘビ
  Hydrophis elegans
 キエリウミヘビ
  Hydrophis fasciatus
 コヨリウミヘビ
  Hydrophis gracilis
 Hydrophis inornatus
 Hydrophis klossi
 Hydrophis lamberti
 Hydrophis lapemoides
 Hydrophis mamillaris
 Hydrophis mcdowelli
 クロガシラウミヘビ
  Hydrophis melanocephalus
 Hydrophis melanosoma
 キハラウミヘビ
  Hydrophis nigrocinctus
 アイマイウミヘビ
  Hydrophis obscurus
 クロボシウミヘビ
  Hydrophis ornatus
 Hydrophis pacificus
 Hydrophis parviceps
 ミズウミヘビ
  Hydrophis semperi
 ネジウミヘビ
  Hydrophis spiralis
 Hydrophis stricticollis
 Hydrophis torquatus
 Hydrophis vorisi

ジェルドンウミヘビ属
Kerilia
1種

大きさ：中型。
分布：東南アジア。
生息環境：沿岸水域。
食物：おそらく魚類。
繁殖法：胎生。
備考：わかっていない点が多い。

種：
 ジェルドンウミヘビ
  Kerilia jerdonii

オオアタマウミヘビ属
Kolpophis
1種

大きさ：わかっていない。
分布：タイからインドネシアまでの南シナ海。
生息環境：沿岸水域。
食物：おそらく魚類。
繁殖法：胎生と考えられている。
備考：最近発見されたばかりで、まだわかっていない点が多い。

種：
 オオアタマウミヘビ
  Kolpophis annandalei

トゲウミヘビ属
Lapemis
2種

大きさ：中型で、約1メートルまで。
分布：ペルシャ湾からオーストラリア北部沿岸。
生息環境：沿岸の浅い海、礁、入り江。
食物：魚類と考えられている。
繁殖法：胎生。

種：
 トゲウミヘビ
  Lapemis curtus
  Lapemis hardwickii

エラブウミヘビ属
Laticauda
5種

大きさ：中型〜大型で、約1.5メートルまで。
分布：東南アジアおよびオーストラリア北部の沿岸。
生息環境：岩の多い海岸、干潟、礁。*L.crockeri*はソロモン諸島にある陸封されたテナガノ湖のみに生息する。
食物：魚類、特にウナギ類。
繁殖法：卵生だが、*L.crockeri*は胎生であることを示す証拠もある。
備考：一部陸生で、岸に上がって水を飲み、海岸の洞窟に産卵する。ほかのウミヘビとは独立の亜科や科の一部と考えられている。

種：
 アオマダラウミヘビ
  Laticauda colubrina
  Laticauda crockeri
 ヒロオウミヘビ
  Laticauda laticauda
  Laticauda schistorhynchus
 エラブウミヘビ
  Laticauda semifasciata

アラフラウミヘビ属
Parahydrophis
1種

大きさ：小型で、約50センチメートルまで。
分布：オーストラリア北部沿岸。
生息環境：沿岸や入り江のマングローブ林や干潟。
食物：小型の魚類。
繁殖法：胎生。

種：
 アラフラウミヘビ
  Parahydrophis mertoni

セグロウミヘビ属
Pelamis
1種

大きさ：小型で、1メートル未満。
分布：アフリカ東岸からインド洋、太平洋を経て中米西岸まで広く分布する。他種よりはるかに南まで分布する。
生息環境：広い水域。
食物：表層に生息する魚類。
繁殖法：胎生。
備考：外洋性で、潮流とともに漂流し、大群をなすこともある。

種：
 セグロウミヘビ
  Pelamis platurus

クサリウミヘビ属
Praescutata
1種

大きさ：中型。
分布：ペルシャ湾からインドネシア。
生息環境：沿岸水域。
食物：おそらく魚類。
繁殖法：胎生。
備考：学名*Thalassophina viperina*とされる場合もある。

種：
 クサリウミヘビ
  Praescutata viperina

カワリウミヘビ属
Thalassophis
1種

大きさ：中型。
分布：タイおよびインドネシアの沿岸。
生息環境：沿岸水域。
食物：魚類。
繁殖法：胎生。

種：
 カワリウミヘビ
  Thalassophis anomalus

クサリヘビ科

4亜科30属228種

大部分のクサリヘビ科のヘビは体が太短く、頭部は幅広く三角形で、体鱗にはキールがあるが、こうした特徴があてはまらないものもいる。この科はすべてのヘビの中でもっとも分化が進んでいると考えられており、たとえば折り畳み式の長い毒牙で獲物に毒液を注入するなど、ほかの科にはない特徴を数多くもっている。また、マムシの仲間は顔に1対のピットをもつが、それはニシキヘビ属のピットより敏感であり、ニシキヘビのものとは別に進化したものに違いない。

クサリヘビは世界の大部分に分布するが、オーストラリア、ニュージーランドおよびその周辺諸島とマダガスカルには見られない。寒冷地に適応したヘビもいくつかあり、この科にはもっとも北に分布するヘビ（ヨーロッパクサリヘビ*Vipera berus*）、もっとも南に分布するヘビ（*Bothrops ammodytoides*）、もっとも標高が高い分布域であるヒマラヤ山脈の高度4900メートルに生息するヘビ（ヒマラヤマムシ*Gloydius himalayanus*）が含まれる。

4つの亜科があり、いずれも明確に区分されている。

コブラバイパー亜科
Azemiopinae

1属1種

この亜科には、もっとも祖型的なクサリヘビとされるコブラバイパーAzemiops feae 1種だけが分類されている。暗灰色または黒色の地にオレンジ色の横帯があり、頭部は黄色か淡い黄褐色で、頭部の鱗板は大型で板状である。ピットはない。生態は事実上わかっていないが、毒は弱いと考えられている。もっとも希少なクサリヘビの1種で、ミャンマー北部と中国南部の温暖な山地に分布する。

コブラバイパー属
Azemiops

1種

大きさ：中型で、1メートルに少し足りない程度まで。細い。
分布：中国。
生息環境：高度2000メートルまでの冷涼な山地。
食物：小型哺乳類。
繁殖法：わかっていない。
備考：非常に希少で、少数の標本しかない。

種：
コブラバイパー
　Azemiops feae

ナイトアダー亜科
Causinae

1属6種

細い小型のクサリヘビで、すべてアフリカの南半分に分布する。頭頂部に大きな板状の鱗板があるため、ほかのクサリヘビよりもナミヘビ科のヘビに似ている。地味な茶色をしており、鞍形斑紋や斑点があるが、グリーンナイトアダーCausus resimusは名前が示すように色鮮やかである。いずれの種も餌動物が特殊化しており、ほとんどヒキガエルばかりを食べる。全種とも地上生。

ナイトアダー属
Causus

6種

大きさ：小型で、60〜70センチメートル。細い。
分布：サハラ砂漠以南のアフリカ。
生息環境：草原、森林、沼地などさまざま。じめじめした場所に生息することが多い。
食物：両生類、特にヒキガエル。
繁殖法：卵生。
備考：大量の毒液を注入するが、咬まれても重傷となる可能性は低い。

種：
クロスジナイトアダー
　Causus bilineatus
スナウトナイトアダー
　Causus defilippii
フォレストナイトアダー
　Causus lichtensteinii
ブチナイトアダー
　Causus maculatus
グリーンナイトアダー
　Causus resimus
ダイヤナイトアダー
　Causus rhombeatus

クサリヘビ亜科
Viperinae

10属67種

この亜科のクサリヘビは大部分が小型から中型の太いヘビで、幅の広い頭部は細かく分かれた小型の鱗で覆われている。背側に斑点があるのがふつうで、斑点が連結してジグザグ模様となることも多い。多くの種、特にアフリカアダー属Bitisの種はカラフルな斑紋をもち、派手なようにも見えるが、生息環境にいるときは、そのような斑紋が優れたカムフラージュとなってヘビの輪郭を隠す。
おもに地上生だが、アフリカに分布するブッシュバイパー属Atherisは例外的に低木に生息する。またヨーロッパの種の中にも、巣の中の鳥類を狙って下生えや低木にのぼるものが数種ある。大部分の種は胎生だが、卵生の種もあり、繁殖法がわかっていない種もある。
この亜科はヨーロッパ、アフリカ、アジアのみに分布する。

バーバーバイパー属
Adenorhinos

1種

大きさ：小型で、約40センチメートルまで。
分布：アフリカのタンザニア西部。
生息環境：山腹の下生え。
食物：わかっていない。
繁殖法：わかっていない。
備考：希少で、分布域が狭い。

種：
バーバーバイパー
　Adenorhinos barbouri

ブッシュバイパー属
Atheris

10種

大きさ：小型〜中型で、約75センチメートルまで。比較的細い。
分布：西アフリカ、中央アフリカ、東アフリカ。
生息環境：森林、沼地。2種を除き樹上生。
食物：カエル、トカゲ、小型哺乳類。
繁殖法：胎生。
備考：人間にとって危険だが、死亡例があるのはラフツリーバイパーA. squamigerのみ。A. laevicepsはラフツリーバイパーA. squamigerの変異型とされることもある。いくつかの種は生息域が極度に狭く、少数の標本が知られているにすぎない。

種：
ツノメバイパー
　Atheris ceratophorus
グリーンブッシュバイパー
　Atheris chlorechis
キボシブッシュバイパー
　Atheris desaixir
　Atheris hindii
ヘアリーバイパー
　Atheris hispidus
カタンガバイパー
　Atheris katangensis
　Atheris laeviceps
レイクツリーバイパー
　Atheris nitschei
ラフツリーバイパー
　Atheris squamiger
スワンプバイパー
　Atheris superciliaris

アフリカアダー属
Bitis

14種

大きさ：小型〜大型。最大でも27センチメートルにしかならないドワーフアダーB. schneideriから、2メートルを超えるガボンアダーB. gabonicaまで。すべて太く、頭部の幅が広い。
分布：アフリカ。
生息環境：多雨林、草原から乾燥しきった砂漠までさまざま。
食物：トカゲ、小型哺乳類。
繁殖法：胎生。
備考：砂丘に生息する種、たとえばペリングェイアダーB. peringueyiは、横這い（サイドワインディング）で移動する。大型の種、特にパフアダーは、アフリカでもっとも危険なヘビの部類に入る。小型種に咬まれてもそれほど危険はない。数種（アンゴラアダーB. heraldica、エチオピアアダーB. parviocula、ケニアアダーB. worthingtoniなど）は標本が非常に少なく、生態についてはわからない点が比較的多い。レッドアダーB. rubidaは1997年に記載されたばかりである。

種：
パフアダー
　Bitis arietans (pp. 122-23)
ベルクアダー
　Bitis atropos
ホーンドアダー
　Bitis caudalis
エダツノアダー
　Bitis cornuta
ガボンアダー
　Bitis gabonica (pp. 128-29)
アンゴラアダー
　Bitis heraldica
プレーンアダー
　Bitis inornata
ライノセラスアダー
　Bitis nasicornis
エチオピアアダー
　Bitis parviocula
ペリングェイアダー
　Bitis peringueyi
レッドアダー
　Bitis rubida
ドワーフアダー
　Bitis schneideri
ケニヤアダー
　Bitis worthingtoni
アレヤマアダー
　Bitis xeropaga

スナクサリヘビ属
Cerastes

3種

大きさ：約60センチメートルまでと短いが、非常に太い。
分布：北アフリカ、中東。
生息環境：砂砂漠、岩砂漠。
食物：小型のトカゲ、哺乳類。
繁殖法：卵生。
備考：体鱗にはいちじるしく発達したキールがある。咬まれると痛いが、死亡することはまれ。横這い（サイドワインディング）で移動する。

種：
ツノスナクサリヘビ
　Cerastes cerastes (pp. 130-31)
　Cerastes gasperettii
サハラスナクサリヘビ
　Cerastes vipera

ラッセルクサリヘビ属
Daboia

1種

大きさ：大型で、1メートルをゆうに超える。非常に太い。
分布：インド、スリランカ、ミャンマー、タイ、バングラデシュ、カンボジア、中国南部、台湾、ジャワ島、コモド島、フローレス島。
生息環境：さまざま。密林を除くほとんどの環境に生息する。
食物：哺乳類。
繁殖法：胎生。
備考：クサリヘビ属Viperaとされる場合もある。

種：
ラッセルクサリヘビ
　Daboia russellii

ノコギリヘビ属
Echis

8種

大きさ：小型で、すべて1メートル未満。
分布：西アフリカ、北アフリカから、

中東を経てインド、スリランカまで。
生息環境：乾燥した草原、疎林地域。
食物：クモ類、サソリ、トカゲ、ヘビ、鳥類、小型哺乳類など、さまざま。
繁殖法：卵生。
備考：分布域で発生するヘビによる死亡の原因の大半を占める。その理由として、個体数が多いうえに巧みに擬態しているため、誤って踏みつけやすいことが挙げられる。干渉されるととぐろを巻き、体鱗をすり合わせて摩擦音をたてる。多くの種については同定が難しいため、現時点での分類はまだ完全には定着していない。あと1種、北アフリカ北東部に分布する*Echis varius*が認められる場合もある。

種：
カーペットノコギリ
　Echis carinatus (pp. 134-35)
イロヌリノコギリ
　Echis coloratus
　Echis hughesi
　Echis jogeri
シロハラノコギリ
　Echis leucogaster
　Echis megalocephalus
シロボシノコギリ
　Echis ocellatus
ピラミッドノコギリ
　Echis pyramidum

ハナビラクサリヘビ属
Eristicophis
1種

大きさ：小型。
分布：アフガニスタン、パキスタン北部。
生息環境：砂砂漠。
食物：トカゲ、小型哺乳類。
繁殖法：わかっていない。
備考：標本が非常に少なく、わかっていない点が多い。

種：
ハナビラクサリヘビ
　Eristicophis macmahoni

オオクサリヘビ属
Macrovipera
4種

大きさ：大型で、1～2メートル。
分布：北アフリカ、ヨーロッパ南東部、西アジア。
生息環境：砂漠、岩の多い丘陵の中腹、低木林。
食物：小型の鳥類、哺乳類。
繁殖法：卵生。
備考：危険であり、咬まれると重傷となるが、死亡することはめったにない。かつてはクサリヘビ属*Vipera*に分類されていた。ミロスクサリヘビ*M. schweizeri*は絶滅危惧種。

種：
　Macrovipera deserti
マルハナクサリヘビ
　Macrovipera lebetina
ムーアクサリヘビ
　Macrovipera mauritanica
ミロスクサリヘビ
　Macrovipera schweizeri

ツノメクサリヘビ属
Pseudocerastes
2種

大きさ：中型で、ときに1メートルに達する。
分布：中東。
生息環境：砂砂漠、岩砂漠。
食物：トカゲ、小型哺乳類。
繁殖法：胎生と考えられている。
備考：横這い（サイドワインディング）で移動する。いくつかの亜種があり、その一部、たとえば*Pseudocerastes persicus fieldi*は、独立の種とされる場合がある。

種：
ツノメクサリヘビ
　Pseudocerastes persicus

クサリヘビ属
Vipera
23種

大きさ：小型～やや大型。
分布：ヨーロッパ、西アジア、中東、北アフリカ。
生息環境：山腹、牧草地、疎林地域から岩砂漠、がれ場、深い渓谷まで変化に富む。
食物：昆虫、トカゲ、鳥類、小型哺乳類。
繁殖法：胎生。
備考：最近になって数多くの新種が、特にトルコとその周辺地域から記載された。

種：
　Vipera albizona
ハナダカクサリヘビ
　Vipera ammodytes (pp. 124-25)
アスプクサリヘビ
　Vipera aspis
　Vipera barani
ヨーロッパクサリヘビ
　Vipera berus (pp. 126-27)
レバノンヤマクサリヘビ
　Vipera bornmuelleri
　Vipera darevskii
　Vipera dinniki
　Vipera eriwanensis
キスジクサリヘビ
　Vipera kaznakovi
ラタストクサリヘビ
　Vipera latasti
　Vipera latifii
　Vipera lotievi
アトラスクサリヘビ
　Vipera monticola
　Vipera nikolskii
パレスチナクサリヘビ
　Vipera palaestinae
　Vipera pontica
アルメニアクサリヘビ
　Vipera raddei
　Vipera renardi
イベリアクサリヘビ
　Vipera seoanei
ノハラクサリヘビ
　Vipera ursinii
ワグナークサリヘビ
　Vipera wagneri
マユクサリヘビ
　Vipera xanthina

マムシ亜科
Crotalinae

18属154種

多くのマムシは外見上、クサリヘビ亜科Viperinaeのクサリヘビに似ているが、マムシはすべて眼と鼻孔の間に1対の目立つ深いピットをもち、熱を感じる。
　マムシは進化の途上で数多くの選択肢を模索してきた。地上種も樹上種もあり、色が地味なものも鮮やかなものもあり、胎生種も卵生種もある。マムシはその餌動物の大半を占める温血動物を捕らえるためにもっとも適した特徴を備えている。
　マムシは新世界（北米、中米、南米）、アフリカ、アジアに分布する。

マムシ属
Agkistrodon
10種

大きさ：中型で、約1メートルまで。ずんぐりしている。
分布：北米（3種）、アジア。
生息環境：沼地から岩が多い高地の山腹まで、さまざま。
食物：おもに小型鳥類、哺乳類だが、一部の種はほかにも魚類、カエルなどのさまざまな獲物を捕まえ、ヌママムシ*A. piscivorus*は死肉を食べる。
繁殖法：胎生。
備考：人間が咬まれると危険だが、死亡することはめったにない。

種：
クマドリマムシ
　Agkistrodon bilineatus
カパーヘッドマムシ
　Agkistrodon contortrix (pp. 138-39)
チュウオウマムシ
　Agkistrodon intermedius
ユンナンマムシ
　Agkistrodon monticola
ヌママムシ
　Agkistrodon piscivorus
サンガクマムシ
　Agkistrodon saxatilis
シェタオマムシ
　Agkistrodon shedaoensis
チベットマムシ
　Agkistrodon strauchi
ウスリーマムシ
　Agkistrodon ussuriensis

フトリハブ属
Atropoides
3種

大きさ：小型～中型で、1メートルをわずかに超える程度だが、非常に太い。
分布：中米。
生息環境：多雨林、雲霧林。
食物：両生類、爬虫類、小型哺乳類。
繁殖法：胎生。
備考：有毒だが、咬まれて死亡する可能性は低い。かつてはソリハナハブ属*Porthidium*に分類。

種：
ハネハブ
　Atropoides nummifer
　Atropoides olmec
ピカドハブ
　Atropoides picadoi

ヤシハブ属
Bothriechis
7種

大きさ：中型で、1メートルを超える場合もあるが、ふつうはそれ以下。
分布：中米。マツゲハブ*B. schlegelii*は南米のエクアドルまで分布する。
生息環境：森林。樹上生。
食物：両生類、爬虫類、小型鳥類、哺乳類。
繁殖法：胎生。
備考：咬まれると痛く、死亡した例もある。

種：
キボシヤシハブ
　Bothriechis aurifer
サザナミヤシハブ
　Bothriechis bicolor
ヘリスジヤシハブ
　Bothriechis lateralis
　Bothriechis marchi
クロボシヤシハブ
　Bothriechis nigroviridis
　Bothriechis rowleyi
マツゲハブ
　Bothriechis schlegelii

シンリンハブ属
Bothriopsis
7種

大きさ：中型～大型で、1.5メートルを超える場合もある。
分布：南米北部。
生息環境：森林。
食物：両生類、爬虫類、鳥類、小型哺乳類。
繁殖法：胎生。
備考：ヤジリハブ属*Bothrops*に含められる場合もある。

種：
　Bothriopsis albocarinata
　Bothriopsis bilineata
　Bothriopsis medusa
　Bothriopsis oligolepis
　Bothriopsis peruviana
　Bothriopsis punctata

Bothriopsis taeniata

ヤジリハブ属
Bothrops
32種

大きさ：小型〜大型で、2.5メートルに達する種もある。
分布：中南米（メキシコからアルゼンチン）。
生息環境：非常に多様で、多雨林、森林の伐採地、丘陵の中腹、草原、農園、荒地など。サバクヤジリハブ*B. pictus*はアタカマ砂漠に生息する。森林に生息する種は、沢や河川沿いで見られることが多い。
食物：両生類、トカゲ、鳥類、哺乳類。
繁殖法：胎生。
備考：一部の種は、人家近くに生息し、カムフラージュがうまいうえに猛毒なので、極めて危険である。テルシオペロ*B. asper*、カイサカ*B. atrox*、ハララカ*B. jararaca*は中南米で発生するヘビによる死者の大半の原因となっている。一覧にない2種*B. colombiensis*および*B. isabelae*はふつうカイサカ*B. atrox*の亜種とされる。

種：
ウルトゥーハブ
 Bothrops alternatus
Bothrops ammodytoides
Bothrops andianus
テルシオペロ
 Bothrops asper
カイサカ
 Bothrops atrox
Bothrops barnetti
ブラジルハブ
 Bothrops brazili
セントルシアハブ
 Bothrops caribbaeus
Bothrops colombianus
コティアラ
 Bothrops cotiara
Bothrops erythromelas
Bothrops fonsecai
Bothrops iglesiasi
コガネヤジリハブ
 Bothrops insularis
Bothrops itapetiningae
ハララカ
 Bothrops jararaca (pp. 136-37)
ハララクッス
 Bothrops jararacussu
Bothrops jonathani
マルティニークハブ
 Bothrops lanceolatus
Bothrops leucurus
Bothrops lojanus
Bothrops marajoensis
Bothrops microphthalmus
ムージェンハブ
 Bothrops moojeni
ニューウィードハブ
 Bothrops neuwiedi
サバクヤジリ
 Bothrops pictus
Bothrops pirajai
Bothrops pradoi
Bothrops pulcher
Bothrops sanctaecrucis

Bothrops venezuelensis
Bothrops xanthogrammus

マレーマムシ属
Calloselasma
1種

大きさ：大型。
分布：東南アジア（マレー半島、インドネシアの島々の一部）。
生息環境：森林。
食物：トカゲ、ヘビ、小型鳥類、哺乳類。
繁殖法：卵生。雌は卵に巻きついて守る。
備考：気性が荒く、咬みつく傾向が強いが、咬まれても重傷となることはめったにない。

種：
マレーマムシ
 Calloselasma rhodostoma

オークハブ属
Cerrophidion
3種

大きさ：小型で、体長50〜75センチメートル。
分布：中米。
生息環境：マツとナラの山地林、標高約3000メートルまでの雲霧林。地上生。
食物：トカゲ、小型哺乳類。
繁殖法：胎生。
備考：ソリハナハブ属*Porthidium*に含められる場合もある。

種：
バーバーハブ
 Cerrophidion barbouri
ゴドマンハブ
 Cerrophidion godmani
Cerrophidion tzotzilorum

ガラガラヘビ属
Crotalus
29種

大きさ：小型〜大型。50センチメートルから、まれに2メートルを超える場合もある。
分布：北米、中米、南米。
生息環境：非常に多様で、温帯および熱帯の森林、草原、岩砂漠、砂砂漠、山腹など。
食物：トカゲ、鳥類、小型哺乳類。
繁殖法：胎生。
備考：下記の一覧には、おそらく別の種の亜種や地理的変異型にすぎないものも含まれている（アカダイヤガラガラ*C. ruber*、アルーバガラガラ*C. unicolor*、ウラコアガラガラ*C. vegrandis*）。

種：
ヒガシダイヤガラガラ
 Crotalus adamanteus

Crotalus aquilus
ニシダイヤガラガラ
 Crotalus atrox (pp. 140-41)
メキシコダイヤガラガラ
 Crotalus basiliscus
カタリナガラガラ
 Crotalus catalinensis
ツノガラガラ
 Crotalus cerastes (p. 144)
ミナミガラガラ
 Crotalus durissus (pp. 142-43)
バハガラガラ
 Crotalus enyo
セドロスガラガラ
 Crotalus exsul
シンリンガラガラ
 Crotalus horridus
Crotalus intermedius
Crotalus lannomi
イワガラガラ
 Crotalus lepidus
シモフリガラガラ
 Crotalus mitchelli
クロオガラガラ
 Crotalus molossus
ヤジリガラガラ
 Crotalus polystictus
プライスガラガラ
 Crotalus pricei
Crotalus pusillus
アカダイヤガラガラ
 Crotalus ruber
モハベガラガラ
 Crotalus scutulatus
ナガオガラガラ
 Crotalus stejnegeri
トラフガラガラ
 Crotalus tigris
トルトゥーガガラガラ
 Crotalus tortugensis
Crotalus transversus
ホノグレガラガラ
 Crotalus triseriatus
アルーバガラガラ
 Crotalus unicolor
ウラコアガラガラ
 Crotalus vegrandis
セイブガラガラ
 Crotalus viridis
ソリハナガラガラ
 Crotalus willardi

ヒャッポダ属
Deinagkistrodon
1種

大きさ：大型。
分布：中国東南部、台湾。
生息環境：森林に覆われた山地や丘陵。
食物：両生類、トカゲ、ヘビ、哺乳類。
繁殖法：卵生。
備考：ふつうに見られ、咬まれるとしばしば死に至る非常に危険なヘビ。俗名は咬まれた人が倒れるまでに歩ける歩数を意味する。

種：
ヒャッポダ
 Deinagkistrodon acutus

アジアマムシ属
Gloydius
4種

大きさ：小型で、最大75センチメートルまで。
分布：中央アジア。
生息環境：山腹。しばしば高山（最高はヒマラヤマムシ*G. himalayanus*の標高5000メートル近く）にも生息する。
食物：トカゲ、ヘビ、小型哺乳類。
繁殖法：胎生。
備考：かつてはマムシ属*Agkistrodon*に含まれていた。

種：
ニホンマムシ
 Gloydius blomhoffii
ハリスマムシ
 Gloydius halys
ヒマラヤマムシ
 Gloydius himalayanus
ツシママムシ
 Gloydius tsushimaensis

セイロンマムシ属
Hypnale
3種

大きさ：小型で、種によっては30〜55センチメートル。最小のマムシのひとつ。
分布：インド南西部（西ガート山脈）、スリランカ。
生息環境：多雨林などの森林、丘陵の中腹、農園、野原、しばしば人里。
食物：カエル、トカゲ、ヘビ（卵も）、小型哺乳類。
繁殖法：胎生。
備考：有毒だが、攻撃的ではない。

種：
ヒプナレマムシ
 Hypnale hypnale
ハナダカマムシ
 Hypnale nepa
フトヒメマムシ
 Hypnale walli

ブッシュマスター属
Lachesis
1種

大きさ：非常に大型で、3メートル以上に達する場合もある。
分布：中南米。
生息環境：湿潤な熱帯森林、伐採されたばかりの土地。
食物：哺乳類。
繁殖法：卵生。
備考：クサリヘビ科最大のヘビで、恐れられている。猛毒だが、非常に希少で人目にふれることが少ない。亜種の*Lachesis muta stenophrys*は、独立の種として扱われる場合もある。

種：
ブッシュマスター
 Lachesis muta

メキシコツノハブ属
Ophryacus
1種

大きさ：小型で、約70センチメートルまで。
分布：メキシコ中部。
生息環境：マツとナラの雲霧林。
食物：わかっていないが、おそらくトカゲ、小型哺乳類。
繁殖法：胎生。
備考：毒の効果はわかっていないが、咬まれても生命にかかわる可能性は低い。

種：
- メキシコツノハブ
  Ophryacus undulatus

ヤマハブ属
Ovophis
4種

大きさ：小型～中型。
分布：東南アジアと極東（ボルネオ島、ベトナム、琉球諸島、日本）。
生息環境：森林。
食物：トカゲ、小型哺乳類。
繁殖法：卵生。
備考：アジアハブ属*Trimeresurus*に含められる場合もある。

種：
- *Ovophis chaseni*
- ヤマハブ
  Ovophis monticola
- ヒメハブ
  Ovophis okinavensis
- *Ovophis tonkinensis*

ソリハナハブ属
Porthidium
9種

大きさ：小型で、70センチメートルを超えることはまれ。
分布：中南米。
生息環境：多湿または乾燥した熱帯の森林。地上生。
食物：カエル、トカゲ、小型哺乳類。
繁殖法：胎生。
備考：有毒だが、ふつうはあまり危険であるとはみなされない。ただしソリハナハブ*P.nasutum*は例外で、人間が死亡した例がある。この属からフトリハブ属*Atropoides*やオークハブ属*Cerrophidion*へ移された種がいくつかある。

種：
- ダンソリハナハブ
  Porthidium dunni
- *Porthidium hespere*
- *Porthidium hyoprora*
- *Porthidium lansbergii*
- *Porthidium melanurum*
- ソリハナハブ
  Porthidium nasutum
- ホソソリハナハブ
  Porthidium ophryomegas
- *Porthidium volcanicum*
- ユカタンハブ
  Porthidium yucatanicum

ヒメガラガラヘビ属
Sistrurus
3種

大きさ：小型～中型で、50センチメートルから、ときに1メートル近くに達する。
分布：北米北東部からメキシコ南部。
生息環境：沼地、湿原、草原、マツ林、牧草地、森林の伐採地。
食物：トカゲ、小型哺乳類。
繁殖法：胎生。
備考：咬まれると痛いが、人間に長期にわたる深刻な影響を残す可能性は低い。

種：
- マサソーガ
  Sistrurus catenatus
- アメリカヒメガラガラ
  Sistrurus miliarius
- メキシコヒメガラガラ
  Sistrurus ravus

アジアハブ属
Trimeresurus
36種

大きさ：小型～中型。
分布：スリランカおよびインドから、中国南部を経て東南アジア、インドネシアの島々、フィリピン諸島、日本までのアジア。
生息環境：さまざまだが、通常は森林や茂み。全種とも樹上生。
食物：カエル、トカゲ、小型哺乳類。
繁殖法：おもに胎生だが、卵生種もある。
備考：この属はあまり調査されていない。最近になって数多くの新種が記載されている。ヤマハブ属*Ovophis*へ移されたものもある。近い将来に変更がある可能性が高い。

種：
- シロクチアオハブ
  Trimeresurus albolabris (pp. 132-33)
- ボルネオハブ
  Trimeresurus borneensis
- *Trimeresurus brongersmai*
- オマキハブ
  Trimeresurus cantori
- *Trimeresurus cornutus*
- サキシマハブ
  Trimeresurus elegans
- ビルマアオハブ
  Trimeresurus erythrurus
- *Trimeresurus fasciatus*
- ベニスジアオハブ
  Trimeresurus flavomaculatus
- ホンハブ
  Trimeresurus flavoviridis
- キクチハブ
  Trimeresurus gracilis
- *Trimeresurus gramineus*
- *Trimeresurus hageni*
- *Trimeresurus huttoni*
- ミヤマハブ
  Trimeresurus jerdonii
- *Trimeresurus kanburiensis*
- *Trimeresurus kaulbacki*
- *Trimeresurus labialis*
- オオウロコハブ
  Trimeresurus macrolepis
- *Trimeresurus macrops*
- マラバールハブ
  Trimeresurus malabaricus
- *Trimeresurus mangshanensis*
- *Trimeresurus medoensis*
- タイワンハブ
  Trimeresurus mucrosquamatus
- ポープアオハブ
  Trimeresurus popeiorum
- カクツラハブ
  Trimeresurus puniceus
- ムラサキハブ
  Trimeresurus purpureomaculatus
- *Trimeresurus schultzei*
- タケアオハブ
  Trimeresurus stejnegeri
- シロエリハブ
  Trimeresurus strigatus
- スマトラハブ
  Trimeresurus sumatranus
- *Trimeresurus tibetanus*
- トカラハブ
  Trimeresurus tokarensis
- セイロンハブ
  Trimeresurus trigonocephalus
- *Trimeresurus venustus*
- *Trimeresurus xiangchengensis*

ヨロイハブ属
Tropidolaemus
1種

大きさ：中型で、約1メートルまで。
分布：東南アジア。
生息環境：森林やマングローブ林に生息し、樹上生活に高度に適応している。
食物：トカゲ、小型鳥類、哺乳類。
繁殖法：胎生。
備考：かつてはアジアハブ属*Trimeresurus*に含められていた。

種：
- ヨロイハブ
  Tropidolaemus wagleri

用語解説

以下の用語はヘビに関して用いられる場合の定義であり、それ以外の文脈では意味が異なる場合がある。

アシナシイモリ 脚がなく、ミミズのような外見の両生類で、熱帯地方の湿った土の中や水中に生息する。

亜種 種の下の科学的分類単位。ひとつの種が広い地域や島々に分布する場合に、同種内のそれぞれ地理的に異なる場所のグループに属するヘビの大きさ、色彩などの違いを示すために用いられる。

遺存 かつては広く分布していたが、現在は少数または限られた地域に生き残っていること。

雲霧林 雲や霧に覆われていることが多い熱帯地方の森林で、ほとんどが丘陵や山腹にある。熱帯山地林の一般的な言い方。

科 分類学的階級のひとつで、近縁と考えられる属から成り立つ群。ヘビ類ではたったひとつの属しかもたない科もあるが、ほとんどは2つ以上の属を含む。動物学では、科名には必ず-idaeという接尾辞がついている。

外温性 体温を体外の熱源(通常は太陽)に依存すること。

眼下板 眼のすぐ後ろにある鱗。一部の種のみにある(p.15参照)。

記載種 学名を含む科学的記載が権威ある学会誌にすでに発表されている種。新種はすべてこのような方法で登録されなければならない。

基底(底質) ひとつの種が定住している土地の性質。

球化行動 ヘビが固くボール状に丸まり、頭をとぐろの中に隠す防御反応(p.28参照)。

キールのある鱗 1本または(まれに)2本の縦の隆起線が中央に走っている鱗(p.15参照)。

型 同一種でありながら、斑紋や色彩などについて異なる特徴をもつグループ。それぞれの変異型は、たとえば「ストライプ型」というように独立の型とされる。多型性も参照。

結節 小さく盛り上がった部分、すなわち突起。

後牙類 口の奥の方に大きな毒牙(溝があることが多い)をもつヘビをさす(p.19参照)。

コブラ科ヘビ コブラ科に属するヘビ。コブラ、サンゴヘビ、マンバ、ウミヘビ、タイパンなど。

痕跡的四肢 自然淘汰によって退縮し、現在は機能していない四肢。

山地林 多雨林の一種で、ふつう海抜1000m以上にある。雨や霧が多く、苔類などの着生植物が豊富なのが特徴。このタイプの森林は同緯度の他地域と比較して冷涼な場合が多いため、スペシャリストのヘビが生息することが多い。

種 同類の生物のグループから成り立つ分類上の基本単位で、同じ属内にあっても異なる。生物学上もっとも重要な分類。種名は属名と種小名の2単語からなる。たとえば、$Crotalus\ atrox$は$Crotalus$がガラガラヘビを、$atrox$がその種固有の名称(種小名)を示す。種とは生殖という点で独立しているもので、同種同士では繁殖できるが、他種とは繁殖できないとされてきた。しかし必ずしもそうではなく、雑種が生まれることもある。

樹上性 樹上で生活する性質。

スペシャリスト 占有する生態的地位が狭い種。たとえば、餌動物が1、2種の動物に限られるヘビや、限られた環境で生活するヘビ。対義語はゼネラリスト。

背側の 背中に関連することがら。たとえば、体鱗(背側鱗)とはヘビの体の背面と側面を覆うタイル状の鱗のこと。

脊椎動物 背骨のある動物(哺乳類、鳥類、爬虫類、両生類、魚類)。その他の動物はすべて無脊椎動物。

ゼネラリスト 幅広い生態的環境にわたって活動する種。たとえば、さまざまな種類の餌動物を食べ、いろいろな環境に生息する種。対義語はスペシャリスト。

前牙類 毒牙が大きく、上顎の前方にあるヘビをさす。たとえば、コブラ科、クサリヘビ科、一部のモールバイパー科など(p.19参照)。

属 分類学的階級のひとつで、近縁の「種」をひとつ以上含む群。同じ属の種は、すべて同じ属名をもつ。たとえばキングヘビ属$Lampropeltis$の種は$Lampropeltis\ \bigcirc\bigcirc\bigcirc\bigcirc\bigcirc$となる。

祖型的 昔の祖先を反映する特徴、およびそれを備えた種、科などをさす。たとえば、ホソメクラヘビはもっとも古いとされるヘビの特徴を数多く備えているため、祖型的な科とされる。対義語は派生的(分化した)。

胎生 子を産む性質。大多数のヘビでは胚が母体から養分をもらわないので、哺乳類のような意味での胎生ではない。多くのヘビでは、殻のない卵が雌の輸卵管内で発生し、出産の直前または直後に孵化する。そのようなヘビは厳密には卵胎生と呼ばれる(p.31参照)。

多型性 ひとつの種の中で2つ以上の異なる型が見られること。

単為生殖 未受精卵が発育して胚になること。単為生殖をする種は交尾せずに繁殖することができるので、雌だけしかいなくとも成り立つ。ヘビではブラーミニメクラヘビ$Ramphotyphlops\ braminus$ 1種だけが単為生殖できる。

地上生 おもに地上で生活すること。

昼行性 日中に活動する性質。

低木層 林冠の下の植物帯で、通常は低木、灌木、草からなる。

毒液 唾液の変化したもので、おもな役割は餌動物を動けなくすること(p.24参照)。

ナミヘビ ナミヘビ科に属するヘビ。

二次林 伐採地に植林してできた森林。

偽サンゴヘビ 有毒のサンゴヘビ(コブラ科)の外見を擬態していると思われる、派手な色彩の無毒ヘビを指すのにしばしば用いられる用語(p.26参照)。

派生的 比較的新しく進化した特徴や、そのような特徴をもつ種・科などをさす。たとえば、折り畳める毒牙は分化した特徴なので、折り畳める毒牙をもつクサリヘビは分化が進んだヘビとされる。対義語は祖型的。

尾下板 ヘビの尾の下面の鱗(p.15参照)。

ピット(ピット器官) 顔にある穴で、ボアやニシキヘビの一部と、すべてのマムシ亜科に見られる。温血動物が発する熱などのわずかな温度差を検知する(p.21参照)。

漂泳性 海洋の中・上層に生息する性質。

腹板 ヘビの下面の鱗(p.15参照)。

フード ある種のコブラの頭部のすぐ後ろの部分。肋骨を動かすとフードが広がる。おもに捕食者を威嚇するために使われる。

吻端板 ヘビの吻の先端にある鱗。

分類学 生物を相互の関係にしたがって整理し命名すること、またそれを行う学問。

摩擦音 2つの面をこすり合わせて音を出すこと。いくつかの種のヘビは特殊化したざらざらの横腹の鱗でこれを行う。

ミミズトカゲ ヘビおよびトカゲと近縁の爬虫類の一群。地下に生息し、3種を除いて脚がない。

夜行性 夜間に活動する性質。

ヤコブソン器官 ヘビの口蓋にある嗅覚器官。舌で匂いの粒子をヤコブソン器官に運ぶ。ヤコブソン器官は神経を通じて脳と連絡している(p.20参照)。

横這い(サイドワインディング) 砂丘に生息するヘビの一部が行う移動法。約45度の方向へ前進する(p.17参照)。

卵生 卵を産む性質。

卵胎生 受精卵を孵化の直前または直後まで体内に保持していること。

鱗隙皮膚 鱗のすきまにある組織の部分。鱗隙皮膚はヘビその他の爬虫類に共通に見られる。鱗間皮膚とも呼ばれる(p.14参照)。

索引

ア
アオハブ 109
アオミズベヘビ 31
亜科 145
アカダイヤガラガラ 21, 140
アカドクフキコブラ 112-13
アカニシキヘビ 58-59
悪臭を放つ液体 28
顎 18, 19
　柔軟な顎の進化 18
アコーディオン式運動 17
あしなしとかげ 8
アダーボア 27
頭に擬態した尾：
　カラバリア 50
頭を隠す 28
アナコンダ 44-45
アナコンダ属：
　オオアナコンダ 45
アフリカアダー属：
　ガボンアダー 128-29
　パフアダー 122-23
アフリカタマゴヘビ 70-71
アフリカニシキヘビ 23, 31, 54
アミメニシキヘビ 12, 29, 56-57
　1回の産卵数 31
　網目模様 52, 56
亜目（分類）34
アメジストニシキヘビ 12
アメリカネズミヘビ 15
アメリカハブ属：
　テルシオペロ 137
　ハララカ（ジャララカ、ヤジリハブ）136
アルゼンチンニジボア 43
アレチヘビ 13
アンティグアヤブヘビ 33

イ
イエヘビ属：
　イエヘビ 105
　イエローアナコンダ 45
　威嚇 28, 29
　威嚇の姿勢 29
　チャイロイエヘビ 104
　ナカマランド砂漠のチャイロイエヘビ 105
　1回の出産頭数, 31
色 15
　警告色, 26
　防御色, 27
色の変化：
　エメラルドツリーボア 15
　マダラヒメボア 66
インディゴヘビ 98-99
インドニシキヘビ 12, 31, 54-55
　アルビノ型 54

ウ
動き 17
ウミヘビ 11, 25

餌動物の種類, 22
　分類 34
鱗 14-15
　色 15
　機能 14
　種類 14, 15
　特殊化した鱗 11, 15
　特徴 15
鱗の間の皮膚 14
鱗をこすり合わせる 11
運動 14, 17

エ
餌動物：
　餌動物としてのトカゲ 25
　餌動物としてのヘビ 25, 26, 82
　攻撃 25
　しとめる 24
　絞め殺す 23
　種類 22
　消化 25
　食べ方 18, 22
　探索 23
　毒液の注入 25, 111
　飲み込み方 41
エダセタカ 81
エネルギーの節約 11
エメラルドツリーボア 9, 15, 38-39
獲物の殺し方→餌動物の項を参照
円形の瞳孔 20
塩分と水分のバランスの調節 11

オ
尾：
　餌動物をおびき寄せる 22
　尾の自切 28
　特殊な鱗 15, 29
　尾椎 28
オオアナコンダ 12, 44-45
オオガシラ属：
　マングローブヘビ 108
　ミドリオオガシラ 109
大きさ 12, 13
大きなヘビ 12, 13
　オオアナコンダ 12, 44
　ニシキヘビ 12
　ボアコンストリクター 12
大型のニシキヘビ 12
雄同士のたたかい 30, 126
オマキニシキヘビ属：
　アメジストニシキヘビ 12
　カーペットニシキヘビ 52
　ナイリクニシキヘビ 53
　ミドリニシキヘビ 63
温暖な気候に生息 10

カ
科（分類）34

外温動物 10, 11
海生コブラ 24
下顎骨 18
顎溝 48
家庭のペット 72
ガーターヘビ 20, 30, 100-3
　寒冷地での生存 11
　識別 103
ガーターヘビ属：
　サンフランシスコガーター 102
　チェッカーガーター 100
　ワキアカガーター 30
顎骨→顎の項を参照
ガーデンツリーボア 21, 27, 39
カーペットニシキヘビ 52-53
カーペットノコギリ 134-35
カガヤキボア属：
　アルゼンチンニジボア 43
　ニジボア 42
　パラグアイニジボア 43
隠れ場所 66
隠れる 27
カサレアボア 32
化石に残るヘビ 8
形→体形の項を参照
カタツムリ、ナメクジを食べるヘビ 23
カパーヘッドマムシ 138-39
ガボンアダー 13, 26, 128-29
カムフラージュ 26
　アミメニシキヘビ 56
　インディゴヘビ 98
　カパーヘッドマムシ 138
　ガボンアダー 26, 128
　ツノスナクサリヘビ 130
　デュメリルボア 48
　ラフアオヘビ 80
カメ目 34
ガラガラ音 15, 29, 141
ガラガラヘビ 15, 29, 140-44
　餌動物としてのガラガラヘビ 82
　繁殖法 143
ガラガラヘビ狩り 32, 140
ガラガラヘビ属：
　アカダイヤガラガラ 21
　ウラコアガラガラ 143
　ソリハナガラガラ 30
　ツノガラガラ 144
　ニシダイヤガラガラヘビ 140
　ミナミガラガラヘビ 142
　モハベガラガラ 25
カリフォルニアキングヘビ 83
顆粒状の体鱗 15
カワリメクラヘビ科 13, 146
　分類 34, 145
感覚器官 20-21
眼下板 14
環境への適応 9, 11
環境保護教育 33
眼上板 118
乾燥地帯への適応 10
寒冷地への適応 10, 11

キ
器官 16
気管肺 16
擬態 27, 70, 89
キタネコメヘビ 22
キタパインヘビ 92
木の上にすむヘビ→マンバ属の項を参照
キノボリナメラ属 107
　ホソツラナメラ 106
求愛行動 30
嗅覚 20
球化行動 28
極端な生活環境 10
キールのある体鱗 15
キールヒメボア 67
キングコブラ 13
　威嚇の姿勢 29
　獲物の消化 25
　毒液の毒性 24
キングヘビ 22, 82-87
キングヘビ属 27
　カリフォルニアキングヘビ 83
　グレーキングヘビ 85
　コモンキングヘビ 82
　サンルイスポトシ州産のグレーキングヘビ 85
　シロハナキングヘビ 86
　ヌエボレオン州産のグレーキングヘビ 85
　ハイオビキングヘビ 84
　ミルクヘビ 88
　ヤマキングヘビ 87
筋肉 17
筋肉毒 25

ク
クアトロ・ナトリセス（4つの鼻の穴）21
クサリヘビ 122-44, 183-87
　鱗 14
　拡散 8
　採餌法 22
　体形 13
　瞳孔の形 20
　頭骨 19
　毒 19, 24, 29
　毒牙 19, 24
　　マムシの項も参照
　卵生 31
クサリヘビ科 122-44, 183-87
　ハナダカクサリヘビ 124
　分類 34, 145
　ヨーロッパクサリヘビ 127
　ラタストクサリヘビ 125
クリボー 98
グレーキングヘビ 85
黒1色のヘビ 92
黒いヨーロッパクサリヘビ 127
クロパインヘビ 92

ケ
警告：
　警告色 26, 27
　警告信号 29
　警告音 15, 29
　警告の摩擦音 29
系統樹（分類）34
血液毒 25
結節 21
現存する祖型的なヘビ 8
　大きさ 13
　頭骨 18

コ
後牙類 19, 25
口蓋骨 18, 19
構造 16-17
交尾 30
交尾器官→半陰茎の項を参照
交尾ボール 30, 90
肛板 14
古代の海生ヘビ 8
小型のヘビ 13
呼吸→呼吸器系の項を参照
呼吸器系 16
骨格 16, 17
ゴファーヘビ 93
コブラ 112-21, 178-83
　毒牙 18, 19
　頭部の大型の鱗 15
　毒液 19, 24, 25
　警告色 26
コブラ科：
　海生 24
　分類 34, 145
　有毒 24, 25
　陸生 25
コブラ属：
　アカドクフキコブラ 113
　タイワンコブラ 114
　モノクルコブラ 115
コモンガーター 31, 102
コモンキングヘビ 22, 82-83
コレットスネーク 116-17
ゴールデン・パイソン 54
コーンスネーク 72-73
コンストリクター 23
痕跡：
　手足の痕跡 17
　腰帯 17
ゴンドワナ大陸 8-9

サ
採餌法 22-23
　カーペットニシキヘビ 53
　カパーヘッドマムシ 138
採餌法と瞳孔の形 20
"Saslowi" 46
砂漠生クサリヘビ 29
砂漠生ヘビ 10, 11, 27
サバクデスアダー 119
サバクナメラ 76-77

索引

砂漠に適応する 10
サンゴタマキヘビ 28
サンゴパイプヘビ科 148
　分類 34, 145
サンゴヘビ 26, 27, 89
三体色 86
サンディエゴゴファーヘビ 93
サンビームヘビ 37, 149
サンビームヘビ科 37, 149
　分類 34, 145
サンビームヘビ属 37
サンフランシスコガーター 102-3
産卵巣 31
サンルイスポトシ州産のグレーキングヘビ 85

シ

J.G.チルドレン 60
色素 14, 15
歯骨 18, 19
シシバナヘビ 22, 28, 94-95
自然選択 7, 12
自然保護区 33
舌 20
　青い舌 107
　舌と塩分のバランス 11
　舌を出すすきま 48
シナロアミルクヘビ 88
ジムシヘビ 81
Simoliophis 8
ジャージー動物園 33
ジャージー野生生物保護財団 33
ジャラー 136
ジャングルカーペットニシキヘビ 53
種 8, 145
雌雄二形:
　ハナダカクサリヘビ 124
出産 31, 125
樹上生ヘビ:
　体形 13
　胎生 31
　収斂進化 9
受精 30
柔軟な顎→顎の項を参照
収斂進化 9
循環器系 16
上科（分類） 34, 145
消化器系 16
上顎 18, 19
上顎骨 18, 19
視力 20
シロクチアオハブ 132-33
　分類 34
シロハナキングヘビ 86-87
進化 8-9
　拡散 8
　起源 8
　放散 9
神経系 17
神経毒 25
心臓 16
死んだふり（擬死） 28
振動の探知 21
真蛇上科 34, 145
新蛇類 34, 145
森林伐採 32

マダガスカル 49

ス

水生／海生のヘビ 11
　移動 17
　右肺 16
　餌動物の種類 22
　体形 13
　胎生 31
　ウミヘビの項も参照
垂直な瞳孔 20
水分平衡 11
水平な瞳孔 20
スナゴヘビ 15, 74-75
スノーコーン 73
スペンサー・フラートン・ベアード 74
スマトラハブ, 133

セ

精子 17, 30
精巣 17
生殖器系 17
生息環境への適応 9
生息地の消滅→生息地の破壊の項を参照
生息地の破壊 32
　サンフランシスコ地区 102
　フロリダ 91
　ホンジュラス 40
　マダガスカル 49
生態的地位の空所を埋める 9
セイブシシバナヘビ 94-95
セイブスキハナヘビ 81
脊椎 16
舌隙 48
絶滅 32
絶滅危惧種のヘビ:
　サンフランシスコガーター 102
　デュメリルボア 48
　ビルマニシキヘビ 54
　ボアコンストリクター 40
　皮革産業の項も参照
前牙類 19, 25

ソ

ソリハナガラガラ 30

タ

体温／体熱:
　調節 10, 11
タイガースネーク 117
タイガースネーク属 117
体形 13
胎生ヘビ 31
タイパン属:
　タイパン 13
　フィアススネーク 24
大陸移動 8
大陸塊 8, 9
体鱗 14, 15
タイワンコブラ 114
多雨林の破壊 32
タカサゴナメラ 78-79
多型性 27

蛇行運動 17
脱水状態を防ぐ 11
脱皮 13
卵 31
　産卵数 31
　発育 30
単為生殖（処女生殖）:
　種 31
単為生殖をするヘビ 31

チ

チェッカーガーター 100
地中生 8, 10, 11
地中生の爬虫類 8
地中生ヘビ:
　尾 15
　視力 20
　体形 13
　体鱗 14
チャイロイエヘビ 104-5
　砂漠型 105
チャペル島のタイガースネーク 117
昼行性ヘビ 23
　瞳孔の形 20
柱耳骨 21
聴覚 21
直進 17
チルドレンニシキヘビ 60

ツ

対（組）となる種 9
ツタムチヘビ 20
角状突起 130
ツノスナクサリヘビ 27, 130-31
ツメナシボア科 32, 151
　分類 34, 145
ツリーボア属:
　エメラルドツリーボア 38-39
　ガーデンツリーボア 21, 27

テ

デスアダー属 9
　サバクデスアダー 119
　ノザンデスアダー 118
デュベルノワ腺 25
デュメリルボア 15, 48
テルシオペロ 137
テングキノボリヘビ 14

ト

凍結 11
瞳孔の形 20
頭骨 16, 18
　柔軟性 19
　進化 18
トウブシシバナヘビ 95
頭部の鱗 14, 15
　大型の鱗 15
　小型の鱗 15
　変化した鱗 14
冬眠 10, 11, 30
　ヤマキングヘビ 87
　ヨーロッパクサリヘビ 127
トカゲ 8
　獲物としてのトカゲ 25

トカゲ亜目 34
毒液 24, 25
　産生 24
　注入 25
　毒性 24, 25
　噴射 29
毒液の噴射 29
毒牙 19
　折り畳み式の前牙 18, 19, 24, 126
　管状の牙 18, 19
　後牙 19, 25
　固定した前牙 18
　鞘で覆われた毒牙 140
　生えかわり 19
　溝のある牙 19
毒管 19
毒腺 19
毒吹きコブラ 28, 29
毒ヘビ 24-25
　警告色 26, 27
毒ヘビの色合い 26
とぐろ:
　水分を最大限保持する 11
　抱卵 60
ドワーフボア科 28, 66-67, 151
　分類 34, 145

ナ

内臓系 16-17
ナイリクニシキヘビ 53
長いヘビ:
　アミメニシキヘビ 12, 56
ナミヘビ 23, 68-111, 152-77
　瞳孔の形 20
　頭骨 18
　頭部の大型の鱗 15
　毒液 19, 24, 25
　毒牙 19
ナミヘビ科 68-111, 152-77
　分類 34, 145
なめらかな体鱗 15
ナメラ属 107
　コーンスネーク 72
　スナゴヘビ 74-75
　タカサゴナメラ 78-79
　ヒョウモンナメラ 96-97
　ベニナメラ 107
ナンブミズヘビ 90-91
ナンヨウボア 15

ニ

においの分析 20
虹色 15, 37, 42
ニシキヘビ 52-65, 150-51
　顎 18
　1回の産卵数 31
　大きさ 12
　採餌法 22, 23
　体形 13
　なめらかな鱗 15
　ピット 21
ニシキヘビ科 52-65, 150-51
　分類 34, 145
ニシキヘビ属:
　アカニシキヘビ 58-59
　アフリカニシキヘビ 12, 31
　アミメニシキヘビ 56

インドニシキヘビ 12, 31, 54-55
　ボールニシキヘビ 64-65
ニシグリーンマンバ 120-21
ニシダイヤガラガラヘビ 29, 140-41
ニジボア 42-43
偽サンゴヘビ 27
日光浴 10, 11
2分した尾下板 15
2分していない尾下板 15
尿酸 11

ヌ

ヌエボレオン州産のグレーキングヘビ 85
ヌママムシ 22, 90

ネ

ネコヘビ 109
ネコメヘビ 109
ネズミヘビ 107
　コンストリクター 23
　孵化 31
熱受容器 21
熱の感知 21

ノ

ノコギリヘビ 29
　カーペットノコギリ 134-35
ノザンデスアダー 118-19

ハ

歯 18-19, 24
　生えかわり 19
肺 16
ハイオピキングヘビ 84
排泄器系 17
パイプヘビ 28, 148
パイプヘビ科 8, 34, 148
　分類 34, 145
パイプヘビ属 34
　アカオパイプヘビ 28
パインヘビ 92-93
パインヘビ属 93
パーシー・フォーセット卿 12
爬虫綱 34
バードスネーク 20, 25, 29
ハナダカクサリヘビ 124
ハナナガムチヘビ 20
パフアダー 122-23
パラグアイニジボア 43
ハラルカ 136-37
パンゲア 8
繁殖 30-31

ヒ

皮革産業 32
ヒガシダイヤガラガラ 140
尾下板 15
ヒゲミズヘビ 15
鼻孔 20
　ビルマニシキヘビ 54
ピット 17, 21
皮膚 14

索引

ヒメニシキヘビ属:
  チルドレンニシキヘビ 60
  マダラニシキヘビ 61
ヒメボア属:
  キールヒメボア 67
  マダラヒメボア 66
ヒョウモンナメラ 96-97

フ
フィアススネーク 24
プエーブラミルクヘビ 89
フェルドランス 31, 137
孵化 31, 58
複合骨 18
腹板 14, 15
フタスジホソメクラヘビ 13
フード（コブラの）112, 114, 115
ブームスラング 25, 110-11
ブラーミニメクラヘビ 31
ブラジルニジボア 42
ブラックタイガースネーク 117
ブラックマンバ 120
ブルスネーク 93
プレーンズガーター 100, 103
噴気音 11, 28, 29
吻端板 14, 94
分類 34, 145

ヘ
ペット産業 32
ベニナメラ 107
ヘビ亜目 34
蛇使い 115
ヘビに咬まれて死亡する 24, 25
ヘビを食べる動物 26
変化した鱗 14

ホ
ボア:
  デュメリルボア 48
  ボアコンストリクター 40-41
ボア科 38-51, 149-50
  鱗 14, 15
  大きさ 12
  拡散 9
  化石 8
  採餌法 22, 23
  ピット 21
  分類 34, 145
ボアコンストリクター 12, 20, 40-41
  餌の飲み込み 23
防御:
  積極的 28-29
  消極的 26-27
  鱗による保護 14
防御姿勢:
  アフリカタマゴヘビ 70
  カラバリア 51
  カーペットノコギリ 134
  ホソツラナメラ 107
  ボールニシキヘビ 64
  ヨーロッパヤマカガシ 69
  擬態の項も参照
方形骨 21
抱卵:

ニシキヘビ 60
ヨーロッパヤマカガシ 69
捕獲繁殖計画 33
  デュメリルボア 48
保護 32-33
保護のための研究調査 33
保護のための立法 33
ホソツラナメラ 106-7
ホソメクラヘビ 18, 20
ホソメクラヘビ科 8, 146
  分類 34, 145
ボリエリアボア 151
ボールニシキヘビ 28, 64-65

マ
マダラニシキヘビ 61
マダラヒメボア 66
マムシ属:
  カパーヘッドマムシ 138-39
  ヌママムシ 22
マルオアマガサ 108
マングローブヘビ 108
マンバ 18, 120-21
マンバ属 120
  グリーンマンバ 120
  ブラックマンバ 24, 120

ミ
ミギワヘビ属:
  アオミズベヘビ 31
  ナンブミズベヘビ 90-91
ミジカオヘビ科 148-49
  分類 34, 145
ミズベヘビ 20, 90-91
ミドリオオガシラ 13, 109
ミドリニシキヘビ 9, 62-63
ミナミガラガラ 142-43
ミミズトカゲ 8
ミミズトカゲ亜目 34
ミミズパイプヘビ科 34, 148
  分類 34, 145
ミミズパイプヘビ属 34
ミヤビソメワケヘビ 28
"Myriolepis" 47
ミルクヘビ 27, 88-89
ミロスクサリヘビ 33

ム
ムカシトカゲ目 34
無脊椎動物を食べるヘビ 81
ムチヘビ 13, 20

メ
眼 20
  回転する眼 58
  両眼視 20, 111
メキシコ型スナゴヘビ 74-75
メキシコパイソン 36
メキシコパイソン科 36, 149
  分類 34, 145
メキシコロージィボア 46
メクラヘビ 13, 20
メクラヘビ上科 34, 145
メクラヘビ科 8, 31, 146-48
  分類 34, 145
メラニン欠損型 73

モ
目（分類）34, 145
もっとも古いとされるヘビ 8
モノクルコブラ 115
モハベガラガラ 25
モールバイパー科, 19, 24, 25, 177-78

ヤ
夜行性ヘビ 23
  瞳孔の形 20
ヤコブソン器官 17, 20
ヤジリハブ 136
ヤスリヘビ 11, 30, 151-52
ヤスリヘビ科 11, 151-52
  分類 34, 145
ヤマキングヘビ 27, 87

ユ
ユウダモドキ属のヘビ 28
有鱗目 8, 34

ヨ
翼状骨 18, 19
横からの攻撃 25
横這い（サイドワインディング）17, 130, 144
ヨーロッパクサリヘビ 25, 126-27
ヨーロッパヤマカガシ 28, 68-69
  生きたままの獲物を飲み込む 22

ラ
ライノセラスアダー 6
ラウンド島 32, 33
ラタストクサリヘビ 125
ラバーボア属:
  カラバリア 50-51
  コースタルロージィボア 46
  "Saslowi" 46
  "Myriolepis" 47
  メキシコロージィボア 46
  ラバーボア 12
  ロージィボア 46-47
Lapparentophis defrennei 8
ラフアオヘビ 20, 80-81
卵食性ヘビ 23, 70
卵生のヘビ 31
卵巣 17

リ
陸生コブラ 25
両眼視 20, 111
鱗隙皮膚 14

レ
レーサー 13, 20

ロ
ロージィボア 15, 46-47

コースタルロージィボア 46
肋骨 16
ローラシア大陸 9

ワ
ワキアカガーター 30
ワニ目 34

■ 監訳者から

　分類体系のとらえ方に、新しければよし、とするような傾向が見られ、納得しかねる部分も多かったが、並べなおすと全体の改変になったりするので執筆者にしたがった。この本の見解は私のものではない。シノニム等の明らかな誤りについては訂正しておいた。学名の性の扱いが不統一だったので種小名を改めたものも少なくない。カラーページに登場する"亜種"が、分類学的には認め難いものであることが多かったが、わかる形にしたうえで認めておいた。全般的に、筆者は色彩の変異型を重視する業者ないし愛好家寄りの姿勢だが、そのことがこの本をビジュアルにしているかもしれない。

■ 監訳者プロフィール

千石 正一（せんごく・しょういち）

　1949年、東京都生まれ。東京農工大学卒業。幼少の頃より動物に興味があり、中学生頃から爬虫両生類に特に興味をもつ。（財）日本野生生物研究センター（現・自然環境研究センター）を設立し、研究主幹を務めた。『フィッシュマガジン』（緑書房）などの趣味誌から、図鑑、学術論文にわたる幅広い執筆活動と、JICA専門家としての海外派遣、講演会、『どうぶつ奇想天外！』などのテレビ出演で広く知られた。著書に『決定版生物大図鑑・動物』（世界文化社）、『動物たちの地球』（朝日新聞社）など、監訳書に『Q&Aマニュアル爬虫両生類飼育入門』（緑書房）がある。2012年、逝去。

ヘビ大図鑑

2000年11月1日　第1刷発行Ⓒ
2013年7月1日　第3刷発行Ⓒ

著　者	クリス・マティソン
監訳者	千石正一
翻訳協力	株式会社アイディ　藤田泰人
	小野田紀久子　杉山秀彦
発行者	森田　猛
発行所	株式会社緑書房

〒103-0004　東京都中央区東日本橋2丁目8番3号
TEL 03－6833－0560　FAX 03－6833－0566
http://www.pet-honpo.com

編集・DTP　有限会社森光社

ISBN 978－4－89531－678－1
落丁・乱丁本は、弊社送料負担にてお取り替えいたします。

本書の複写にかかる複製、上映、譲渡、公衆送信（送信可能化を含む）の各権利は株式会社緑書房が管理の委託を受けています。

JCOPY ＜（社）出版者著作権管理機構　委託出版物＞
本書を無断で複写複製（電子化を含む）することは、著作権法上での例外を除き、禁じられています。本書を複写される場合は、そのつど事前に、（社）出版者著作権管理機構（電話 03-3513-6969、FAX 03-3513-6979、e-mail：info@jcopy.or.jp）の許諾を得てください。
また本書を代行業者等の第三者に依頼してスキャンやデジタル化することは、たとえ個人や家庭内の利用であっても一切認められておりません。